Материалы VI международной научно-практической конференции

Наука в современном информационном обществе

13-14 июля 2015 г.

North Charleston, USA

Том 3

УДК 4+37+51+53+54+55+57+91+61+159.9+316+62+101+330

ББК 72

ISBN: 978-1515154556

В сборнике опубликованы материалы докладов VI международной научно-практической конференции " Наука в современном информационном обществе ".

Все статьи представлены в авторской редакции.

Содержание

Биологические науки

Менджерицкий А.М., Айдаркина М.Е., Косенко Ю.В.

ПОКАЗАТЕЛИ МИОГРАММЫ МЫШЦ РУК У ЮНЫХ СПОРТСМЕНОК С РАЗНЫМ ЛАТЕРАЛЬНЫМ ПРОФИЛЕМ, ЗАНИМАЮЩИХСЯ ЧЕРЛИДИНГОМ 1

Москвитина И.В.

ИСТОРИЯ ЧЕЛОВЕЧЕСТВА В АСПЕКТЕ ПОРОЖДЕННЫХ ИМ ЭКОЛОГИЧЕСКИХ КРИЗИСОВ 5

Artuyants A.Yu., Buriak I.A., Vysekantsev I.P.

APPLICATION OF NON-COVALENT GELS FOR CRYOPRESERVATION OF PROBIOTIC MICROORGANISMS 9

Геолого-минералогические науки

Болтыров В.Б., Суваннудом Б., СлободчиковЕ.А.

ТЕКТОНИКА ОЛОВОРУДНОЙ ОБЛАСТИ НАМПАТЕН (ЛАОС) 12

Искусствоведение

Зайцева Л.А.

ОРГАННАЯ МЕССА НИКОЛЯ ДЕ ГРИНЬИ 15

Медицинские науки

Стрыгин А.В.,Стрыгина А.О., Доценко А.М., Яицкий Ю.А.

ВЛИЯНИЕ ПРЕПАРАТА ФОСФОГЛИВ НА ЛЕЧЕНИЕ ВИЧ-ИНФИЦИРОВАННЫХ БОЛЬНЫХ С АССОЦИИРОВАННЫМ ГЕПАТИТОМ С 20

Митциев А.К.

МЕЗЕНХИМАЛЬНЫЕ СТВОЛОВЫЕ КЛЕТКИ КОСТНОГО МОЗГА ЧЕЛОВЕКА В ТЕРАПИИ ТОКСИЧЕСКОЙ НЕФРОПАТИИ В ЭКСПЕРИМЕНТЕ 23

Породенко Е.Е.

ОПТИМИЗАЦИЯ АНТИБАКТЕРИАЛЬНОЙ ТЕРАПИИ ОСТРОГО ИЛИОПСОИТА 26

Фоменко И.В., Филимонова Е.В., Краевская Н.С.

РЕЗУЛЬТАТЫ ЭЛЕКТРИЧЕСКОЙ АКТИВНОСТИ ЖЕВАТЕЛЬНОЙ ГРУППЫ МЫШЦ У ДЕТЕЙ С ВРОЖДЕННОЙ ОДНОСТОРОННЕЙ РАСЩЕЛИНОЙ ВЕРХНЕЙ ГУБЫ И НЕБА 28

Островская О.В., Власова М.А., Ивахнишина Н.М., Наговицана Е.Б.

СВЯЗЬ ГЕНИТАЛЬНЫХ МИКОПЛАЗМ С НЕВЫНАШИВАНИЕМ БЕРЕМЕННОСТИ 31

Науки о земле

Stolyarenko D.A., Demidovskaya A.E.

MONITORING OF SEA ICE USING REMOTE SENSING 35

Содержание

Педагогические науки

Игнатьева А.В., Ганова Т.В.

СИНТЕЗ ИСКУССТВ В ПРОФЕССИОНАЛЬНОЙ ПОДГОТОВКЕ ХУДОЖНИКА-ДИЗАЙНЕРА................. 38

Коноплянский Д.А.

СОВРЕМЕННЫЕ ПОДХОДЫ К ПРОБЛЕМЕ ФОРМИРОВАНИЯ КОНКУРЕНТОСПОСОБНОСТИ ВЫПУСКНИКА ВУЗА В ТЕОРИИ И ПРАКТИКЕ РОССИЙСКОГО ОБРАЗОВАНИЯ 43

Хозяшева Л.С.

ПАТРИОТИЧЕСКОЕ ВОСПИТАНИЕ СТУДЕНТОВ В ПРОЦЕССЕ РАБОТЫ НАД ДИПЛОМОМ 49

Польская С.С.

К ВОПРОСУ О РАБОТЕ В ПАРАХ НА ЗАНЯТИЯХ АНГЛИЙСКОГО ЯЗЫКА В ВУЗЕ 53

Туякова У.Ж., Жумаханова А.Ж., Агишева А.А.

ОРГАНИЗАЦИОННЫЕ ПРОБЛЕМЫ СОВРЕМЕННОГО ОБРАЗОВАНИЯ 59

Kokovin A.V., Gulchuk P.A., Vnukovski

CONCEPTUAL MODEL OF KNOWLEDGE-SHARING SYSTEMS WITH REMOTE PERSONNEL IN ENTERPRISE 63

Политические науки

Кизима С.А., Лях О.А.

АЗИАТСКИЙ ВЕКТОР ЕВРАЗИЙСКОЙ ИНТЕГРАЦИИ 67

Психологические науки

Зозуля Т.В.

АДАПТАЦИЯ ПЕРВОКЛАССНИКА К ШКОЛЕ 70

Былинская Н.В.

ИМПЛИЦИТНАЯ ТЕОРИЯ ЛИЧНОСТИ УСПЕШНОГО УЧЕНИКА У ПЕДАГОГОВ НАЧАЛЬНЫХ КЛАССОВ 73

Социологические науки

Соколовская С.А.

ПРИОРИТЕТЫ ОБЕСПЕЧЕНИЯ ЗДОРОВЬЯ МОЛОДЕЖИ В СИСТЕМЕ ОБРАЗОВАНИЯ РОССИЙСКОЙ ФЕДЕРАЦИИ.. 76

Технические науки

Желтышева А.С., Юшков Б.С.

ПРИМЕНЕНИЕ ДВУКОНУСНЫХ СВАЙ ПРИ УСТРОЙСТВЕ ИСКУССТВЕННЫХ СООРУЖЕНИЙ НА АВТОМОБИЛЬНЫХ ДОРОГАХ 80

Галимова Р.К.

СХЕМЫ ИСТОЧНИКОВ ПИТАНИЯ ЭЛЕКТРОТЕХНОЛОГИЧЕСКИХ УСТАНОВОК И МЕТОДИКИ ОЦЕНКИ НАДЕЖНОСТИ ИХ ЭЛЕКТРОСНАБЖЕНИЯ 85

Леонов О.А., Вергазова Ю.Г.

КОРРЕЛЯЦИЯ ПАРАМЕТРОВ ШЕРОХОВАТОСТИ ПОВЕРХНОСТИ 88

Киселева Е.Н.

НОРМИРОВАНИЕ ДОПУСКА СООСНОСТИ ВАЛОВ КОРОБОК ПЕРЕДАЧ 91

Физико-математические науки

Лисовец Ю.П., Кучеренко А.А.

МАТЕМАТИЧЕСКОЕ МОДЕЛИРОВАНИЕ ДИНАМИКИ ПЫЛЕВОГО ОБЛАКА, ОБРАЗОВАВШЕГОСЯ В РЕЗУЛЬТАТЕ ИЗВЕРЖЕНИЯ ЙЕЛЛОУСТОНСКОЙ КАЛЬДЕРЫ 94

Chernov Igor , Rufina Abdullina

THEOREM UNIQUENESS SOLUTION OF DARBOUX PROBLEM FOR TELEGRAPH EQUATION 102

Chernov Igor , Rufina Abdullina

INTEGRATION OF SECOND-ORDER EQUATIONS ADMITTING A TWO-DIMENSIONAL ALGEBRA 105

Gabdulkhaev V., Kozlov P.

NUMERICAL AND ANALYTICAL CONSTRUCTION OF APPROXIMATE SOLUTIONS OF AN INITIAL BOUNDARY VALUE PROBLEM FOR THE FULL NAVIER-STOKES EQUATIONS 108

Yakupov Z.Ya.

ABOUT THE HADAMARD MATRICES 115

Сыромятников П.В., Кириллова Е.В.

ВОЛНОВЫЕ ПОЛЯ, ГЕНЕРИРУЕМЫЕ СВЕРХЗВУКОВЫМ ОСЦИЛЛИРУЮЩИМ ШТАМПОМ, ДВИЖУЩИМСЯ ПО ПОВЕРХНОСТИ УПРУГОГО СЛОЯ 119

Васильченко А.А., Никитин Ю.Г., Лапина О.Н., Сыромятников П.В.

МЕТОДЫ ОПТИМИЗАЦИИ РАСЧЕТОВ АНИЗОТРОПНЫХ ТЕРМОУПРУГИХ, ЭЛЕКТРОУПРУГИХ И ПИРОЭЛЕКТРИЧЕСКИХ КОМПОЗИТНЫХ МАТЕРИАЛОВ 130

Губская В.В., Бабаев А.А., Касяненко А.А.

ЗАДАЧА О ВЫХОДЕ СИСТЕМЫ «КОНИЧЕСКИЙ РЕЗЕРВУАР - ЖИДКОСТЬ» НА УСТАНОВИВШИЙСЯ РЕЖИМ КОЛЕБАНИЙ ПОД ДЕЙСТВИЕМ ИМПУЛЬСНОЙ НАГРУЗКИ 136

Филологические науки

Сопова А.С.

МНОГОГРАННОСТЬ ДИСКУРСА МЕДИЙНОЙ ПУБЛИЦИСТИКИ А.И. СОЛЖЕНИЦЫНА 139

Гурьева З.И., Петрушова Е.В.

ЯЗЫКОВАЯ КОНЦЕПТУАЛИЗАЦИЯ ПРЕДМЕТНОЙ ОБЛАСТИ «МАРКЕТИНГ» 144

Куликович В.И., Тарасевич К.Т.

ОСНОВНЫЕ ПУТИ ПОПУЛЯРИЗАЦИИ И ПРОДВИЖЕНИЯ СОВРЕМЕННЫХ БЕЛОРУССКИХ СПЕЦИАЛИЗИРОВАННЫХ ЖУРНАЛОВ........ 146

Андрейченко О.И., Харченко Е.В.

РЕПРЕЗЕНТАЦИЯ ПРОСТРАНСТВЕННОГО КОДА В ФРАЗЕОЛОГИИ РУССКОГО ЯЗЫКА 149

Философские науки

Ershova I.V.

THE HUMAN CAPITAL FORMATION IN THE CONTEXT OF GLOBALIZATION: GENDER DIMENSION..... 153

Власова Т.И.

СЕКСУАЛЬНАЯ ИДЕНТИЧНОСТЬ В НАРРАТИВАХ И ДИСКУРСИВНЫХ ПРАКТИКАХ

ПОСТМОДЕРНА 156

Вороно С.В., Курбатова Л.В.

АНТРОПНЫЕ ИМПЛАНТЫ........ 159

Солодухо М.Н.

ФИЛОСОФСКИЕ АСПЕКТЫ КОНЦЕПТА «СИТУАЦИЯ» 164

Kalinina T.L.

COGNITIVE PHILOSOPHY: STYLE OF THINKING 170

Экономические науки

Лебедева Е.О.

БРЕНД РЕГИОНА КАК ОТРАЖЕНИЕ СОСТОЯНИЯ ЕГО ЭКОНОМИЧЕСКОЙ БЕЗОПАСНОСТИ.......... 173

Морозова Н.И.

ПОВЫШЕНИЕ ЭФФЕКТИВНОСТИ УПРАВЛЕНИЯ МУНИЦИПАЛЬНЫМ ОБРАЗОВАНИЕМ НА ОСНОВЕ ИСПОЛЬЗОВАНИЯ СИСТЕМНОГО ПОДХОДА........ 178

Фадейчева Г.В.

ВЫЗОВЫ ИНФОРМАЦИОННОГО ОБЩЕСТВА И РОССИЙСКАЯ ОБЩЕСТВОВЕДЧЕСКАЯ МЫСЛЬ... 182

Самылина В.Г., Гительман Е.Б.

О ТЕНДЕНЦИЯХ ИЗМЕНЕНИЯ СОСТОЯНИЯ ОКРУЖАЮЩЕЙ ПРИРОДНОЙ СРЕДЫ НА ЕВРОПЕЙСКОМ СЕВЕРЕ РОССИИ 185

Старова О.В., Ашихина Т.Ю., Малахова А.А.

ПРИЧИНЫ ИНВЕСТИЦИОННОЙ НЕГРАМОТНОСТИ НАСЕЛЕНИЯ........ 192

Polevaya M.V.

TRAINING PROBLEMS FOR THE TOURISM INDUSTRY IN RUSSIA........ 196

Гунин В.К.

ИННОВАЦИОННЫЙ МЕТОД УПРЕЖДАЮЩЕГО АДАПТИВНОГО ПРОЕКТНОГО УПРАВЛЕНИЯ ПЕРСОНАЛОМ....199

Платонова Ю.Ю.

ПРОБЛЕМЫ И ПЕРСПЕКТИВЫ РАЗВИТИЯ КРЕДИТОВАНИЯ МАЛОГО И СРЕДНЕГО БИЗНЕСА......202

Borisova N.

RESEARCH ALTERNATIVE ENERGY PROJECT RISKS USING COGNITIVE MODELING METHODS 205

Юридические науки

Шаова Д.З., Дзыбова С.Г.

ПРАВА ЖЕНЩИН В МУСУЛЬМАНСКОМ ПРАВЕ 210

Тлевцерукова Н.Р., Удычак Ф.Н.

СУЩНОСТЬ И ЗНАЧЕНИЕ ИЗБИРАТЕЛЬНОГО ПРОЦЕССА В СОВРЕМЕННОМ ЮРИДИЧЕСКОМ КОНТЕКСТЕ 213

Семерентьев С.В.

ПРОЦЕССУАЛЬНАЯ САМОСТОЯТЕЛЬНОСТЬ ГОСУДАРСТВЕННОГО ОБВИНИТЕЛЯ 217

Казачанская Е.А.

ОСОБЕННОСТИ ФУНКЦИОНИРОВАНИЯ АДВОКАТУРЫ ВО ФРАНЦИИ В СРЕДНИЕ ВЕКА..............222

Марченко М.А.

СТАНОВЛЕНИЕ ПАРЛАМЕНТАРИЗМА ВО ФРАНЦИИ В УСЛОВИЯХ РЕСПУБЛИКИ 227

Зыкова Г.Ю.

МЕСТО ПРОКУРАТУРЫ В МЕХАНИЗМЕ ГОСУДАРСТВА 232

Brager D.K.

INVESTIGATION OF CRIMES OF THE CORRUPTION ORIENTATION: QUESTIONS OF COMPULSORY CARRYING OUT SURVEY 236

Халиуллина А.Ф.

КРИМИНАЛИСТИЧЕСКИЙ АСПЕКТ ИЗУЧЕНИЯ ЛИЧНОСТИ ПРЕСТУПНИКА, СОВЕРШИВШЕГО НАСИЛЬСТВЕННЫЕ ДЕЙСТВИЯ СЕКСУАЛЬНОГО ХАРАКТЕРА В ОТНОШЕНИИ МАЛОЛЕТНИХ И НЕСОВЕРШЕННОЛЕТНИХ 240

Менджерицкий А.М., Айдаркина М.Е., Косенко Ю.В.
Менджерицкий А.М. – доктор биологических наук, профессор
Айдаркина М.Е. – аспирант
Косенко Ю.В. – кандидат биологических наук, доцент

ПОКАЗАТЕЛИ МИОГРАММЫ МЫШЦ РУК У ЮНЫХ СПОРТСМЕНОК С РАЗНЫМ ЛАТЕРАЛЬНЫМ ПРОФИЛЕМ, ЗАНИМАЮЩИХСЯ ЧЕРЛИДИНГОМ

При изучении влияния занятий спортом на функциональные показатели организма наиболее часто рассматривают следующие параметры: силовые качества, скорость реакции и т.д. Также большое значение имеет изучение профиля латеральной асимметрии не только в спорте высших достижений, организации профессионального отбора, но и при адаптации к физическому напряжению. Индивидуальный профиль асимметрии (ИПА) включает сочетание его моторных, сенсорных и психических асимметрий, которые могут изменяться в онтогенезе, а также под влиянием различных видов воздействий, в том числе, под влиянием занятий спортом [1]. Асимметричность движений является важным условием уменьшения неустойчивости и повышения точности при выборе оптимальной структуры движения [3]. Для подавляющего большинства видов спорта наибольшее значение имеют двигательные асимметрии. Однако закономерности влияния занятий спортом на характер индивидуального развития латерального профиля во многом остаются не выясненными. Также недостаточно исследована роль сенсорных асимметрий в адаптации к спортивной деятельности. В том числе, представляет большой интерес рассмотрение вопроса о влиянии смешанных видов спорта при оценке сенсомоторной асимметрии у спортсменов на симметричные характеристики миограммы рук.

Целью данной работы явилось проведение сравнительного анализа данных миограммы рук у юных спортсменов с разным латеральным профилем, занимающихся черлидингом.

Методы исследования.

В обследовании приняли участие 96 юных спортсменок 9-11 лет. Обследование проводили в период спортивных сборов. Все обследованные спортсменки занимались черлидингом не менее 2-х лет.

Индивидуальный профиль асимметрии (латеральный фенотип) определяли по методике Н.Н. Брагиной и Т.А. Доброхотовой [2]. В каждой группе исследуемых в зависимости от ИПА выделяли подгруппы детей с предпочтением в зрении, слухе, моторике верхних и нижних конечностей. Коэффициент асимметрии признака рассчитывали по формуле [2]. Наибольшее количество обследованных спортсменок были со следующими латеральными фенотипами: доминирующая правая рука, амибидекстр по предпочтению глаза (ПА), амбидекст по предпочтению руки, доминирующий правый глаз (АП), амбидекст по предпочтению руки и глаза (АА), амбидекст по предпочтению руки и доминирующий левый глаз (АЛ). Все данных обследуемые имели доминирующее ухо и правую ногу.

Для исследования показателей миограммы использовали метод поверхностной электромиографии на 4-канальном нейромиоанализаторе НМА-4-01 «НЕЙРОМИАН» производства ООО «Медиком МТД» (г. Таганрог). Регистрацию поверхностной ЭМГ проводили биполярными электродами. Изучали миограмму четырех пар мышц левой и правой рук, попарно используя, мышцы-антагонисты левой и правой руки: Biceps brachii (bic.br.), Triceps brachii (tric.br.), Flexor carpi ulnaris (fle.ca.u.), Extensor carpi ulnaris (ext.ca.u.). Для оценки адекватности активации мышц использовали коэффициент адекватности (КА, %), для оценки координационных отношений мышц - коэффициент реципрокности (КР, %) и коэффициент синергии (КС, %).

Полученные расчетные величины обрабатывали методами непараметрической (ранговой) вариационной статистики с помощью статистической программы обработки данных Statistica 6.5.

Описание и обсуждение результатов исследования.

Согласно полученным результатам исследования (табл. 1) коэффициенты синергии двуглавой и трехглавой мышц правой и левой рук у девочек с латеральными фенотипами АП и АА достоверно не различались. У спортсменок с латеральным профилем ПА коэффициенты синергии bic.br. и tric.br. левой руки были выше, соответственно, на 102% ($p<0,01$) и 81% ($p<0,01$) по сравнению с соответствующими показателями правой руки. У девочек с латеральным фенотипом АЛ коэффициент синергии bic.br. левой руки был ниже на 38% ($p<0,05$) по сравнению с показателем на правой руке. Коэффициенты адекватности bic.br. и tric.br. левой руки у девочек латеральным фенотипом АП превышали значения на правой руке, соответственно, на 57% ($p<0,05$) и 49% ($p<0,05$). Коэффициенты реципрокности bic.br. и tric.br. у девочек с разными латеральными фенотипами не различались на правой и левой руке. Однако, у спортсменок с профилем асимметрии ПА коэффициенты реципрокности bic.br. и tric.br. правой и левой рук превышали значение 15 у.е., что свидетельствует о снижении тормозных процессов в нервных центрах, регулирующих реципрокные взаимоотношения мышц-антагонистов (bic.br. и tric.br.). Наименьшие значения коэффициентов реципрокности установлены у спортсменок с латеральным фенотипом АЛ.

При изучении показателей миограммы локтевого сгибателя и разгибателя у спортсменок установлено, что у девочек с латеральным фенотипом ПА коэффициенты синергии bic.br. и tric.br. левой руки достоверно превышали значения правой руки, соответственно, на 59% (p<0,05) и 52% (p<0,05).

Таблица 1 – Показатели миограммы мышц правой (прав.р.) и левой (лев.р.) рук спортсменок с разным латеральным профилем

		ПА	АП	АА	АЛ
bic.br.					
КС,%	прав.р.	4,23±0,21	3,73±0,16	2,57±0,13	5,31±0,22
	лев.р.	8,54±0,39*	2,32±0,14	2,52±0,15	3,27±0,14*
КА,%	прав.р.	2,06±0,09	4,68±0,21	6,48±0,33	6,03±0,27
	лев.р.	14,28±0,65*	7,37±0,32*	8,33±0,41	5,25±0,21
КР,%	прав.р.	19,13±0,10	14,85±0,77	12,35±0,64	13,63±0,64
	лев.р.	21,47±0,08	11,92±0,51	14,32±0,70	11,42±0,47
tric.br.					
КС,%	прав.р.	6,94±0,32	7,31±0,32	3,75±0,14	2,75±0,14
	лев.р.	12,58±0,56*	5,37±0,24	4,22±0,32	2,21±0,20
КА,%	прав.р.	8,52±0,43	9,35±0,32	10,43±0,51	5,73±0,25
	лев.р.	14,89±0,64*	13,91±0,58*	13,08±0,67	4,36±0,26
КР,%	прав.р.	19,53±0,09	14,32±0,77	14,27±0,73	12,85±0,61
	лев.р.	25,75±0,12	15,25±0,62	13,29±0,61	9,42±0,46
fle.ca.u. сгибатель					
КС,%	прав.р.	8,74±0,38	6,22±0,29	5,74±0,26	7,64±0,34
	лев.р.	13,88±0,67*	4,32±0,21	7,61±0,39	5,58±0,22
КА,%	прав.р.	6,29±0,31	7,38±0,34	6,32±0,32	6,27±0,36
	лев.р.	9,64±0,49*	10,66±0,46	5,37±0,26	2,47±0,09
КР,%	прав.р.	15,53±0,72	14,98±0,74	13,53±0,67	13,27±0,72
	лев.р.	17,84±0,84	15,37±0,78	11,05±0,56	15,71±0,74
ext.ca.u. разгибатель					
КС,%	прав.р.	3,28±0,13	4,07±0,19	4,37±0,22	2,65±0,14
	лев.р.	4,98±0,24*	2,54±0,12	5,51±0,24	3,13±0,16
КА,%	прав.р.	6,72±0,33	7,58±0,34	8,64±0,41	4,85±0,20
	лев.р.	11,34±0,54*	3,22±0,14*	6,98±0,37	3,99±0,18
КР,%	прав.р.	13,76±0,68	7,94±0,35	13,28±0,68	15,72±0,73
	лев.р.	15,53±0,74	10,78±0,49*	14,53±0,72	12,25±0,65

* - достоверные отличия показателей на левой руке относительно значений на правой руке (при p<0,05)

Поскольку КС является мерой генерализации возбуждения в мышцах, находящихся в покое, то можно предположить, что координация деятельности мышц-антагонистов (fle.ca.u. и ext.ca.u.) у спортсменок с данным латеральным фенотипом осуществляется в условиях преобладания процессов возбуждения над торможением в нервных центрах, регулирующих деятельность этих мышц в состоянии покоя. Данный факт, а также то, что девочкам с латеральным профилем ПА характерны повышенные значения коэффициентов реципрокности bic.br. и tric.br. обеих рук, может свидетельствовать в пользу того, что при занятиях смешанным видом спорта (черлидингом) выполнение симметричных движений будет проходить с большими энергетическими затратами, направленными на координацию согласованных симметричных движений рук. У спортсменок с латеральным профилем АП коэффициент реципрокности ext.ca.u. левой руки превышал значение правой руки на 36% ($p<0,05$).

Коэффициент адекватности, отражающий непроизвольную реципрокную активацию мышцы-сгибателя в период произвольного напряжения мышцы-разгибателя, у спортсменок с латеральным фенотипом ПА мышц fle.ca.u. и ext.ca.u. левой руки также был выше, чем правой, соответственно, на 53% ($p<0,05$) и 69% ($p<0,05$).

Таким образом, полученные результаты исследования свидетельствуют о том, что на регуляция мышц-антагонистов рук связана с латеральным фенотипом человека. При занятиях смешанными видами спорта предпочтительным является амбидекстрия по признаку рукости. Мы предполагаем также, что и сенсорная асимметрия (предпочтение глаза) имеет определенное значение в левой/правой асимметрии тонической активности мышц рук.

Литература

1. Бердичевская Е.М., Тройская А.С. Функциональные асимметрии и спорт. // Руководство по функциональной межполушарной асимметрии. М.: Научный мир, 2009. - С. 647-691.
2. Брагина Н.Н., Доброхотова Т.А. Функциональные асимметрии человека. - М.: Медицина, 1988. - 240 с.
3. Николаенко Н.Н., Афанасьев С.В., Михеев М.М. Организация моторного контроля и особенности функциональной асимметрии мозга у борцов. // Физиология человека. –2001. – Т. 27. - № 2. – С. 68-75.

Москвитина И.В.
студентка ЕГФ ФГБОУ «ВГСПУ», 5 курс
sha-man-ka94@mail.ru

ИСТОРИЯ ЧЕЛОВЕЧЕСТВА В АСПЕКТЕ ПОРОЖДЕННЫХ ИМ ЭКОЛОГИЧЕСКИХ КРИЗИСОВ

Глобальный экологический кризис, надвинувшийся на биосферу планеты, статьи о котором пестрят заголовками самых различных изданий, включая серьезные научные изыскания, заставляет с особенным интересом вернуться к разговору об истории былых экологических кризисов. Изначально следует обозначить, что они случались еще задолго до появления человека со всеми своими «кризисными» последствиями: вымирало множество систематических групп. Наиболее известен кризис конца мелового периода, в результате которого вымерли динозавры с сопутствующей им биотой мезозоя, что, в свою очередь, стало причиной развития покрытосеменных, высших насекомых, млекопитающих и птиц в кайнозое. Это актуально в том смысле, что не каждый, рассуждающий сегодня об «ухудшающейся экологии» знает об этом и большинство из таковых, как показало анкетирование на определение экологической грамотности, не понимает самих основ функционирования биосферы и того, что есть «экология» с позиций науки, а не масс-медиа. Но в настоящей статье целесообразно проследить кризисы и их последствия, которые были спровоцированы деятельностью древнего человека.

Наша эпоха не первая, которая оказывает значимое давление на природу. Начнем с плиоцена. Плейстоцен характеризуется тем, что в нем древние охотники оказывали существенное влияние на окружающую их среду. Не так давно радиоуглеродная геохронология подтвердила справедливость гипотезы о том, что вымирание мамонта, пещерного медведя, шерстистого носорога, пещерного льва связано с деятельностью человека, а не потеплением и концом ледникового периода [3, 117].

Здесь важно отметить, что человеку было необязательно поголовно истреблять каких-либо крупных млекопитающих, достаточно существенно снизить их численность, что и происходило. Это приводило к расчленению ареала вида на разрозненные участки. Судьба малых изолированных участков плачевна: если вид не восстанавливает быстро целостность ареала, происходит неизбежное вымирание вида из-за нехватки особей одного пола при переизбытке другого или эпизоотий [5, 22].

Уничтожены пещерная гиена, пещерный лев, мамонты и спутник человека – пещерный медведь, который был не просто конкурентом человеку по использованию убежища, но и ценным объектом охоты.

Численность человека в палеолите постепенно росла, одни виды истреблялись, другие сокращались в своем числе, что и привело к первому в истории человечества экологическому и экономическому кризису. Кардинальный выход из которого был обнаружен в лице неолитической революции.

Около 15 000 лет назад на смену палеолита приходит мезолит. Изобретены лук и стрелы, появляются новые формы охоты: расширяется число охотничьих видов и теперь при загоне используются собаки. Рисунки мезолита впервые демонстрируют сцены сражений. В жизни человечества появляется война. Еще со времени пещерной жизни вокруг человеческих поселений формируется фауна сопутствующих ему видов (постельный клоп, собака) [5, 22]. Расселяясь по Ойкумене, человек продолжает и в мезолите наступать на природу. Одной из первых жертв береговых поселений зверобоев на тихоокеанском побережье Америки и Алеутских островах стала морская корова.

На разных территориях в разные сроки за мезолитом наступил неолит – теперь изготавливаются шлифованные каменные орудия, изобретается сверление камня, появляется топор (а вместе с ним возможность сведения лесов), изобретаются формовки и обжиг глины для изготовления посуды. Но главным событием неолита в литературе именуется так называемая неолитическая революция: от охоты и собирательства человек переходит к растениеводству (с чем связано возникновение культурных растений) и животноводству (появляются одомашненные виды).

Раньше всего НР началась на Ближнем Востоке, где и вводятся в культуру первые виды злаков (пшеница, ячмень), здесь же одомашнивается коза и азиатские муфлоны (предки овцы). Начавшись бессознательно, искусственный отбор набирает силы, становясь сознательной формой преобразования мира и как итог неолитической революции, возникает сельское хозяйство, которое распространяется в страны Средиземноморья, юга Европы и далее на Восток, в результате чего на пастбища и пашни возникает сильнейший «антропогенный пресс».

Одомашненные формы оказались более конкурентоспособными относительно своих диких предков и вытеснили их из мест коренного местообитания [1, 87].

Благодаря животноводству и земледелию, человечество смогло обеспечить себя продуктами питания и повышенной возможностью роста численности (от млн к десяткам млн). Также резкое увеличение численности домашних животных (миллионные популяции коз, овец, десятки тысяч голов крупного рогатого скота и пр.) сделало необходимым расширение и сельскохозяйственных угодий. Предки начинают сжигать леса, на пожарищах которых разбивали поля, которые быстро приходили в негодность из-за примитивного земледелия. Тогда сжигались новые леса, что в целом вело к снижению уровня грунтовых рек и вод [2, 24], опустыниванию. Сахара – крупнейший результат неолитической революции.

Важный момент освоения земледелия – появление вокруг человеческих поселений синантропных видов (домовые мыши, черные и серые крысы). Процветание крыс, их сверхвысокая численность полностью обусловлены человеком. Синантропные виды грызунов и их блохи переносили возбудителей чумы в человеческие популяции. Человечество столкнулось с пандемиями чумы, от которых вымирали сотни тысяч людей, а в средневековье и того больше – миллионы.

Неолитическая революция, посредством опустынивания обширнейших территорий стала причиной второго экологического кризиса, из которого человечество выходило 2-мя путями:

1. Продвигаясь на север, на новые территории, освобождаемые по мере таяния ледников;
2. Осваивая поливное земледелие в долинах великих южных рек – Тигр и Ефрат, Нил, Инд и Ганг, Хуанхэ и Янцзы. Именно здесь возникают древнейшие цивилизации.

Поливное земледелие – несомненный прогресс. Увеличились размеры поселений человека и число ирригационных каналов, потому что возросла урожайность [2, 35]. При этом возрастающая численность домашнего скота приводила к опустыниванию территории близ населенного пункта. Ирригация способствовала засолению почв и сопровождалась развитием солончаковых и глинистых пустынь на залежных землях, как это случилось с некогда плодородными угодьями Древнего Хорезма, Египта. Как заметил Сетон Ллойд: «..неуклонное снижение продуктивности вызвано отнюдь не какой-либо отдельной катастрофой…, а коренными и неистребимыми пороками в господствующей системе обработки земли», [4, 14]. Именно падение продуктивности почв по причине их засоления способствовало переходу власти от Шумера (юг Месопотамии) к Вавилону более северной локации, продуктивность почв которого еще не была нарушена.

С расширением поливного земледелия преображался исходный ландшафт, т.к. в предгорных районах требовалось террасирование склонов. Теперь и контакт с малярийным комаром стал постоянным, что и способствовало распространению малярии. Речные воды начинают загрязняться из-за скопления больших масс людей и скота на небольших приречных пространствах: появляется множество гельминтозов, различных паразитарных заболеваний. Именно в этот период впервые встает проблема качества питьевой воды.

Вследствие ирригации смывались почвы, заливались русла, росли дельты. Из-за масштабного производства риса в Юго-Восточной Азии и Китае – с этого периода увеличивается поступление метана в атмосферу (за счет рисосеяния) и поступление углекислого газа (за счет сжигания лесов под пастбища на севере). Проблема, остро вставшая перед человечеством в 20 столетии в виде парникового эффекта, впервые возникла здесь, в древнейших земледельческих государствах. К концу рассматриваемого периода доля рыболовов и охотников снизилась до 10% [5, 28]. С этого момента основной экологический пресс на природу оказывало сельское хозяйство.

Больше пятисот лет прошло с момента первого плавания Колумба и они неузнаваемо изменили мир. Список завезенных - вывезенных культурных видов растений и синантропных видов весьма объемен. Это актуально в той степени, в которой множество из акклиматизированных форм играют большую экономическую, культурную и экологическую роль, чем на родине. Трудно представить Украину без подсолнечника, кукурузы, Россию без картофеля, Грузию без чая и фасоли, Болгарию без томатов, а Канаду без пшеницы. Интенсивное внедрение живых организмов в непривычные для них условия породило новое наступление на дикую природу. Вместе с тем численность человечества смогла вновь резко возрасти благодаря освоению новых территорий для животноводческого хозяйства, новым растительным ресурсам. Внедрение новых видов растений в культуру сыграло не меньшую роль, чем неолитическая революция и «зеленая» революция второй половины XX столетия.

В настоящее время на Земле, по некоторым данным, живет больше 2 млрд. голов крупного рогатого скота. Объем выделяемого ими метана существенен для глобального потепления, что значит – домашние животные стали глобальным экологическим фактором.

Сейчас, когда человечество начинает осознавать масштабы происходящего экологического кризиса, когда при тех же темпах вырубки лесов к 2061 году на Земле могут полностью исчезнуть сомкнутые леса, когда катастрофически падает биологическое разнообразие планеты, а вместе с этим теряется устойчивость экосистем, важно оценить уроки былых экологических кризисов, спровоцированных человеческой деятельностью, в жизни Земли.

Список литературы:

1. Бибиков С.Н. Некоторые аспекты палеоэкономического моделирования палеолита. Сов. археология. 1969. № 4.
2. Воронцов Н.Н. Развитие эволюционных идей в биологи. М.: КМК, 2004. – 432с.
3. Пидопличко И.Г. о ледниковом периоде. Киев: Изд-во АН УССР, 1946. Т. 1: 1951. Т. 2: 264 с.; 1954. Т. 3. 220с.; 1956. Т. 4. 335 с.
4. Ллойд С. Археология Месопотамии. М.: Наука, 1984. С. 14
5. Человек и среда его обитания. Хрестоматия / Под. ред. Г.В. Лисякина и Н.Н. Чернова / Воронцов Н.Н. Экологические кризисы в истории человечества. М.: Мир, 2003, - 460 с.

Artuyants A.Yu.*, Buriak I.A., Vysekantsev I.P.
*PhD (biology), Institute for Problems of Cryobiology and Cryomedicine of the National Academy of Science of Ukraine
nastya.sir@gmail.com

APPLICATION OF NON-COVALENT GELS FOR CRYOPRESERVATION OF PROBIOTIC MICROORGANISMS

Current medical technologies, veterinary medicine, food industry there often apply the drugs containing the live microbial cells and their metabolites. For long-term storage of commercial forms of these drugs, freeze-drying, thermal drying and storage at low temperatures are used. Those preparations are stored under low temperatures in different protective media. They reduce the damaging effect of physical and chemical factors, the development of which is related to crystallization, i.e. re-crystallization of water during cooling and thawing.

In contrast to classical cryoprotectants solutions, gels are polymer-solvent system. Polymeric grid of the system is stabilized in space throughout the volume by intermolecular bonds. Crystallization processes and damaging factors in the gels are expected to be less pronounced. Gels are used as matrixes in the manufacturing of the immobilized preparations for oral application and in the designing of drug delivery systems (DDS). Today, the technology of microencapsulation of probiotics is created based on classical immobilization technology of producer strains [1, 1].

Thus, immobilization technologies of microbial cells in gels are widely used in the production of probiotic preparations of the last generation.

It is desirable to use gels with high cryoprotective properties as matrixes.

Taking into account everything mentioned above, the aim of our study was to assess the viability of the *Saccharomyces boulardii* yeast cells and *Escherichia coli* M-17 bacteria after freezing down to -196°C in non-covalent gels.

The objects of performed study were yeasts *Saccharomyces boulardii*, bacteria *Escherichia coli* M-17. We used following gels as carriers: kappa-carrageenan (1%), alginate (1%), gelatin (2.5; 5%), agar (1%), starch (1%). During a controlled freezing, the samples were cooled up to - 40°C with the cooling rate of 1 or 20°C/min and then were immersed into liquid nitrogen (-196°C). Rapid cooling was carried out by immersing of samples into liquid nitrogen. Viability of the microorganisms was determined by the number of macrocolonies formed on the agar media [2, 1]. The immobilization of microbial cells in sodium alginate gel beads and kappa-carrageenan was performed by methods described in [3, 1].

In the first part of the experiment the microbial cells were frozen in a cylindrical gel blocks (h=20 mm, d=15 mm). *S.boulardii* cells suspended in physiological saline and *E.coli* M-17 cells in growth medium M9 [4, 2] were used as controls 1. It was found that the number of viable *S.boulardii* cells, frozen in the gel blocks was higher as compared to cell viability in control 1 (Fig. 1). Cooling regimens did not affect the viability of yeast cells in the gel blocks.

The viability of *S.boulardii* cells after cryopreservation decreased in comparison to the control of nonfrozen samples by one lg. At the same time, there were no significant differences between cells viability at different cooling rates. Only the usage of gelatin for the cells immobilization (both concentrations) provided higher cell viability when frozen at 1°C/min. The immersion of cells into liquid nitrogen decreased the viability by almost one lg. The results suggest that all gels used to immobilize cells *S.boulardii* showed high cryoprotective effect.

In the second part of the experiment after freezing of *S.boulardii* cells immobilized in kappa-carrageenan and sodium alginate beads, the similar results were obtained.

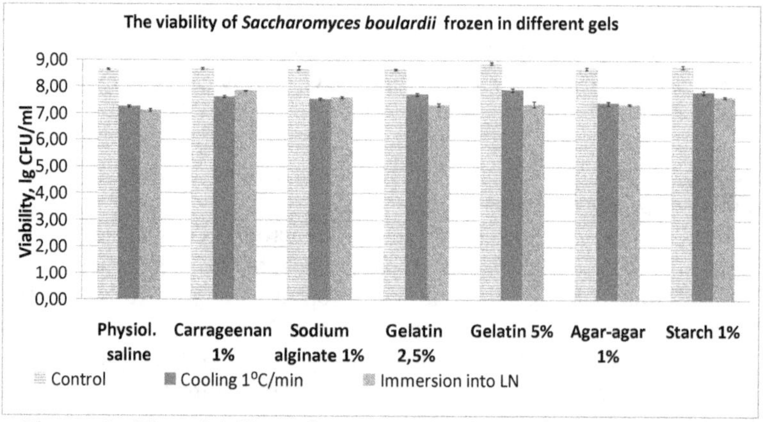

Figure 1. The viability of yeasts *S.boulardii* frozen in different non-covalent gels.

When freezing gel blocks by immersion them into liquid nitrogen the number of viable *E.coli* M-17 cells did not significantly change in all samples except 1% agar (Tab. 1). After cooling at 20°C/min the number of viable cells decreased in all samples. After cooling at 1°C/min the number of viable bacteria decreased in control blocks of alginate and agar. Overall, these declines were small – from 0.1 to 0.19 lg CFU/ml. After freezing of the cells immobilized in kappa-carrageenan and alginate gel granules the similar results were obtained.

It was also shown that 1% agar-agar had no protective effect during the freezing, irrespective of the application. Cryopreservation of bacteria *E. coli* M-17 in blocks of 1% starch with a cooling rate of 20°C/ min to -40°C followed by immersion into liquid nitrogen resulted in significant differences between control and test samples.

Table 1. The viability of *E. coli M-17* cells after freezing in gel blocks (different regimens were used).

Cryopreservation medium	Viability, (M±m) lg CFU/ml			
	Controls	Cryopreserved cells		
		1°C/min	20°C/min	Immersion into LN
M9	9,53±0,03	9,25±0,04*	9,44±0,02*	9,50±0,03
1% sodium alginate	9,62±0,04	9,43±0,04*	9,52±0,03*	9,62±0,05
1% kappa-carrageenan	9,60±0,05	9,54±0,03	9,44±0,04*	9,61±0,01
5% gelatin	9,54±0,04	9,50±0,03	9,44±0,02*	9,51±0,05
1% agar	9,64±0,03	9,20±0,05*	9,57±0,03*	9,48±0,04*
1% starch	9,61±0,03	9,56±0,02	9,45±0,01*	9,60±0,03

* - significant compared to controls ($p < 0,05$).

To draw the bottom line, the following conclusions can be made:

1. Non-covalent gels of polysaccharides of organic origin have cryoprotective effect during freezing *S.boulardii* and *E.coli* M-17 cells up to -196 °C temperature.
2. For long-term storage preparations of microbial cells immobilized in constructions of polysaccharide gels cryopreservation can be used.

REFERENCES

1. Kailasapathy K. Microencapsulation of probiotic bacteria: technology and potential applications // Curr. Issues. Intest. Microbiol. - 2002. - V.3, №2 - P. 39-48
2. K.A. Lusta and B.A. Fikhte. Methods for Evaluating Microorganism Viability [in Russian], Pushchino (1990), 186 P.
3. Tsen J.H., Huang H.Y., Lin Y.P. et al. Freezing resistance improvement of Lactobacillus reutery by using cell immobilization // J. Microb. Methods. - 2007. - V.70. - P. 561-564.
4. J. H. Miller. Experiments in Molecular Genetics. Cold Spring Harbor Laboratory Press, Cold Spring Harbor, NY, 1972, 466 P.

Болтыров В.Б.
профессор, д.г.-м.н., Уральский государственный горный университет
E-mail: boltyrov34@mail.ru
Суваннудом Б.
к.г.-м.н., Лаосская рудногеологическая компания
E-mail: 221096@gmail.con
СлободчиковЕ.А.
доцент, к.г.-м.н., Уральский государственный горный университет

ТЕКТОНИКА ОЛОВОРУДНОЙ ОБЛАСТИ НАМПАТЕН (ЛАОС)

Оловорудная область Нампатен располагается в пределах складчатого пояса Пхулуанг, расположенного на стыке Южно-Китайской платформы с Индокитайским массивом и охватывающего восточную часть территории Лаоса и территорию Вьетнама. Складчатый пояс Пхулуанг в продольном направлении разделен на три обособленные структуры, самой северной из которых является мегантиклинорий Напэ. В тектоническом строении мегантиклинория Напэ четко проявляется интенсивная линеаризация тектонических структур, интрузивных и осадочных комплексов, что позволяет выделить три структурно-формационные зоны. Две из них – Хинбунская и Аннамская – располагаются в пределах территории Лаоса.

Хинбунская структурно-формационная зона (крайняя юго-западная по пространственному положению) отделена от Аннамской продольным разломом Намтхен, а сама расчленена параллельными ему разломами на продольные «пластины» шириной примерно 10, 3 и 1 км. В этом проявляется эмпирически установленный универсальный принцип делимости геоматериалов при сохранении соотношений размеров блоков соседних масштабных размерностей в значении 3:1 (Макаров П.В., 2003, 2007).

В поперечном направлении Хинбунская зона пересечена дискретно проявленными левыми взбросо-сдвигами разных масштабов, с расстояниями между ними также подчиняющимися универсальному принципу делимости. По типу деформационного процесса эти разломы являются вязкими разрывами, а по морфологическому проявлению в породах - зонами смятия. Интенсивность деструкции пересекаемых ими пород была значительно слабее деструкции, обусловленной зонами рассланцевания. Это выражается в троекратном увеличении расстояний между ближайшими зонами смятия одинакового ранга по сравнению с расстояниями между зонами рассланцевания такого же ранга, по меньшей протяженности зон смятия по сравнению с одноранговыми зонами рассланцевания и по кулисному смещению по простиранию.

В результате пересечения разломных зон взаимноперпендикулярных направлений Хинбунская зона имеет блоковое строение. Крупными левыми взбросо-сдвигами Намтон и Намсакан, пересекающими насквозь Хинбунскую зону, из нее вычленен Хинбунский блок, который также имеет сложноблоковое строение. Пространственное расположение и взаимоотношение разномасштабных блоков внутри Хинбунского блока также отражает универсальный принцип делимости в связи с чем тектонический блок любого размера, начиная с Хинбунского, состоит из 9-и блоков соседней, более мелкой масштабной размерности - и так вплоть до 6-го ранга.

Более интенсивная степень дислоцированности пород зонами рассланцевания северо-западного простирания по сравнению с дислоцированностью зонами смятия северо-восточного простирания приводит к тому, что внутри изометричных блоков, ограниченных зонами смятия и рассланцевания всегда проявлены три внутренних зоны северо-западного простирания. Эта неоднородность имела решающее влияние на морфологию рудоконтролирующих структур

Трансляционные лево-взбросо-сдвиговые смещения по зонам смятия северо-восточного простирания сопровождались формированием оперяющих разрывов растяжения субмеридионального направления, что способствовало закруглению блоков и превращению их в овальные структуры, а также преобразованию внутренних северо-западных зон рассланцевания в сигмоидальные структуры - линейно вытянутые блоки S-образной формы, возникшие в результате сочленения на границах блоков зон рассланцевания северо-западного простирания с оперяющими зоны смятия разрывами субмеридиональной направленности. Параллельно с этим взбросовая составляющая взбросо-сдвиговых смещений в условиях интенсивного сжатия способствовала выдавливанию блоков вверх, что, при разных скоростях их перемещения, вызывало образование синформных и антиформных овальных структур.

Оловорудная область Нампатен пространственно совпадает с овальной структурой 2-го ранга (после овал-антиклинория Хинбун) овал-мегантиклиналью Нампатен. Разломные зоны северо-западного простирания расчленяют рудную область на три сигмоиды. Центральная сигмоида имеет длину 35 км и ширину – 10 км, являясь главной рудоносной структурой. Разломами северо-восточного простирания каждая из сигмоид разделена на 3 овальные структуры 3-го ранга.

Интенсивные взбросо-сдвиговые трансляционные движения в раннем мезозое по зонам смятия северо-восточного простирания также способствовали формированию зон растяжения крутой ориентировки, что обусловливало проявление синтектонического магматизма. Небольшая глубина заложения магматических систем способствовала формированию вулкано-плутонических комплексов гипабиссального типа с интрузивными телами диоритов, гранодиоритов, андезитов, дацитов, гранит-порфиров и риолитов. Гомодромный характер внедрения производных магматического процесса во времени от средних к кислым породам свидетельствует о достаточно глубокой дифференциации магматических очагов, завершающие стадии которых сопровождались отделением летучих и флюидов, содержащих оловорудную нагрузку.

Рудовмещающими структурами овальных рудоносных структур всех рангов (от рудной области и до месторождения) являются сигмоиды соответствующих масштабов. Все они имеют однообразную ориентировку в пространстве, поскольку формировались в условиях регионального поля напряжений, определяемого геотектоническими процессами мезозойского геохрона и которые посредством особым образом организованной разрывной тектоники формировало эти структуры.

Рудовмещающими структурами более высокого ранга (рудовмещающие разрывы, оруденелые зоны трещиноватости и зоны дробления месторождений) являются как разрывные структуры, возникшие в условиях локального переориентированного поля напряжений, вызванного смещениями крыльев разломов, ограничивающих наименьшие по размерам блоки массивных пород, вычлененные пересекающимися разломными зонами северо-западного и северо-восточного простирания, так и подновленные разрывы северо-западного и северо-восточного простирания.

В пределах рудного поля Нампатен развита оловянная минерализация грейзенового, арсенопиритового и колчеданного типов, часто формирующаяся обособленно или с наложением поздних на раннюю. Масштабы проявления магматизма в пределах оловорудного района были пропорциональны размерам овоидных структур. В связи с этим овал-антиформы разного размера рудного района Нампатен несут в себе и оруденение разного масштаба. Овал-антиформы масштаба овал-мегантиклинали вмещают в себя рудные узлы (овал-мегантиклиналь Боненг) или рудные поля (овал-мегантиклиналь Фонтью), а овал-антиформы масштаба овал-антиклинали – рудные поля или месторождения олова. При этом овал-антиклинали являются еще продуцентами регионального поля напряжений (расчленяющие их сигмоиды, вмещающие одно или несколько оловянных месторождений, имеют такую же ориентировку, как и сигмоиды более крупных овальных структур), а пространственная ориентировка рудных зон и рудных тел в пределах месторождений определяется ориентировкой сигмоид, продуцентов локального, переориентированного в процессе деформации поля напряжений, формирующегося внутри овал-антиклиналей.

Зайцева Л.А.
аспирантка Красноярской государственной академии музыки и театра
gofman484@mail.ru

ОРГАННАЯ МЕССА НИКОЛЯ ДЕ ГРИНЬИ

В последнее время в области отечественного музыкознания происходят открытия «новых имен», среди которых можно назвать имя французского композитора и органиста Николя де Гриньи. Николя де Гриньи, церковный органист, который при жизни выпустил всего один сборник – «Органную книгу» (1699). Творчество де Гриньи представляет собой одну из кульминаций французской органной традиции XVII века. Любопытно, что в свое время Николя де Гриньи был не менее известен, чем Франсуа Куперен Великий[1]. Его «Органная книга» имела большой успех, она многократно переписывалась, сам И. С. Бах в 1703 году собственноручно ее скопировал, следом за ним то же самое проделал Иоганн Готфрид Вальтер. После смерти французского композитора книга вновь была переиздана в 1711 году.

В сборник Николя де Гриньи входили органная месса и версеты пяти гимнов (Veni creator Spiritus, Pange lingua, Verbum supernum, Ave maris stella, A solis ortu). Вся музыка выполнена в стандартных формах того времени, но в отличие от своих современников, де Гриньи наделяет свои произведения некоторыми сложностями .

В рамках данной статьи рассмотрим композиционные, формообразующие и тематические особенности органной мессы французского композитора[2].

Структура органной мессы де Гриньи образует цикл из 23 пьес:

Название раздела мессы	Kyrie	Gloria	Offertoire	Sanctus/ Benedictus/Elevation	AgnusDei/Communion/Dismissal
Количество пьес	5	9	1	4	4

Как сложилось в практике французской органной музыки, в определенные пьесы стали включать григорианский первоисточник в виде

[1] Николя де Гриньи (фр. *Nicolas de Grigny*, 1672 —1703) — французский органист и композитор. Родился в Реймсе. Среди близких родственников де Гриньи органистами были дедушка, отец и дядя, которые служили органистами в местных храмах, отец же композитора работал органистом знаменитого Реймсского собора. В 1693—95 годах Николя обучался в Париже у Николя Лебега, известного придворного органиста. В 1697 году занял должность органиста Реймсского собора, которую занимал его отец. В 1703 году 31-летний композитор скоропостижно скончался.

[2] Органная месса – это цикл разножанровых пьес, которые звучали во время литургии. Жанр органной мессы оказался характерным именно для французской органной школы, т.к. наибольшее количество органных месс принадлежали французским композиторам органистам.

функционального пласта в педали с выдержанными однообразными длительностями[3]. Подобный выбор становится существенным и отличительным во французской органной школе. В органной мессе композитора такие пьесы открывают каждый раздел ординариума.

В органных композициях композитор применяет три варианта формообразования: форма, состоящая из двух и трех разделов, назовем их двухчастная и трехчастная формы, и мотетная или строфическая форма. Основным критерием членения двухчастной и трехчастной форм выступает смена тематизма, а так же наличие каденционных оборотов. Другой вариант формообразования – мотетная форма – представляет собой чередование нескольких строф, как правило, в количестве 4-5 строф. Пьесы с григорианским напевом также имеют строфическую форму, которая делится на несколько разделов аналогично церковному напеву.

Тематизм пьес, как правило, произрастает из экспонирующей темы или краткого тематического ядра, где используется прием вариантного преобразования. Так, например, в пьесе Dialogue sur les Grands Jeux (Kyrie) инициальный мотив из вступления в объеме терции от звука «d» будет положен в основу имитации во втором и третьем такте первого раздела первой части. Кроме этого, в пьесе происходит объединение тематического материала первой и второй частей: здесь сочетаются тема второй части с мелодическими оборотами из вступления и первой части. Подобный метод синтезирования тематических элементов является закономерным для заключительных частей, с характерной функцией обобщения.

Используемый прием вариантного преобразования побуждает композитора обратиться к принципу монотематичности. Например, в пьесах Dialogue (Gloria) и Dialogue de Flutes pour L'Elevation (Sanctus), во вступлении излагается основная тема, из которой в дальнейшем произрастет тематический материал всей пьесы.

Еще один прием работы с тематизмом, который применяет композитор в своих пьесах, характерен для ричеркарных композиций, когда парные проведения темы даны в T-D соотношении. Добавим, характерные для этого жанра приемы изложения и развития материала, такие как, имитационный принцип вступления голосов, разомкнутость темы, вариантность преобразований исходного тематического зерна. . Кроме этого, отметим, что мелодическое содержание тем подобных композиций характеризует будущие темы классической фуги: краткий мелодический ход по звукам трезвучия и противоположного поступенного движения из Dialogue (Kyrie).

[3] Григорианский первоисточник – напев из григорианской мессы, Kyrie IV (XI век). В дальнейшем, этот напев будет кочевать из одной музыкальной формы к другой: тропы, свободный и мелизматический органумы.

Одна из пьес органной мессы представляет собой композицию из двух разделов, где первый раздел представляет собой экспозицию по типу фуги, в которой тема прозвучит несколько раз в имитационной технике. Первое вступление тем в T-D соотношении, после чего композитор вводит небольшую связку (кадетта), мелодическая основа которой вычлененные обороты из темы. Второй раздел пьесы развивающий, где происходит безостановочная работа над темой фуги (например, композитор троекратное проводит тему как в основной, так и в побочных тональностях). Кроме этого, композитор применяет удержанное противосложение, а так же вводит и интермедийные участки, тематизм которых всецело подчиняется теме. Все перечисленные приемы работы с материалом свойственны жанру фуге.

Любопытен еще один момент. В некоторых пьесах композитор применяет элементы светского музицирования с типичным для начальных разделов французских увертюр изложением тематического материала: медленный темп, торжественный, неспешный характер, гомофонный склад фактуры создают эффект величественной поступи. Используется и характерный для французских увертюр декламационный тип мелодики, в основе которой нисходящие секундовые обороты, с применением выдержанных длительностей и использованием пунктира. Так же в органной мессе композитор обращается к стилизации придворных танцев, таких как менуэт и сарабанда. В некоторых органных пьесах встречаются характерные мелодические ходы, основой которых является танцевальный шаг: трехдольность, движение четвертями с явным ощущением шага, аккордовый склад в этой теме напоминают характерный и популярный в те времена танец менуэт.

По мнению исследователя Е. Кривицкой органная месса Николя де Гриньи это, своего рода, итог, завершение тридцатилетней истории французской барочной органной мессы. Символична на наш взгляд и дата ее создания – 1699 год – когда на смену старым идеям и традициям приходят новое мышление, становление новых форм и нового музыкального языка.

Фрагмент из Органной мессы Николя де Гриньи. Trio, Kyrie.

28

TRIO (*)

(*) RÉCIT: (main gauche) Gambe et Bourdon de 8.
POSITIF ou G^d ORGUE: Fl.harm. de 8.

1. Кривицкая Е. Д. История французской органной музыки: очерки. – М.: Композитор, 2001. – 344с.
2. Баранова Т. Из истории органной мессы // Историко-теоретические вопросы западноевропейские музыки: от Возрождения до романтизма. – М., 1978. – вып.40. – с. 143-157.
3. Ordinarium missae. Tornaci, die I Decendbris 1919.

Стрыгин А.В.[1,2], Стрыгина А.О.[1,2], Доценко А.М.[1], Яицкий Ю.А.[1]
1. Волгоградский медицинский научный центр
2. Волгоградский государственный медицинский университет

ВЛИЯНИЕ ПРЕПАРАТА ФОСФОГЛИВ НА ЛЕЧЕНИЕ ВИЧ-ИНФИЦИРОВАННЫХ БОЛЬНЫХ С АССОЦИИРОВАННЫМ ГЕПАТИТОМ С

ВИЧ-инфекцию относят к важнейшей медико-социальной проблеме, т.к. кроме непосредственного социального значения - болезни и смерти миллионов людей, СПИД наносит также экономический ущерб. Сложившаяся эпидемиологическая ситуация в отношении ВИЧ-инфекции на территории Российской Федерации характеризуется увеличением числа вновь выявляемых инфицированных ВИЧ при меняющихся ведущих путях передачи возбудителя [1, 35; 3,111].

Эпидемиологическая ситуация в отношении ВИЧ-инфекции осложняется наличием сочетанных инфекций, которые понижают продолжительность жизни ВИЧ- инфицированных. Особое внимание среди данных патологий уделяется вирусу гепатита С, так как на первый план выходят осложнения заболеваний печени, связанных с данной инфекцией.

В нескольких исследованиях показано, что у пациентов с коинфекцией ВИЧ/ВГС фиброз печени прогрессирует быстрее, чем у пациентов с моноинфекцией ВГС, даже с учетом таких факторов, как возраст, пол и употребления алкоголя . ВИЧ-инфекция ускоряет прогрессирование связанного с ВГС-инфекцией поражения печени, особенно у пациентов с более выраженным иммунодефицитом, поскольку способствует повышению частоты развития фиброза печени (в 2—5 раз), цирроза, печеночной недостаточности, гепатоклеточной карциномы (ГКК), а также связанной с этими заболеваниями смертности [2, 20].

На сегодняшний день российские ученые создали гепатопротекторное средство, обладающее противовирусной активность — "Фосфоглив" (Глицирризиновая кислота+Фосфолипиды). Один из основных компонентов— фосфатидилхолин, восстанавливает структуру печеночных клеток, поврежденных мембран. Компонент нормализует липидный и белковый обмен. Фосфатидилхолин восстанавливает детоксирующую функцию печени, предотвращает потерю гепатоцитами ферментов. В то же время глицирризиновая кислота подавляет репродукцию вирусов в печени и других органах. Это становится возможным за счет повышения фагоцитоза, стимуляции продукции интерферонов. Компонент обладает мембраностабилизирующим и антиоксидантным эффектами, которые повышают гепатопротекторные свойства фосфолипидов.

Таким образом, "Фосфоглив" представляется перспективным средством в терапии ВИЧ-инфицированных больных с ассоциированным гепатитом С.

Целью настоящего исследования явилось улучшение функциональной активности печени при лечении ВИЧ-инфицированных больных с ассоциированным гепатитом С.

В исследовании принимали участие 30 пациентов (возраст от 18 до 41 года). При этом 15 человек с верифицированным диагнозом ВИЧ-инфекции, и 15 человек с коинфекцией ВИЧ/ВГС. Во время исследования, лица с сочетанной патологией в комплексной терапии получали препарат «Фосфоглив». Оценивали биохимические показатели испытуемых до и после курсового приема препарата. Таким образом, в ходе исследования получили 3 группы:

1 группа – ВИЧ-инфицированные лица, получающие антиретровирусную терапию (15 человек);

2 группа – ВИЧ-инфицированные лица с ВГС, получающие антиретровирусную терапию до начала приема препарата "Фосфоглив" (15 человек);

3 группа – ВИЧ-инфицированные лица с ВГС, получающие антиретровирусную терапию после окончания курсового приема препарата "Фосфоглив" (15 человек).

Продолжительность исследования составляла 6 месяцев.

У всех пациентов оценивали изменения содержания аланинаминотрансферазы (АлАТ), аспартатаминотранферазы (АсАТ), общего и прямого билирубина, общего белка и альбумина в сыворотке крови. Для определения концентрации и актвности использовались тест-системы производства «Human», Германия. Измерения проводили согласно прилагаемым протоколам на биохимическом анализаторе с проточной кюветой.

В ходе проведенных измерений выявили ряд отличий в исследуемых группах. В группе ВИЧ-инфицированных лиц с ВГС, получавших антиретровирусную терапию без препарата "Фосфоглив" было установлено значимое увеличение АсАТ ($p=0,0391$), АлАТ($p=0,0248$), общего билирубина ($p=0,0364$) и билирубина прямого ($p=0,0176$) по сравнению с контрольной группой (ВИЧ-инфицированные лица, получающие антиретровирусную терапию). Однако, в группе ВИЧ-инфицированных лиц с ВГС, получающие антиретровирусную терапию после окончания курсового приема препарата "Фосфоглив" было установлено значимое уменьшение АсАТ ($p=0,0463$), АлАТ($p=0,0317$), общего билирубина ($p=0,0387$) и прямогобилирубина ($p=0,0294$).

Применение препарата "Фосфоглив" в комплексе с антиретровирусной терапией положительно сказалось на функциональной активности печени у лиц с коинфекцией ВИЧ/ВГС, что подтверждается значимым уменьшением биохимических показателей в сыворотке крови, и предполагается рациональным его включение в схему лечения таких пациентов.

Список использованной литературы:

1. ВИЧ-инфкция. Информационный бюллетень № 30 / Российский научно-методический центр по профилактике и борьбе со СПИДом. М,-2007,-№30.
2. Голубева Л., Богонис Е. Профилактика ВИЧ-инфекции среди наркозависимых лиц в г. Кемирово / Материалы II Российской научно-практической конференции по вопросам ВИЧ-инфекции и парентеральных вирусных гепатитов. Суздаль, 2002.
3. Петрова Т. А. Парентеральное употребление наркотиков основная причина эпидемического распространения вирусных гепатитов и ВИЧ-инфекции / Материалы VIII съезда Всероссийского общества эпидемиологов, микробиологов и паразитологов. М., 2002.

Митциев А.К.
к.м.н, кафедра нормальной физиологии
ГБОУ ВПО СОГМА Минздрава РФ
digur1985@mail.ru

МЕЗЕНХИМАЛЬНЫЕ СТВОЛОВЫЕ КЛЕТКИ КОСТНОГО МОЗГА ЧЕЛОВЕКА В ТЕРАПИИ ТОКСИЧЕСКОЙ НЕФРОПАТИИ В ЭКСПЕРИМЕНТЕ

Данное исследование посвящено изучению влияния терапии мезенхимальными стволовыми клетками (МСК) костного мозга человека на динамику токсической нефропатии, вызванной внутримышечным введением глицерина экспериментальным животным.

В эксперименте использовались крысы самцы линии Вистар (n=50) со средней массой тела 260-300 г. Для создания модели токсической нефропатии применяли внутримышечное введение 50% раствора глицерина (0,8 мл/100 г). Изучение мочеобразовательной функции почек проводилось стандартными методиками [1, 2]

Как было показано во многих исследованиях, внутримышечное введение глицерина вызывает миолиз, следствием чего является выброс большого количества свободного миоглобина в кровь. Миоглобин, согласно исследованиям, вызывает токсическое повреждение различных систем и органов, в большей степени – почек, где развивается токсическая нефропатия. [3, 4]

В данном исследовании внутримышечное введение экспериментальным крысам приводило к повреждению канальцев и клубочков нефронов, что проявлялось в нарушении мочеобразовательной функции, а также в выраженных морфологических изменениях ткани почек. Так у животных группы 1 (крысы с моделью токсической нефропатии без лечения (n=23)) отмечались снижение клубочковой фильтрации и, как результат, значительное снижение диуреза в первую неделю эксперимента, не смотря на снижение канальцевой реабсорбции. В дальнейшем, клубочковая фильтрация имела тенденцию к восстановлению, а реабсорбция прогрессивно снижалась, что привело к значительному увеличению диуреза.

Также о выраженных изменениях мочеобразовательной функции свидетельствует креатинемия и протеинурия, которые характеризовались максимальными значениями к 7-10 дню эксперимента, и оставались повышенными на протяжении всего эксперимента, что соответствует описанным другими авторами результатам. [3, 4]

Кроме того у животных группы 1 отмечаются гистологические изменения почек в виде воспалительной инфильтрации, очагового фибриноидного набухания стенок клубочковых капилляров, сужения просвета сосудов, дистрофии и некроза клеток эпителия канальцев.

Группа животных 2 – это крысы с моделью глицериновой токсической нефропатии (n=27), которые на 2 сутки после эксперимента подверглись трансплантации мезенхимальных стволовых клеток костного мозга человека внутривенно в количестве 2 млн.клеток в 1 мл физиологического раствора. Трансплантация ксеногенных МСК в эксперименте не сопровождалась гипериммунными реакциями, поскольку известно, что эти клетки обладают иммуносупрессивными свойствами. [5]

Крысы данной группы также характеризовались изменениями процессов мочеобразования и морфологической картины, однако эти явления была достоверно менее выражены, чем у животных группы 1. Так, уровень креатинина в крови нормализовался уже к 15 суткам, а значения белка в моче сравнялись с таковыми у здоровых животных уже к 7 дню эксперимента. Расчет показателей фильтрации и канальцевой реабсорбции также показал, что у животных 2 группы процессы мочеобразования имеют тенденцию к нормализации достоверно быстрее, по сравнению с животными группы 1.

Что касается морфологических изменений, то отмечаются менее выраженные морфологические изменения почечной ткани, по сравнению с 1 группой, и имеют тенденцию к нормализации гистологической картины, явления баллонной дистрофии, переходящей в некроз клеток отмечаются значительно реже, а явления воспалительной инфильтрации исчезают уже к 15 суткам, чего не наблюдается у животных группы 1.

Таким образом, трансплантация МСК костного мозга человека способствует более быстрому и полному восстановлению мочеобразовательной и мочевыделительной функции почек у животных с токсической нефропатией.

1. Плахтий Л.Я., Еналдиева Д.А., Бибаева Л.В., Кониева А.А., Дзахова Г.А., Цховребов А.Ч. Хроническое токсическое действие фторида натрия на функции почек крыс в эксперименте // Фундаментальные исследования. 2013. № 11-4. С. 696-700.

2. Еналдиева Д.А., Джиоев И.Г., Бибаева Л.В. Функции почек в условиях острой экспериментальной интоксикации фторидом натрия // Владикавказский медико-биологический вестник. 2011. Т. XIII. № 20-21. С. 137-139.

3. Цебоева А.А., Кокаев Р.И., Бибаева Л.В., и др. Возможности применения клеточной терапии на фоне токсического нефрита // Фундаментальные исследования. 2014. № 10-7. С. 1394-1398.

4. Бибаева Л.В., Цебоева А.А., Оганесян Д.Х., Ислаев А.А., Тлеужев М.Х., Джигкаева Я.И., Маликиев И.Е., Кокаев Р.И. Патогистологическая

характеристика нефрита на фоне клеточной терапии // Фундаментальные исследования. 2014. № 10-8. С. 1456-1460.

5. Холоденко И.В., Кониева А.А., Холоденко Р.В и др. Иммуносупрессивные свойства мезенхимальных стволовых клеток, выделенных из плаценты человека // Современные проблемы дерматовенерологии, иммунологии и врачебной косметологии. 2010. №6. С. 8-12.

Породенко Е.Е.
аспирант кафедры факультетской хирургии ГБОУ ВПО КубГМУ
Минздрава России, Краснодар
E-mail: porodenko@mail.ru

ОПТИМИЗАЦИЯ АНТИБАКТЕРИАЛЬНОЙ ТЕРАПИИ ОСТРОГО ИЛИОПСОИТА

Введение. В настоящее время наблюдается тенденция к увеличению частоты острого илиопсоита (ИП), что связано с ростом гнойно-септических заболеваний вообще и гнойно-некротических поражений нижних конечностей в частности, этому же способствуют внутривенная наркомания, снижение иммунорезистентности при ВИЧ-инфекции. До настоящего времени не применяются схемы антибактериальной терапии (АБТ) с включением фаготерапии. Оптимизация тактики лечения острого ИП остаётся актуальной [3,180; 6,100].

Материал и методы. В клинике за период с 2011 по 2014 гг. наблюдали 26 случаев ИП. Количество мужчин превалировало и составило – 18 человек (69,2%). У 9 больных (34,6%) имела место внутривенная наркомания, из них 3 пациента были ВИЧ-инфицированы; 7 человек (31,8%) страдали сахарным диабетом 2 типа. У 24 больных был первичный ИП, в двух случаях вторичный. У 5 больных в комплексе АБТ применён поливалентный пиобактериофаг (Секстафаг®). Методы исследования: УЗИ и КТ брюшной полости, полости малого таза и забрюшинного пространства; бактериоскопический и бактериологический.

Обсуждение и результаты. Выраженность клинической картины и данные КТ- исследования имели рещающее значение при выборе тактики лечения ИП. Только в одном случае принято решение консервативного лечения инфильтративной формы ИП. Двум больным с psoas - абсцессами было выполнено дренирование гнойного очага с УЗ- навигацией и аспирационно-промывным лечением в послеоперационном периоде [2,14]. У 23 пациентов внебрюшинными доступами Израэля или Пирогова, выполнены ревизия футляра m. psoas и моно- и билатеральной забрюшинной клетчатки, с дренированием гнойных полостей, в том числе флегмоны Brault (1 случай) [4,90;5,680].

С учётом прогнозируемой вероятности реинфицирования полостных образований и тканей m. psoas, а также операционных ран госпитальными антибиотикорезистентными штаммами, применяли адаптированную схему применения фаготерапии в комплексе АБТ. При консервативном лечении ИП: а) лимфотропное введение пиобактериофага в дозе 2,0 мл - инициально и на 5-е сутки лечения; б) приём препарата per os в дозе 20,0 мл – инициально и на 5-е сутки лечения. При оперативном лечении ИП: а) лимфотропное введение пиобактериофага в дозе 2,0 мл за 30-40 мин до операции и на 5-е сутки после операции; б) прием препарата per os 20 мл до операции и на 5-е сутки после операции; в) после каждой дренажной санации полостей, введение через дренажи 20 мл препарата и проведение орошения раны 20 мл препарата перед наложением повязки.

Послеоперационная досуточная летальность составила 3,8%. Этот пациент, носитель ВИЧ, был доставлен в стационар в крайне тяжелом состоянии на 5 сутки от начала заболевания с явлениями септического шока.

Заключение. АБТ при ИП нуждается в совершенствовании антибактериальных комплексов и комплексном применении антибактериальных доступов. Включение в схему лечения поливалентного пиобактериофага способствует оптимизации течения раневого процесса при илиопсоите, позволяет контролировать распространение госпитальной инфекции, способствует сокращению сроков лечения инфекции в 1,5 раза.

Список литературы

1. Войно-Ясенецкий В.Ф. Очерки гнойной хирургии. – М.: Бином, 2006. – С. 400-416.
2. Токарев М.В. Острый илиопсоит /Токарев М.В.// Пермский медицинский журнал – 2011 – т. 28, № 5 – С. 12-17.
3. Брюханов В.П. Диагностика и лечение гнойного илиопсоита /Брюханов В.П., Цивьян А.Л.// Вестник хирургии – 1992. – № 1-3. – С. 180-182.
4. Стручков В.И. Руководство по гнойной хирургии /Стручков В.И., Гостищев В.К. – М: Медицина, 1984 – 191 с.
5. Korenkov M. Psoas abscess. Genesis, diagnosis, and therapy /Korenkov M., Yucel N.,Schierholz J. et al.// Chirurg – 2003 – 74: 7: 677—682 p.
6. Соловьев А.А. Случаи гнойных илеопсоитов у военнослужащих / А.А. Соловьев, В.В. Петрушин, В.П. Гайдук, Зотов И.В., Пчелкин В.А., Синяков В.Ф. // ВЕСТНИК ХИРУРГИИ имени И.И. Грекова: Научно-практический журнал. – 2008. – Том167, N1. – С. 100-104.

Фоменко И.В.
заведующая кафедрой стоматологии детского возраста, д.м.н., доцент
Филимонова Е.В.
ассистент кафедры стоматологии детского возраста, к.м.н.
Краевская Н.С.
аспирант кафедры стоматологии детского возраста
Волгоградский государственный медицинский университет

РЕЗУЛЬТАТЫ ЭЛЕКТРИЧЕСКОЙ АКТИВНОСТИ ЖЕВАТЕЛЬНОЙ ГРУППЫ МЫШЦ У ДЕТЕЙ С ВРОЖДЕННОЙ ОДНОСТОРОННЕЙ РАСЩЕЛИНОЙ ВЕРХНЕЙ ГУБЫ И НЕБА

Введение:

Функциональное состояние зубочелюстной системы изучают с помощью различных методов: электромиотонометрии, периотестометрии, мастикациографии, гнатодинамометрии и других. В последнее время все большую популярность получает такой метод исследования функционального состояния мышц челюстно-лицевой области как электромиография [1]. Данный метод позволяет достаточно полно, на базе математического анализа, судить о степени функциональных нарушений нервной ткани и мышц. Работа мышц челюстно-лицевой области взаимосвязана с аномалиями окклюзии, поэтому оценка функционального состояния мышц важна для динамической оценки эффективности ортодонтического лечения [2, 4]. В случае отсутствия или недостаточной перестройки мышечной деятельности, после проведенного ортодонтического лечения возможен рецидив и осложнения со стороны височно-нижнечелюстного сустава [3]. Особенно актуально это для пациентов с врожденной односторонней расщелиной верхней губы и неба.

Цель исследования: Оценить результаты электрической активности жевательной группы мышц у детей с врожденной односторонней расщелиной верхней губы и неба на этапе ортодонтического лечения.

Материалы и методы исследования:

Было обследовано 26 человек с врожденной односторонней расщелиной верхней губы и неба в возрасте 14 – 17 лет, которые находятся на ортодонтическом лечении съемными пластиночными аппаратами. Из них у 31% наблюдалась правосторонняя расщелина верхней губы и неба, у 69% - левосторонняя расщелина верхней губы и неба.

При помощи электромиографа Synapsis (Россия) исследовали биопотенциалы височных мышц (m. temporalis dextra, m. temporalis sinistra) и жевательных мышц (m. masseter dextra, m. masseter sinistra). В ходе исследования использовали следующие тесты: «состояние относительного физиологического покоя нижней челюсти», «сжатие зубов слева», «сжатие зубов справа», «протрузия / ретрузия», «открывание / закрывание», «бруксизм».

Результаты исследования:

В пробе «состояние относительного физиологического покоя нижней челюсти» показатели электрической активности мышц у всех детей были в пределах нормы (m. Td – 0,14± 0,01 мВ , m. Md – 0,12± 0,01 мВ, m. Ts – 0,13± 0,01 мВ, m. Ms – 0,13± 0,01 мВ).

Электрическая активность височных мышц у всех детей во всех пробах превышала активность жевательных мышц.

Максимальная амплитуда m. temporalis dextra превышала средние нормальные значения в следующих пробах: «сжатие зубов справа» (m. Td - 2809±518,2 мкВ), «открывание/закрывание рта» (m. Td - 2764,6±614,15 мкВ), «бруксизм» (m. Td - 2747,3± 303,3 мкВ). Максимальная амплитуда m. temporalis sinistra превышала средние нормальные значения в пробе «бруксизм» (m. Ts - 2810,3±433,8 мкВ).

Максимальная амплитуда жевательных мышц в пробе «сжатие зубов слева» (m. Md – 934,8± 89,4 мкВ и m. Ms – 1804,9 ±292,2), «сжатие зубов справа» (m. Md – 1827,7± 369,12 мкВ и m. Ms – 1804,92 ± 292,2мкВ), «протрузия / ретрузия» (m. Md – 947,9± 139,1 мкВ и m. Ms – 1464,9± 313,6 мкВ), «открывание / закрывание» (m. Md - 2462,3± 592,2 мкВ и m. Ms – 2380,8± 535,2 мкВ), «бруксизм» (m. Md – 2345± 600 мкВ и m.Ms – 2041,07 ±431 мкВ), были в пределах нормы. Однако обращает на себя внимание тот факт, что значения максимальной амплитуды жевательных мышц в пробах «открывание / закрывание» и «сжатие зубов справа» свидетельствуют о преобладание электрической активности слева, что может также являться признаком мышечной дисфункции.

Суммарный потенциал во всех пробах у пациентов с врожденной односторонней расщелиной верхней губы и неба, не превышал средних нормальных значений (N=2,5 мВ).

Выводы:

Повышенная электрическая активность височных мышц, выявленная методом электромиографии, свидетельствует о наличие мышечной дисфункции у детей с врожденной односторонней расщелиной верхней губы и неба еще до появления клинических признаков. Данный факт должен учитываться при планировании комплексного лечения, а показатели электромиографии в динамике могут служить объективным показателем функционального состояния жевательной мускулатуры и эффективности проведенной терапии.

Литература:

1. Миргазизов М.З., Плотникова Н.А., Филюшина Е.Е., Бузуева И.И. Клинико-морфологическое исследование влияния электростимуляции на

состояние круговой мышцы рта при врожденной односторонней расщелине верхней губы // Стоматология. - 1988. - Т. 67, № 2. - С. 68-70

2. Олейник Н.С. Клинико-функциональные особенности небно-глоточного комплекса после уранопластики: автореф. … канд. мед. наук. - Ин-т стоматологии АМН Украины, 2004. - С. 20.

3. Хайрутдинова А.Ф., Герасимова Л.П., Усмано- ва И.Н. Электромиографическое исследование функционального состояния жевательной группы мышц при мышечно-суставной дисфункции височно-нижнечелюстного сустава. — Казанский медицинский журнал. — 2007; 88 (5): 440—3.

4. Ferrario V.F., Sforza C., Colombo A., Ciusa V. An electromyographic investigation of masticatory muscles symmetry in normo-occlusion subject. — J Oral Rehabil. — 2000; 27 (1): 33—40.

Островская О.В. - внс, дмн, **Власова М.А.** - снс, кмн,
Ивахнишина Н.М. - снс,кбн, **Наговицана Е.Б.** - снс, кмн
Хабаровский филиал ДНЦ ФПД - Научно-исследовательский институт охраны материнства и детства, 680022, ул. Воронежская, 49, корп.1, тел. (42-12)98-05-91, е - mail: iomid @ yandex. ru

СВЯЗЬ ГЕНИТАЛЬНЫХ МИКОПЛАЗМ С НЕВЫНАШИВАНИЕМ БЕРЕМЕННОСТИ

Проблема невынашивания беременности - одна из наиболее актуальных в акушерстве. Одной из ведущих причин преждевременного завершения беременности являются инфекции, попадающие в плаценту, полость матки и плод восходящим путем из инфицированных половых путей женщины, через шейку матки и оболочки плодного яйца. В половых путях у беременных выявляют бактериальный вагиноз, уреамикоплазмоз, хламидийную инфекцию, трихомониаз, гонорею, листериоз, стрептококки, стафилококки, вирусный гепатит В, сифилис и ВИЧ- инфекцию, герпес - инфекции, грибы рода кандида и др. Наиболее часто – микоплазмы. Несмотря на широкое распространение микоплазм, их истинное патогенетическое значение в развитии воспалительных процессов генитального тракта и осложнений беременности не установлено. Некоторые авторы связывают развитие воспалительных изменений во влагалище с повышенной концентрацией микоплазм, используют количественные критерии в диагностике, полагая, что концентрация микоплазм в количестве более 10^4 ГЭ/ мл – имеет диагностическое значение, в то время как более низкие концентрации не должны учитываться, потому что в таких количествах микоплазмы могут обнаруживаться у здоровых людей [1].

Одни авторы [3,4] связывают микоплазмоз с мертворождениями, преждевременными родами, рождением детей с гипотрофиями и малым весом. Другие исследователи [2] считают, что носительство генитальных микоплазм не оказывает существенного влияния на частоту развития преждевременных родов, рождения недоношенных детей, инфекционных осложнений раннего перинатального периода. Количественная оценка концентрации микоплазм - общепринятая граница 10^4 ГЭ/мл - не выявляет связи с развитием патологии беременности, родов и неонатального периода. Поэтому скрининг на наличие данных микроорганизмов и назначение специфической антибактериальной терапии во время беременности являются неоправданными .

В настоящем сообщении представлен наш опыт по диагностике микоплазмоза у 1100 женщин репродуктивного возраста г. Хабаровска, в цервикальных мазках у 30 беременных с преждевременным разрывом околоплодных оболочек, в образцах плацент 43 женщин, беременность которых протекала с плацентарной недостаточностью и окончилась преждевременным прерыванием, в 135 образцах хориальной и плодовой тканей и 32 аспиратах эндометрия при ранних спонтанных абортах, в аутопсийном материале от 20 умерших в неонатальный период новорожденных, родившихся преждевременно.

Исследование осуществляли методом ПЦР и ПЦР с детекцией результатов в режиме реального времени с использованием набора реагентов производства ФБУН ЦНИИ Эпидемиологии Роспотребнадзора.

Проведенные исследования показали широкое распространение бессимптомного носительства. При отсутствии воспалительных изменений в генитальном тракте ДНК *Ureaplasmae urealyticum,* выявляли в генитальных мазках у здоровых женщин – в 44,8% случаев, при воспалительных гинекологических заболеваниях – в 54,7%, при физиологически развивающейся беременности – в 47,9% случаев, при беременности, осложненной плацентарной недостаточностью, - в 50,0%. *Mycoplasma hominis* обнаружена соответственно в 17,6%, 20,9%, 15,1%, 27,1**%**случаев.

Исследование отделяемого цервикального канала и аспиратов эндометрия матки у женщин с ранними спонтанными выкидышами установило наличие ДНК *U.urealyticum.* в 39,0% и 28,1% случаев, а ДНК *M. hominis* – в 24,4% и 18,8%. При этом в 50 - 60% случаев определяли сочетание микоплазм с *C. trachomatis, M. genitalium, Herpes simplex virus, Cytomegalovirus.*

В цервикальных мазках женщин с преждевременным разрывом плодных оболочек определили уреаплазму (Ureaplasma urealyticum+parvum) 18 случаях (60,0%), в том числе в титре $< 10^4$ ГЭ/мл - в 26,7% случаев, в титре $>10^4$ ГЭ/мл - в 33,3%. У женщин с физиологически развивающейся беременностью Ureaplasma (urealyticum+parvum) выявлена в 90,0% случаев в титре $< 10^4$ ГЭ/мл. В более высоких титрах не обнаружена.

Инфицированность уреаплазмой плацент 43 женщин, беременность которых завершилась преждевременно на сроке 28-34 недели, составила 34,8%, в группе сравнения (плаценты 24 женщин, родивших доношенных детей без патологических симптомов) уреаплазма выявлена в 25% случаев ($p>0,05$), те частота выявления уреаплазмы в плацентах при доношенной и недоношенной беременности существенно не отличались. M. hominis и M. genitalium выявлены только в основной группе по - ровну - 2,3%. Морфологически в инфицированных уреаплазмой плацентах определяли продуктивный лейкоцитарный плацентит, незрелость ворсин, хроническую плацентарную недостаточность с развитием острого нарушения плацентарно – маточного кровообращения, инволютивные изменения, гипоплазию узлов, краевое прикрепление плаценты.

Методом ПЦР проведена этиологическая верификация летальных инфекций у маловесных детей. Аутопсийный материал (пробы головного мозга, легких, печени, почек, плаценты) от детей, умерших в ранний неонатальный период, был инфицирован в 100% случаев возбудителями инфекций, колонизирующих генитальный тракт женщин (*Ureaplasma urealyticum, Mycoplasma hominis, Streptococcus pneumoniae).* При гибели детей в более позднем периоде, проживших от 2 недель до 2 месяцев жизни, в аутопсийном материале в 66,7% случаев установлены моноинфекции (*Mycoplasma hominis, Streptococcus pneumoniae)* и ассоциации микроорганизмов, преимущественно - микоплазм с вирусами, кокковой, бациллярной микрофлорой и грибами.

Так, *мальчик К. родился на 27 - ой неделе беременности с массой тела 995г. Матери 30 лет, первородящая. В анамнезе – вагинит. Беременность развивалась с истмико - цервикальной недостаточностью, угрозой невынашивания на 22 неделе, хронической гипоксией плода. В плаценте установлен продуктивный лейкоцитарный плацентит, незрелость ворсин, порок развития плаценты - краевое прикрепление пуповины. При рождении у ребенка отмечено первичное нерасправление легких и внутрижелудочковое кровоизлияние, обусловленное гипоксией. Крупноочаговая эмфизема легких осложнилась пневмотораксом. Причиной смерти на 2-ой день жизни стала легочно – сердечная недостаточность. В плаценте, головном мозге, легком и печени была выявлена U.urealyticum. Можно заключить, что причиной гибели новорожденного явилась внутриутробная уреаплазменная инфекция*

Наши исследования показывают, что колонизация микоплазмами имеет место как у практически здоровых женщин, так и у женщин с невынашиванием беременности, в том числе микоплазмы выявляются в эндометрии при спонтанных абортах, в цервикальных мазках при преждевременном разрыве плодных оболочек, в плацентах у женщин с преждевременным прерыванием беременности, в аутопсийном материале при летальных инфекциях детей, родившихся с малым весом. Полученные данные указывают на связь генитальных микоплазм с формированием осложнений беременности. В инфицированных микоплазмами плацентах обнаруживаются воспалительные изменения, влияющие на состояние ребенка. В части случаев микоплазмы выявляются в ассоциации с другими возбудителями перинатальных инфекций. Можно предположить, что исход взаимодействия микоплазмы с организмом хозяина зависит не столько от массивности инфицирования, сколько от физиологического состояния женщины, состояния иммунной системы, гормонального фона, наличия сопутствующих инфекций, которые могут способствовать активации репродукции урогенитальных микоплазм и развитию выраженных патологических процессов.

Литература

1 Иванова Т.А., Гущин А.Е., Белова А.В. и соавт. Ассоциация генитальных микоплазм (Ureaplasma parvum, Ureaplasma urealyticum, Mycoplasma hominis) с клиническими признаками воспаления во влагалище беременных женщин Сборник трудов VII Всероссийской научно – практической конференции с международным участием. - Москва, 2010.- том III.- С.212 -215/214

2.Иванова Т.А., Гущин А.Е., Белова А.В. и соавт. Ассоциация генитальных микоплазм (Ureaplasma parvum, Ureaplasma urealyticum, Mycoplasma hominis) с развитием осложнений в родах и раннем неонатальном периоде // « Молекулярная диагностика -2010».- Сборник трудов VII Всероссийской научно – практической конференции с международным участием. - Москва, 2010.- том III.- С.335-338 /338

3.Малкова Е.М., Гришаева О.Н. Диагностика внутриутробных инфекций у новорожденных детей методом полимеразной цепной реакции.-Томск.: Кольцово.- 2000.- 38с./26

4. Romero R, Garite T.J. Twenty percent of very preterm neonates (23-32 weeks of gestation) are born with bacteremia caused by genital Mycoplasmas //Am.J.Obstet Gynecol.- 2008 .- Vol. 198 (1).- P. 1-3/3

Stolyarenko D.A.
Master of Science candidate
Institute of Mathematics, Information and Space Technologies Northern (Arctic) Federal University
named after M.V. Lomonosov (NArFU)
Demidovskaya A.E.
Candidate of pedagogic sciences
Head of the Chair of English for Engineering
Institute of Philology and Intercultural Communication
Northern (Arctic) Federal University
named after M.V. Lomonosov (NArFU)

MONITORING OF SEA ICE USING REMOTE SENSING

INTRODUCTION

The important role of sea ice in the climate system is widely accepted as it covers a significant fraction of the ocean and has a high variability in time.

Sea ice reduces the heat transfer between ocean and atmosphere in the polar regions, and the production of sea ice is important for the deep water formation in the seas of the Arctic Ocean. Additionally the distribution of sea ice impacts the operation of vessels and other sea based structures like oil platforms.

For these reasons it is necessary to obtain accurate and high resolution (in space and time) information about the distribution of sea ice.

METHOD

Sea ice concentration, i.e. the percentage of a given area covered with sea ice, had been retrieved by passive microwave sensors since the start of the ESMR (Electrically Scanning Microwave Radiometer) sensor in December 1972. Since 1987 the SSM/I (Special Sensor Microwave/Imager) has been widely used for sea ice concentration determination. Since 1992 the 85 GHz channels of SSM/I with a higher spatial resolution became available.

Relative to its areal coverage, the Arctic Ocean's sea ice cover is of disproportionate importance to the Earth's climate and radiation budget. Despite its importance, the data base of observations on the albedo evolution of the ice cover during melt season is not as large as required for purposes of effective validation and constraint of model simulations. This is particularly acute for large-scale estimates based on remotely-sensed data.

The AMSR-E measures at six different frequencies between 6.9 to 89 GHz at both horizontal and vertical polarization. Both 89 GHz channels were used to determine the sea ice concentration. The lower frequencies were only involved as weather filters and for validation purposes.

Most of the calculations of ice concentration were performed on swath data. Thereafter the ice concentration data were interpolated into the desired geographical grid.

An extensive field program with ground based and airborne measurements in the area around Svalbard were conducted during the research project ARTIST (Arctic Radiation and Turbulence Interaction STudy) in March and April 1998.

The ARTIST Sea Ice (ASI) algorithm used was originally developed to benefit from the high spatial resolution of the 85 GHz channels of the SSM/I sensor for the mesoscale numeric modeling of the polar atmospheric boundary layer in the marginal sea ice zone.

One advantage of the ASI algorithm in contrast to other 85 GHz algorithms was that it did not need additional data sources as input. It showed a performance similar to other sea ice algorithms.

The ice concentration was calculated by the value of the polarization difference of the brightness temperatures. It was known from surface measurements that the polarization difference of the emissivity near 90 GHz is similar for all ice types and much smaller than for open water.

RESULTS AND DISCUSSION

The correct choice of the tie-points is important for the retrieval of the sea ice concentration as they also include the mean atmospheric influence.

Today the 89 GHz channels of AMSR-E offer the highest spatial resolution for extraction of daily available, global sea ice concentration data.

The ASI ice concentration algorithm uses an empirical model to retrieve the ice concentration between 0% and 100%. It also includes a statistical model about the atmospheric influence. Even if the set of tie-points is not adapted daily to the changing atmospheric and surface conditions, the algorithm shows appropriate results especially at mid and high ice concentrations (above 65%), where the error should not exceed 10%.

This finding is supported by a recent study comparing seven of the most frequently used SSM/I sea ice concentration algorithms. Over high concentration sea ice it was found that those with the shorter penetration depth, i.e. using mainly near-90 GHz information, tend to produce significantly better statistics than the algorithms at 19 and 37 GHz that are most frequently used nowadays.

REFERENCES:

1) Spreen G., Kaleschke L., Heygster G. Sea Ice Remote Sensing Using AMSR-E 89 GHz Channels // JOURNAL OF GEOPHYSICAL RESEARCH, Vol. XXXX, DOI:10.1029. - The American Geophysical Union, 2007, pp. X-1 –

X-12. [Электронный ресурс] / Режим доступа: http://www.iup.uni-bremen.de/iuppage/psa/documents/spreen07.pdf;

2) Remote Sensing of the European Seas // Barale V., Gade M. - Springer, JRC European Commission, Netherlands: Springer Science+Business Media B.V., 2008, XXI + 513 p. [Электронный ресурс] / Режим доступа: http://link.springer.com/book/10.1007/978-1-4020-6772-3/page/2

Игнатьева А.В.
доцент, кандидат педагогических наук, кафедра декоративного искусства и дизайна ГБОУ ВО «Московский городской педагогический университет»
Ганова Т.В.
доцент, кандидат педагогических наук, кафедра декоративного искусства и дизайна ГБОУ ВО «Московский городской педагогический университет»

СИНТЕЗ ИСКУССТВ В ПРОФЕССИОНАЛЬНОЙ ПОДГОТОВКЕ ХУДОЖНИКА-ДИЗАЙНЕРА

Современные тенденции в дизайне и расширение сфер творческой деятельности заставляют обратить особое внимание на проблемы профессиональной подготовки специалиста. В этой связи роль синтеза искусств необычайна высока.

Синтез (греч. synthesis - соединение) искусств – соединение нескольких разных видов искусства в художественное целое, рассчитанное на многостороннее эстетическое воздействие. Именно специфические черты каждого вида искусства имеют особое значение для их синтеза. В истории искусства широко известны такие формы синтеза как архитектура и монументальное искусство, которые постоянно тяготеют к объединению, создавая архитектурно-художественный синтез, в котором живопись и скульптура, выполняя собственные задачи, также расширяют и истолковывают архитектурный образ. В этом пространственно-пластическом синтезе обычно участвует и декоративно–прикладное искусство, средствами которого создаётся предметная среда, окружающая человека, а также нередко произведения станкового искусства. Художественные средства архитектуры и изобразительного искусства, направленные к раскрытию различных сторон единого содержания, многократно увеличивают силу его эстетического воздействия. И поэтому синтез искусств предполагает такое взаимодействие видов искусств, при котором каждый выступает с определенной степенью самостоятельности, приобретает новые качества, относящиеся равно к его форме и содержанию. Безусловно, при этом имеется в виду не механическое соединение, а создание качественно нового художественного явления. Их идейно–мировоззренческое, образное и композиционное единство, общность участия в художественной организации пространства и времени, согласованность масштабов, пропорций, ритма порождают в искусстве качества, способные активизировать его восприятие, сообщать ему многоплановость, многогранность развития идеи, оказывать на человека многостороннее эмоционально насыщенное воздействие, обращаясь ко всей полноте его чувств. Этим определяются большие социально–воспитательные возможности синтеза искусств. В этой связи в процессе профессиональной подготовки художников – дизайнеров необходимо особое внимание уделять историческому аспекту становления архитектурно–пространственных форм, предметно–пространственных решений, современных направлений. «Эмпирико–аналитический метод, опирающийся на диалектическую логику, является обязательным этапом в развитии науки, ибо только на основе суммы знаний о предмете, полученных подобным образом, можно перейти к более глубоким методам его исследования»[1].

Рассмотрим некоторые особо значимые исторические моменты синтеза искусств.

Для эпохи первобытнообщинного строя характерен синкретизм (от греч. synkëtismós-соединение)—первоначальная нерасчленённость видов искусства, которые были непосредственно вплетены в деятельность человека и его ритуалы. Когда искусства начинают дифференцироваться, выявляя своё взаимодополняющее своеобразие, возникает и обратное стремление — к их синтезу. Храмовы и ритуал, подчиняющий единому замыслу элементы изобразительного искусства, словесного творчества, музыки, а также обрядовые действия, выступает как организующее начало синтеза искусств, начиная с культур Древнего Востока. Величайшие шедевры синтеза архитектуры и монументального искусства были созданы египетскими мастерами. Подавляющей сверхчеловеческой массе египетских сооружений, где стены и колонны украшали рельефы и росписи, греческая культура противопоставила гармоничное соотношение архитектуры и скульптуры, внушающее мысль о победе человеческого начала. В средневековых храмах внутреннее пространство насыщается одухотворённостью образов живописи (мозаика, фреска, витраж), становящейся неотъемлемой частью архитектуры: художественное и реальное пространство сливаются в одно символическое целое, дополняемое литургической поэзией и музыкой.

В культуре поздней готики и особенно Возрождения, с усилением светских начал искусства и всё большей индивидуализацией творчества, происходит распад органической «соборной» универсальности средневекового синтеза искусств. Складываются новые нормы синтеза, основанные на осознании самостоятельной роли каждого из искусств.

В искусстве барокко архитектура являлась основой синтеза, а скульптура была связующим звеном благодаря своей близости и к живописи, и к архитектуре.

В искусстве рококо и просветительского классицизма XVIII века важной целью синтеза искусств становится создание художественной жилой среды, утверждающее высокое значение повседневного бытия.

В условиях буржуазного общества разрушаются многие формы синтеза искусств, прежде всего, архитектурно-художественный синтез. И интерес к проблемам получает новый смысл. Стиль «модерн» на рубеже XIX – XX веков предпринял попытки практического возрождения синтеза

---

[1] Г.П.Степанов Композиционные проблемы синтеза искусств. С.9.

в быту на основе архитектуры. Развивая идеи синтетической культуры (У.Моррис, Генри ван де Велде и др.), рационалисты 1920-х годов стремились к созданию целостной художественной среды, активно направляющей жизненные процессы; при этом часто аналитические, образно-познавательные функции искусства отрицались, а художественное творчество утопически рассматривалось как главный фактор «жизнестроения».

В XX веке значительные работы в области синтеза искусств связаны с созданием крупных мемориальных сооружений, выставочных комплексов в т. ч. всемирных выставок в Нью–Иорке, Париже, Лондоне, Брюсселе и др., а также с оформлением празднеств, народных шествий, фестивалей и т. д.

Идеи синтеза в нашей стране на протяжении всей истории явление сложное, неоднозначное. В советский период они содержались в монументальной пропаганде, и нашли свое выражение в агитационном искусстве периода Октябрьской революции и Гражданской войны, в деятельности архитекторов и художников, создававших общественные здания новых типов. Особо актуальными они стали в 1930-х годах в связи со строительством московского метрополитена, ВСХВ (ныне ВВЦ).

С середины XX века в различных странах в связи с созданием новых городов, крупных общественных зданий и комплексов, мемориальных ансамблей синтез искусств получает широкое практическое воплощение.

В целом в синтезе искусств в XX веке происходят существенные трансформации.

В условиях различных периодов развития общества синтез искусств в той или иной мере претерпевал изменения, которые в свою очередь либо активизировали интерес к данной проблеме, либо уменьшали его, но несомненным и бесспорным остается одно, что синтез искусств во все времена является предметом качественного познания.

Современная искусствоведческая, научная, методическая литература по проблеме синтеза искусств представлена довольно широко. Современный мир–это всегда довольно сложное образование. Сегодня надо точно представлять место синтеза искусства в современных городских структурах, особенно для специалиста-дизайнера, которому будет легче ориентироваться в трудностях привязки результатов своего труда к сверхзадаче–созданию гармоничной архитектурно–пространственной и предметно-пространственной среды.

Для дизайнера и его творчества мир – это объект, определяющий направление его усилий и устанавливающий различные границы. Дизайнерское решение любого изделия является в известном смысле социальной коммуникацией, и дело не столько в важности объекта (это обычно не подлежит контролю дизайнера), сколько в страстности, вложенной в изучение и выражении его сущности. Важнейшим дизайнерским свойством изделия любых размеров является правдивость выражения его внутренней сущности.[2]

Современная деятельность дизайнера ориентирована на объемно–пространственную типологию, свой набор функционально–геометрических и эмоционально–образных архетипов, и не ограничивается только созданием отдельной предметно–пространственной среды. В его поле зрения среда охватывается в целом. Потому что архитектурно – художественные проблемы средоформирования решаются возможностями пространственной композиции, а дизайнерские следуют инженерно–техническими и эргономическими обоснованиями, что выливается в нестандартные объемные и плоскостные построения даже для типовых функциональных форм. Так в средовом дизайне возникает и творчески решается самая загадочная для мастеров – профессионалов проблема – синтеза искусств. Прежде всего, изобразительного искусства, архитектуры и дизайна.

Расширение интеллектуально – информационных потребностей в процессе профессиональной подготовки специалиста позволяют в большей степени ориентироваться на личность, развитие творческого потенциала, возможности фундаментальной подготовки. Такие задачи наилучшим образом, возможно, реализовать на примере синтеза искусств (архитектура, монументально-декоративное искусство и дизайн). Где монументально–декоративные средства представлены в дизайне среды как система произведений скульптуры, живописи, пластики, приемов и форм, взятых из сферы изобразительного искусства, для формирования визуальных качеств и композиции среды.

Современные технические возможности строительства расширили перспективы для поисков новых художественных средств выразительности композиций из стекла и бетона, мозаики, фрески, витража. В связи с вышесказанным приходит осознание того, что в процессе профессиональной подготовки студентов в области монументально-декоративного искусства и дизайна необходимо прививать понимание значимости синтеза искусств использование его целенаправленно, обдуманно согласуя с окружающим архитектурным пространством.

Поиск новых путей средств эмоционального выражения, решение общих формально–художественных задач пластических искусств и архитектуры: новаторское формообразование, взаимодействие с пространством, обращение с новейшими технологиями в рамках комплексного подхода способствуют углублению личностному началу в творчестве студента и профессиональной его подготовке.

---

[2] Джордж Нельсон Проблемы дизайна. с.41.

Список литературы:

1. Дизайн. Иллюстрированный словарь–справочник,-М.: «Архитектура–С», 2004.-281с.: ил.
2. Д. Нельсон Проблемы дизайна/Д. Нельсон.-М.: «Искусство», 1971.-41с.
3. Игнатьева А.В., Ганова Т.В. Художественная обработка кожи в подготовке художника декоративного искусства/А.В. Игнатьева, Т.В. Ганова. //Материалы V международной научно-практической конференции Фундаментальные и прикладные науки сегодня.-North Charleston, USA, 2015.-224с.
4. Крамаренко Л.Г. Отечественное декоративное искусство XX века (очерки) /Л.Г. Крамаренко.-М.: «МГХПУ им. Строгонова», 2003. -160с.: ил.
5. Степанов Г.П. Композиционные проблемы синтеза искусств /Г.П. Степанов - Л.: «Художник РСФСР», 1984. – 319.: ил.
6. Степанов А.В. и др. Объемно–пространственная композиция: Учеб. для вузов /А.В. Степанов, В.И. Малыгин, Г.И. Иванова и др.-М.: «Архитектура - С», 2004.–256с.: ил.

Коноплянский Д.А.
доцент, кандидат педагогических наук, филиал ФГБОУ ВПО «Томский государственный архитектурно-строительный университет» в г. Ленинске-Кузнецком, Кемеровская область, Россия, директор, lktgasu@mail.ru, 8-923-492-27-44

СОВРЕМЕННЫЕ ПОДХОДЫ К ПРОБЛЕМЕ ФОРМИРОВАНИЯ КОНКУРЕНТОСПОСОБНОСТИ ВЫПУСКНИКА ВУЗА В ТЕОРИИ И ПРАКТИКЕ РОССИЙСКОГО ОБРАЗОВАНИЯ

Целью данной статьи является раскрытие сущностных аспектов проблемы формирования конкурентоспособности выпускника в процессе их профессиональной подготовки в вузе, и выявить особенности и подходы к организации этого процесса.

В современном глобализирующемся мире действует жесткая система конкуренции, которая и определяет многие процессы выпуска различных конечных продуктов целого спектра областей, как в науке, так и в практике реальной жизни мирового сообщества. В их числе присутствует и проблема подготовки высокопрофессиональных и конкурентоспособных специалистов в разных областях жизнедеятельности общества.

Для наиболее эффективного изучения и решения выявленной проблемы обратимся к истории становления основополагающего понятия – «конкуренция». Рассматривая это понятие с ретроспективной точки зрения, можем констатировать следующее:

- Это понятие вошло в нашу жизнь в виде повседневного разговорного слова около середины XIX века. Это слово имеет латинские корни: (con + currere – «сбегать», «сталкиваться»). Оно было употребимо по всему Старому и Новому Свету.
- Развиваясь в англоязычных странах, оно претерпело некоторую трансформацию и превратилось в понятие «competition» (competencia). Это понятие, в свою очередь, имеет несколько другую латинскую основу, а именно: «competition» (com + petition – «стремление достать что-то» или «добиться чего-то»).
- Также само новое понятие имеет интерпретацию в своем значении и как «соревнование», и как «состязание».

Нужно сказать, что в российском варианте, понятие «конкуренция» стало трактоваться как «соперничество», «соревнование», «состязание», что дало основание определять конкуренцию как особую форму соревнования. Это толкование актуально и по сей день, как в нашей стране, так и за рубежом.

Эволюция данного понятия в рамках экономической теории основывалась на трудах таких известных зарубежные ученых, как С. Брю, Дж. Кейнс, А.

Курно, К. Макконелл, А. Маршалл, Дж. Милль, Ф. Найт, М. Портер, Дж. Робинсон, Д. Рикардо, А. Смит, Ф. Хайек и др.

Исходя из вышесказанного, необходимо отметить таких российских ученых, работающих в педагогическом пространстве формирования конкурентоспособности подрастающего поколения, как: В.И. Андреев, В.С. Безрукова, Н.А. Борисова, А.П. Беляева, Л.М. Митина, А.И. Субетто, Н.В. Тамарская, О.К. Филатов, Ю.К. Чернова, Д.В. Чернилевский, В.В. Щипанов и многие другие. В своих исследованиях вышеназванные ученые обосновывают системность, комплексность, междисциплинарность, многофункциональность, многоуровневость и относительность как самого понятия «конкурентоспособности», так и сложность и многофакторность процесса ее формирования. Так, **В.И. Андреев** «конкурентоспособность» личности ставит в прямую зависимость от ее творческого саморазвития [3, 21].

В исследованиях В.Л. Лаптева, О.Е. Лебедева, Е.А. Ленской, Л.М. Митиной, А.И. Мищенко, З.И. Равкина, Т.А. Стефановской, Д.И. Фрумина, О.Ф. Чупровой и других современных российских ученых, «конкурентоспособность», как понятие и процесс, подвергается исследованию в контексте качественной характеристики личности как в аспектах самоопределения, так и в аспектах самореализации и самоудовлетворенности.

Н.В. Борисова, О.К. Филатов, Д.В. Чернилевский и другие изучают конкурентоспособность в педагогическом контексте, формулируя ее в разрезе качественной характеристики выпускника ВУЗа – молодого специалиста, так как его формирование имеет серьезную актуальность в современной российской действительности [2, 31].

Л.М. Митина отмечает, что сам процесс сегодняшнего образования имеет целью именно формирование конкурентоспособной личности, которая непременно будет иметь успех в рыночных условиях существования [8, 34].

Для того, чтобы реализовать свою личность во всем многообразии современного мира, потребуются специфические дарования и способности, которые и дадут возможность максимального развития, утверждают в своих трудах такие ученые как **Ю.А. Кореляков, Г.В. Шавырина** и другие [9, 41].

Эти специфические дарования и способности, заключены в феномене конкурентоспособной личности.

Уже упоминавшейся нами автор педагогических исследования, **Андреев В.А.** считает, что «необходимо формировать конкурентоспособную личность, подготовленную к самовыживанию, к конкурентной борьбе в различных жизненных ситуациях» [4, 19].

Однако он же и уточняет свое высказывание, говоря уже о том, что «нам нужна не вообще конкурентоспособная личность, а личность, чья конкурентоспособность достигается цивилизованными методами и средствами» [4, 36].

Итак, как мы видим, интерес у отечественных педагогов и психологов к данной проблеме, значительно вырос, как ответ на вызовы и тренды современного российского общества – части мирового образовательного сообщества. И, что особенно важно, проблема настоящего исследования – есть один из путей решения насущной необходимости в формировании конкурентоспособной личности в стенах современной высшей российской школы [7, 171].

Современный же этап развития мирового образовательного сообщества назвал новые подходы к процессу формирования конкурентоспособности выпускника вуза, как в теории, так и в практике отечественного и зарубежного образования. Обратимся непосредственно к определению и систематизации современных подходов к данной проблеме.

«Диаграмма систематизации основных подходов к формированию конкурентоспособности выпускника вуза в теории и практике российского образования»

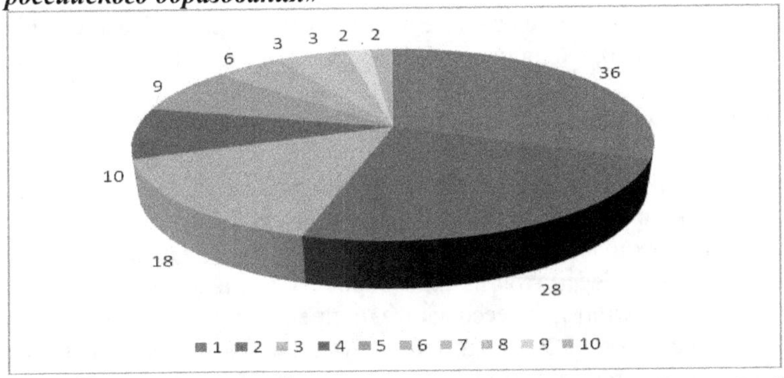

Итак, на данной диаграмме проиллюстрированы, в сравнении числовых показателей, авторские подходы формирования конкурентоспособности выпускников ВУЗов современного российского общества. Причем, эти показатели позволили представить подходы в иерархической ранговой значимости, а именно:

- Ранг 1 – ***«Экономический подход»*** (36 ед.)
- Ранг 2 – ***«Психолого-педагогический подход»*** (28 ед.)
- Ранг 3 – ***«Технологический подход»*** (18 ед.)
- Ранг 4 – ***«Социальный подход»*** (10 ед.)
- Ранг 5 – ***«Нормативно-правовой подход»*** (9 ед.)
- Ранг 6 – ***«Методологический подход»*** (6 ед.)
- Ранг 7 – ***«Экономико-педагогический подход»*** (3 ед.)
- Ранг 8 – ***«Информационный подход»*** (3 ед.)
- Ранг 9 – ***«Контролирующий подход»*** (2 ед.)
- Ранг 10 – ***«Ретроспективный подход»*** (2 ед.)

Исходя из данного рангового представления иерархии подходов формирования конкурентоспособности выпускников вузов в современной России, видно, что наибольшее значение (36 ед.), имеет экономическая составляющая данного процесса, так как она напрямую связана с успешным вхождением бывших студентов на поле «рынка труда». При этом высокий уровень сформированности конкурентоспособности выпускников вузов, как показывает практика, позволяет им не просто успешно входить, но и успешно продвигаться по карьерной лестнице.

Как показано в таблице 1 в этот же подход входят и его составные части, такие как: рынок труда, менеджмент в сфере образования, маркетинг в сфере образования, рынок образовательных услуг и мониторинг в сфере образования.

«Психолого-педагогический подход» - набрав 28 ед., занимает ранг 2, в силу своей востребованности и тесной связи с экономическим аспектом цели образовательного процесса в современном российском ВУЗе. Однако он на 8 единиц отстает от ранга 1, то есть, от экономического подхода.

В полном соответствии с современными ситуациями в образовании в контексте реформ, происходящих как внутри его, так и во внешних факторах, «Технологический подход» в стремительно модернизирующемся мире образования, по праву занимает 3 позицию, набрав 18 ед. числовых показателей. Но, в то же время, этот подход на 18 единиц отстает от лидера, то есть, экономического подхода. На наш взгляд, это происходит, в том числе и потому, что в области педагогический и образовательных технологий заметна общая тенденция отставания от первых двух подходов, несмотря на иллюзорность активной деятельности в данной области научно-профессорского и преподавательского состава современных российских ВУЗов. В этом случае мы наблюдаем переход «активности и результативности» в «квазиактивность и псевдорезультативность». Подробному описанию и анализу такой ситуации будут посвящены дальнейшие этапы исследования.

Как ни парадоксально, «социальный подход» стоит на 4 месте, хотя, он то и должен был бы, определяя цель образовательного процесса в ВУЗе, основанную на социальном заказе общества на конкурентоспособную личность специалиста, выходящего из стен высшей школы, стоять на первом. Однако, в силу современного состояния системы образования в России, отягощенную перманентными реформаторскими изменениями, сам социальный заказ и сопровождающие его компоненты, не является системообразующим. Отставание в числовом выражении по сравнению с лидером данной систематики составляет 26 единиц. Несмотря на это, данный подход находится в первой пятерке и, как видится автору исследования, имеет нерастраченный ресурс, речь о котором пойдет ниже, в последующих разделах работы.

Почти рядом с «социальным подходом», отставая от него только на 1 единицу, располагается «Нормативно-правовой». Это закономерно, так как именно его элементы составляют основы образовательной деятельности в правовом поле. На этом первая пятерка заканчивается, и мы переходим ко второй пятерке, отличающейся очень незначительными числовыми показателями.

Лидерство в нем держит «Методологический подход». Его показатель всего 6 ед., то есть на 30 единиц ниже «экономического подхода». Ситуация, на первый взгляд – непонятная, но, учитывая общие социумные и образовательные векторы реформирования сферы образования, наблюдается сложившаяся ситуация как отсутствия общей идейно-методологической цели развивающегося общества России, так и разбалансировки общей методологии, что особенно заметно в педагогике высшей школы.

«Экономико-педагогический» и «Информационный» подходы – занимают, соответственно, 7 и 8 место в ранговом ряду в силу своей низкой числовой значимости, всего по 3 единицы. Что касается первого из них, то этот подход, несмотря на отставание от лидера второго состава на 50%, то есть, на 3 единицы, имеет очень неплохую потенцию развития в силу своей, пока еще достаточно малой, но позитивно растущей динамики. Второй подход, информационный, на взгляд автора исследования, отражает, опять-таки, парадокс, так как информационные сети современного мира требуют его полного претворения в реалии профессионально-образовательной системы, сдерживаемой отставанием материально-технической базы и сформированности необходимых знаний и умений у выпускников вузов, связанной, в значительной степени, с «ползущими» экономическими кризисами.

9 и 10 место в ранговом ряду занимают «Контролирующий» и «Ретроспективный» подходы. Начнем с последнего. Имея всего 2 единицы числового выражения, он замыкает сам рассматриваемый ряд. Причину такого положения мы усматриваем в некотором отставании его от стремительной современной жизни, как общества России, так и его образовательной сферы. Контроль и регуляция в условиях, когда принципы свободных рыночных отношений проникают во все сферы жизнедеятельности общества, неуклонно показывают негативную динамику.

Литература:

1. Альбитер Л.М. Влияние объективных факторов и индивидуально-личностных особенностей на конкурентоспособность выпускников высших учебных заведений. [Текст] / Л.М. Альбитер // Вестник

Самарского государственного технического университета. – Самара. – 2013. – № 1 (18). – С. 2 - 8.
2. Ангеловский А.А. Формирование конкурентоспособности студентов в процессе профессиональной подготовки в вузе: монография. – Челябинск: Образование, 2006. 187 с.
3. Андреев В. И. Саморазвитие творческой конкурентоспособной личности менеджера/ В. И. Андреев. Казань. Фирма "СКАМ". 1992. 207 с.
4. Андреев В.И. Педагогика: учеб. курс для творческого саморазвития. – Казань: Центр инновационных технологий, 2000. 377 с.
5. Артемова Ю.В. Формирование конкурентоспособности будущего журналиста в образовательном процессе университета. Текст.: автореф. дис. канд.пед.наук / Ю.В. Артёмова - Елец: Елецкий гос. ун-т, 2012. 24 с.
6. Артемова, Ю.В. Конкурентоспособность выпускника факультета журналистики как проблема современного профессионального образования [Текст] / Ю.В. Артемова // Вестник Вятского государственного гуманитарного университета. – Киров. – 2011. – № 2 (3). – С. 33-37.
7. Евплова Е.В. Конкурентоспособность как педагогическая проблема [Текст] / Е.В. Евплова // Известия УрГУ. Серия 1. Проблемы образования, науки и культуры. – 2012. –№ 4 (95). – С. 169–174.
8. Митина Л.М. Психология развития конкурентоспособной личности. – 2-е изд., стер. – М.: Изд-во МОДЭК, 2003. 400 с.
9. Пфейфер С.А. Педагогические основы исследования проблемы развития конкурентоспособности личности. [Текст] / С.А. Пфейфер // Вестник Оренбурского государственного университета. – Оренбург. – 2012. – № 2. (138). – С. 226 - 231.
10. Шмелев А.Г. Продуктивная конкуренция. Опыт конструирования объединительной концепции. – М.: Магистр, 1997. 55 с.
11. Филончик Н.И. Теоретические подходы к формированию конкурентоспособности специалистов инженерного профиля // ВЕСТНИК Самарского государственного технического университета. Психолого педагогические науки. – 2011. - №1. – С. 155-162.
12. Усенкова, Е. И. К вопросу конкурентоспособности выпускников [Электронный ресурс] Режим доступа: http://ido.rudn.ru/vestnik/2011/2011_3/11.pdf. (Дата обращения: 15.05.2015).
13. Федеральный закон от 29.12.2012 N 273-ФЗ (редакция от 23.07.2013) "Об образовании в Российской Федерации" [Электронный ресурс]. – Режим доступа:http://sudact.ru/law/doc/rRQgKIF3bXZV/001/?utm_campaign=sudact&utm_source=google&utm_medium=cpc&utm_content=46&gclid=CM6846rm5LwCFUHqcgodRyEAPw. (Дата обращения: 13.05.2015).

Хозяшева Л.С.
доцент кафедры живописи и композиции Институт культуры и искусств ГБОУ ВО МГПУ, кандидат педагогических наук, член ВТОО «Союз художников России»

ПАТРИОТИЧЕСКОЕ ВОСПИТАНИЕ СТУДЕНТОВ В ПРОЦЕССЕ РАБОТЫ НАД ДИПЛОМОМ

Московский городской педагогический университет занимает значительное место в подготовке учителей для города Москвы. Направление подготовки изобразительное искусство и дизайн в институте культуры и искусств в МГПУ, является крепким звеном в обеспечении педагогическими кадрами. Городские образовательные структуры - это общеобразовательные школы, развитая сеть системы дополнительного образования. Поэтому к выполнению дипломных работ нужно подходить со всей серьезностью и ответственностью, поскольку - это так называемая "путевка в жизнь" для каждого студента.

Дипломная работа-это итоговая работа учебно-исследовательского, творческого характера, выполняемая студентами, оканчивающими университет.

Дипломная работа, как правило, представляет собой самостоятельное исследование какого-либо актуального вопроса в области избранной студентом специализации и имеет целью систематизацию, обобщение и проверку специальных теоретических знаний, умений и практических навыков выпускников.

Любая дипломная работа – является результатом многолетнего труда не только студента, но и всего нашего творческого коллектива. В результате, в процессе обучения каждый преподаватель вносит определенный вклад в развитие студента не только как специалиста в своей области, но и как человека и гражданина своей Родины. Преподаватели кафедры живописи и композиции, рисунка и графики, декоративного искусства и дизайна, неустанно ведут работу по патриотическому воспитанию будущих учителей в целостном педагогическом процессе.

Содержание нравственно – психологической подготовки включает формирование и развитие у студентов интереса к родному языку, к традициям, обычаям, культурному наследию своего народа; интереса к истории своего народа, своей страны, к событиям, происходящим в настоящее время.

Наша специальность помогает формировать патриотические качества, в первую очередь, в выборе тематики дипломных работ. А тематика безгранична. Это и родные просторы (выбор пейзажа городского, столичного, Подмосковного), как живописного, так и графического. Это может быть и тематика и декоративно – прикладного характера, в которой постигаются лучшие традиции национальной культуры и народных промыслов. Это прослеживается и в графических работах (иллюстрации классиков национальной культуры, портреты русских мастеров изобразительного искусства и т.д). В этом году, выпускники нашего института, выполняли дипломные работы, посвященные 70-летию Великой Победы над фашизмом.

Велика роль народных художественных промыслов. Они как форма народного творчества связанны с изготовлением изделий декоративно – прикладного искусства, включающие: кружево и вышивку (**Вологодское кружево** - один из видов русского кружева, плетённого на коклюшках, **Елецкое кружево,** вид русских кружев ручного плетения, плетётся на коклюшках, преимущественно из белых катушечных ниток, реже из льняной, шёлковой (а с середины 20 в. и синтетической) пряжи, отличается мягким контрастом мелкого узора (растительного и геометрического) и тонкого ажурного фона, **Вятское кружево**, **Мстёрская вышивка как** вид русского народного шитья, сложившийся в посёлке Мстёра, **Крестецкая вышивка -**крестецкая белая строчка, вид русского народного шитья, **Торжокское золотое шитье и Владимирский верхошов.**); керамику (**Скопинская керамика, Дымковская игрушка** (вятская, кировская игрушка), глиняные лепные расписные фигурки людей и животных (иногда в виде свистулек); один из русских народных художественных промыслов. Свистульки — конь, всадник, птица — восходят к древним магическим ритуальным изображениям и связаны с земледельческими календарными праздниками. **Гжельская керамика** и др.**),** художественные лаки: (**Федоскинская миниатюра,** один из видов русской народной миниатюрной живописи на лаковых изделиях, главным образом из папье-маше (коробки, шкатулки, табакерки и пр.), **Мстёрская миниатюра,** вид русской народной миниатюрной живописи темперными красками на лаковых изделиях, главным образом из папье-маше (коробки, шкатулки, ларцы и др.), **Холуйская миниатюра, Палехская миниатюра**, **Хохломская роспись;** ковроткачество, художественную обработку дерева (**Абрамцево-кудринская резьба,** художественный промысел резьбы по дереву. **Богородская резьба,** народный промысел резных игрушек и скульптуры из мягких пород дерева (липы, ольхи, осины) **Шемогодская прорезная береста, Плетение из лозы, Городецкая роспись,** народный художественный промысел, развивавшийся с середины 19 в. Лаконичная, контрастная по цвету Городецкая роспись темперой служила для украшения жилища (ставни, двери, ворота) и предметов быта (донца прялок, мебель, игрушки и пр.). Окруженные цветочными узорами фигуры коней, петухов, фантастических зверей и птиц, сцены прогулок и чаепитий выполнялись широким, свободным мазком с графической обводкой изображений белыми и чёрными линиями, которые подчёркивали чёткий ритм композиции и др), камня, металла (**кузнецкое дело**, **Великоустюжское чернение по серебру,** русский художественный промысел, сложившийся в 18в. в г. Великий Устюг. Изготовлялись серебряные табакерки, шкатулки, коробки, флаконы и прочее с поверхностью, украшенной чернью, **Жостовская роспись,** народный художественный промысел, развитый в деревне Жостово Мытищинского района Московской области. Возник в начале 19 в., главным образом под влиянием уральской цветочной росписи по металлу — живопись на металлических подносах, покрытых предварительно несколькими слоями густого грунта (шпаклёвки) и масляного лака, обычно чёрного и др.), кости **(Тобольская резная кость, Холмогорская, Хотьковская, Чукотская резная кость),** кожи и т.д.

Патриотическое воспитание в рамках направления подготовки в выборе дипломных работ совершенно очевидно. Выпускники, впитавшие на занятиях любовь к Родине, лучшие народные традиции, интерес к прошлому и настоящему смогут, будучи учителями, нести в образовательную систему на уроках изобразительного искусства в общеобразовательных школах и на занятиях в системе дополнительного образования элементы патриотизма на **тематических занятиях,** например, по темам "Мой дом моя семья", "Русская народная культура", "Столица нашей Родины Москва", "Земля наш общий дом", "Защитники отечества". Такие темы как «Поклонимся великим тем годам», «Дорогами побед» позволяют разносторонне осветить ход событий Великой Отечественной войны и ее значения в мировой истории. Через беседы, уроки мужества и изучение фото и киноматериалов. Совместное посещение музеев, выставок, участие в различных конкурсах. На занятиях декоративного искусства, на занятиях с натуры можно максимально раскрывать народное творчество используя наглядные примеры народного костюма, промыслов.

В плане перспективы можно говорить о более активной выставочной деятельности студентов не только в рамках университета, а также в городских, Всероссийских и международных художественных проектах.

Для наибольшего привлечения внимания к данной проблеме необходимо активнее внедрять: мастер-классы, пленэры, симпозиумы, семинары. Наше направление подготовки в рамках Института культуры и искусств Московского городского педагогического университета, обладает достаточным потенциалом. Имеются известные профессиональные художники, члены различных творческих и художественных союзов. Есть чему поучиться у достойных мастеров.

Список литературы:

1. Буровкина Л.А Художественно-эстетическое образование в условиях регионального пространства. В сборнике: Наука и

образование в жизни современного общества сборник научных трудов по материалам Международной научно-практической конференции: в 14 томах. 2015.с.26-28

2. Игнатьева А.В. Развитие творческих способностей детей младшего школьного в системе дополнительного образования на примере изготовления мягкой игрушки. Диссертация на соискания учёной степени кандидата педагогических наук/ Москва, 1998г.
3. Игнатьева А.В., Ганова Т.В. Художественная обработка кожи в подготовке художника декоративного искусства. В сборнике: Фундаментальные и прикладные науки сегодня. Материалы 5 международной научно-практической конференции. н.-и ц. «Академический». North Chavleston, SC, USA, 2015.с.61-63.
4. Игнатьев С.Е. Теория и практика развития изобразительной деятельности детей. Диссертация на соискание учёной степени доктора педагогических наук/ Московский педагогический государственный университет. Москва, 2007.
5. Игнатьев С.Е. Закономерности изобразительной деятельности детей. Учебное пособие для вузов/М, 2007.

Польская С.С.
доцент кафедры английского языка № 5, кандидат филол. наук,
Московский Государственный Институт Международных Отношений
(Университет) МГИМО (У)
Polskaya7@gmail.com

К ВОПРОСУ О РАБОТЕ В ПАРАХ НА ЗАНЯТИЯХ АНГЛИЙСКОГО ЯЗЫКА В ВУЗЕ

Аннотация

Данная статья рассматривает возможность использования работы в парах и небольших группах в ходе занятий английского языка в ВУЗе. Будучи частью коммуникативной методики преподавания языка и обладая значительным количеством преимуществ, работа в парах способна в значительной степени повысить эффективность занятия. Однако в силу ряда причин работа в парах редко используется преподавателями, при этом сами обучаемые зачастую скептически относятся к этому виду работы. Анализ данных, полученных до 4-ех недельного периода использования работы в парах во время занятий и после такового показывает, какие возможности дает обучаемым данный вид деятельности: увеличение продолжительности устной речи, большая степень независимости от действий преподавателя, снятие стрессовых факторов. Статья демонстрирует преимущества работы в парах перед традиционными индивидуальными ответами обучаемых при выполнении заданий.
Ключевые слова: работа в парах, коммуникативная методика, аффективный фильтр.

ABOUT PAIR WORK WHEN STUDYING ENGLISH AT HIGHER EDICATIONAL INSTITUTIONS

Resume
This article considers the possibility of using pair work and work in small groups in the English classes at universities. Being an integral part of the communicative method and possessing numerous advantages, pair work can considerably increase the efficiency of a class. However, due to a number of reasons, such type of activity is not often used by teachers while students themselves feel somehow quite skeptical towards pair work. Analyzing the data received before and after a 4-week period of using pair work in a class, clearly demonstrates those opportunities pair work can provide for learners: more speaking during the class, greater independence, removing stress factors. The

article shows the advantages pair work has over traditional individual answers learners give when doing assignments in a class.
Key words: pair work, communicative method, affective filter.

Современная методика преподавания английского языка часто обращается к работе в парах (далее - РП) и в малых группах как одному из самых эффективных методов активного вовлечения обучаемых в процесс занятия и увеличения продолжительности их речи. В рамках данной статьи речь будет идти именно о РП, поскольку языковые группы в МГИМО (У) обычно небольшие (от 4 до 7 человек), следовательно, наиболее целесообразным представляется деление именно на пары.

Прежде всего отметим, что РП является неотъемлемой частью так называемой коммуникативной методики преподавания иностранного языка, к которой сегодня тяготеют все больше и больше преподавателей. Как пишет в этом отношении Н.Э. Кузнецова, «объектом этого метода является сама речь, то есть такая методика в первую очередь учит общению…подразумевает большую активность студентов»[1,41]. Исследователи подчеркивают, что «работа в парах или небольших группах увеличивает возможность коммуникации в аудитории поскольку в этом процессе участвует гораздо больше людей, чем когда один обучаемый отвечает преподавателю, в то время как все остальные слушают его ответ…. Обучаемым необходимо использовать язык в целях языкового взаимодействия. Работа в парах и работа в группе дает возможность такого взаимодействия» (перевод наш) [5,50]. Более того, «такой вид деятельности во время занятия как нельзя лучше способствует росту уверенности обучаемых в себе, в особенности тех, кто обладает меньшим объемом знаний или испытывает робость» (перевод наш) [5, 211]. Именно РП снижает так называемый аффективный фильтр (согласно теории освоения второго языка Стивена Крашена, аффективный фильтр – это гипотетическое препятствие на пути к освоению языка, создаваемое негативными эмоциями – смущение, чувство неловкости. [3,34]). Дж. Хармер (Harmer) в своей книге “How to Teach English” подчеркивает, что «работа в группах и работа в парах несомненно обладает значительным рядом преимуществ, если произвести элементарные математические подсчеты» [2,21]. Действительно, если на разговорную практику отводится 30 минут занятия, а в группе 6 человек, то несложно подсчитать, что у каждого будет всего лишь 5 минут для того, чтобы высказаться. В то же время РП «дает большую степень независимости…когда обучаемые работают вместе без преподавателя, который контролирует каждый их шаг, они могут сами принимать решения, какие единицы языка использовать для выполнения того или иного занятия» [2, 21].

Нами была поставлена задача проследить, насколько может измениться отношение к РП со стороны обучаемых, могут ли они ощутить положительное влияние такого вида работы в ходе занятий английским языком. Для этого было принято решение использовать РП в течение 4 учебных недель на каждом занятии общей практики английского языка (4 занятия в неделю, всего 16 занятий) в 8 языковых группах III курса (количество человек в каждой группе – от 5 до 7, всего 49 человек). Перед началом эксперимента было собрано мнение всех его участников относительно РП. Анализ мнения обучаемых о РП до применения таковой показал, что отношение обучаемых к РП довольно противоречиво. После подробного ознакомления с тем, как осуществляется РП, практически все участники высказали осведомленность об этом виде работы, утверждая, что сталкивались с ним ранее (во время обучения в школе, на младших курсах университета). Все они единодушно признали тот факт, что, возможно, РП дает им возможность большей разговорной практики во время занятия. Однако вместе с этим ими был приведен ряд причин, которые, по их мнению, будут препятствовать успешности данной практики: РП с тем членом группы, который не вызывает симпатии, невозможность для преподавателя слышать, что именно говорят работающие в парах, и, как следствие, невозможность для преподавателя исправить звучащие ошибки/обсуждение посторонних тем на русском языке в силу этого же фактора; работа в паре с более сильным/слабым членом группы, и , наконец, убежденность в том, что РП методически предназначена для обучаемых более младшего возраста, а не для взрослых. Несомненно, подобные опасения со стороны обучаемых являются прямым отражением того, что практика РП, применяемая в определенный период времени в их отношении, осуществлялась не совсем правильно. Например, обсуждение посторонних тем в паре, использование русского языка или невыполнение задания является прямым следствием неправильной разбивки на пары (то есть преподаватель объединил в одну пару наиболее разговорчивого члена группа с другим таким же разговорчивым). Опасения по поводу возможных ошибок и невнимания к ним со стороны преподавателя подтверждают тот факт, что во время РП преподаватель не осуществлял должным образом мониторинг РП, вероятно, концентрируя свое внимание на отдельных парах, не уделяя внимание остальным. Учитывая такой, в большинстве случаев, негативный опыт РП, нами были выдвинуты следующие критерии оценки успешности РП для испытавших негативный опыт обучаемых по истечении периода применения данной методики:

- количество времени, в течение которого обучаемый имел возможность говорить в течение занятия;
- сравнение условий, при которых осуществлялась разговорная практика в парах и до этого;

- соответствие разговорной практики использования английского языка во время занятия реальной жизни.

Таблица 1. Сравнение результатов опроса до РП и после 4-ех недель РП

Критерий	До РП	После 4-ех недель РП
Количество времени, отведенного на разговорную практику во время занятия	63% - очень мало говорю во время занятия; 8% - практически ничего не говорю во время занятия; 29% - говорю, но недостаточно.	76% - время говорения значительно выросло; 22% -больше, чем до применения РП; 2% -не вижу различий.
Сравнение условий при которых осуществлялась разговорная практика	53% - смущение, когда приходится отвечать перед всей группой и преподавателем; 10% - сильное смущение при ответе перед всей аудиторией; 14% - боязнь допущения ошибки перед всей группой. 23% - отсутствие возможности «проверить» правильность своего ответа прежде чем озвучивать его в аудитории.	68% - отсутствие смущения, т.к. единственный слушатель на данный момент – это тот, с кем образована пара; 21% -возможность «попробовать» правильность мнения или высказываемого ответа перед собеседником, а не перед всей аудиторией; 11% - опасение допустить ошибку отсутствует, несмотря на то, что преподаватель активно слушает работу в парах и имеет возможность исправления неверных высказываний.
Соответствие практики использования	82% - ответ перед преподавателем при выполнении задания	96% - РП полностью соответствует ситуациям реального

английского языка реальным жизненным ситуациям	не является реальной жизненной ситуацией; 18% - данная форма взаимодействия может иметь место в реальной жизни.	использования английского языка в повседневной жизни; 4% - РП не всегда соответствует ситуациям в повседневной жизни.

Как мы видим из таблицы, по истечении 4-ех недель использования РП, мнения обучаемых в этом отношении претерпели значительные изменения. Большинство участников эксперимента демонстрирует одобрение РП по всем используемым критериям, при этом доверие к подобной организации работы во время занятия практически отсутствует до начала эксперимента.

Не можем не привести в нашей статье ряд примечаний, которыми снабдили свои ответы некоторые обучаемые. Подобные примечания в значительной степени подтверждают все те преимущества, которыми обладает РП, еще раз доказывают, что РП может и должна применяться в процессе обучения английскому языку как можно активнее.

« В нашей языковой группе 6 человек, и есть 2-3 наиболее активных студента, которые быстро справляются с заданиями и отвечают первыми. При работе в парах, эта проблема полностью снята, потому что теперь у всех есть возможность обсуждения ответа со своей парой. При каждом задании во время занятия я могу теперь ответить.»

« Мне всегда казалось, что разбивка на пары существует только для младших школьников, для тех, кто только начинает изучать английский язык. И меня удивило то, что наши преподаватели решили использовать данный метод. Однако уже буквально через неделю, я почувствовал, что работа в парах вполне подходит и для взрослой аудитории. При выполнении каждого задания преподаватель формировал новые пары, таким образом, давая возможность общения со всеми членами нашей группы».

«Мне казалось ,что работа в парах используется преподавателем, когда он не очень настроен работать во время занятия, или чтобы заняться чем-то другим, пока мы работаем в парах. Но во время занятий я поняла, что это не так: преподаватель внимательно отслеживал, как именно делает задание та или иная пара, если нужно – исправлял и помогал при возникших затруднениях».

Следует отметить, что успех РГ в значительной степени зависит от того, как именно применяется данный вид работы. В языковых группах высших учебных заведений, где у обучаемых уже может быть сформирован определенный стиль изучения английского языка, РГ должна вводиться постепенно. По мнению исследователей, «наиболее рационально начать с коротких заданий, которые могут быть выполнены в парах, и в дальнейшем, увеличивать протяженность данного вида работы» (перевод наш) [5, 206]. Также необходимо продуманная разбивка на пары, чтобы те, кто обычно быстро завершает задание, формировали пару с теми, у кого это занимает больше времени. И, наконец, РП не подразумевает ,что разбив обучаемых на пары и объяснив им задание, преподаватель может не обращать внимания на то, как выполняется задание, что именно обсуждается в парах и т.п. Напротив, РП требует от преподавателя сконцентрированного внимания, быстрого переключения последнего с работы одной пары на другую, оказания возможной помощи в случае если возникают какие-либо затруднения, равномерного распределения внимания между парами, на которые разбита группа.

В заключение подчеркнем еще раз, что РП может стать весьма эффективным инструментом в процессе обучения английскому языку как иностранному, в более полной мере раскрыть потенциал самих обучаемых, способна создать во время занятия ситуации, приближенные к ситуациям реального использования английского языка в жизни

Литература

1. Кузнецова Н.Э. Современные методики преподавания английского языка в высших учебных заведениях/В мире науки и искусства: вопросы филологии, искусствоведения и культурологии»: сборник статей по материалам XXXIII международной научно-практической конференции 19/02/2014.- Новосибирск, 2014. – 318 с.
2. Harmer J. How to teach English. – Longman, 1998. - 232 p.
3. Krashen S.D. & Terrel T.D. The Natural Approach: Language Acquisition in the Classroom. – San-Francisco. The Alemany Press, 1983. – 191 p.
4. Scrivener J. Learning Teaching.- MacMillan, 2011. – 416 p.
5. Spratt M., Pulverness A., Williams M. The TKT Course. Modules 1, 2, and 3. – Cambridge University Press, 2011. – 274 p.

Туякова У.Ж. [1], Жумаханова А.Ж. [2], Агишева А.А. [3]
[1] магистр педагогики и психологии, [2] магистр гуманитарных наук, [3]к.х.н.
АРГУ им. К. Жубанова, alma76@bk.ru

ОРГАНИЗАЦИОННЫЕ ПРОБЛЕМЫ СОВРЕМЕННОГО ОБРАЗОВАНИЯ

Начиная с середины XX в. современная историческая ситуация характеризуется, с одной стороны, гиперболическим увеличением объема знания, с другой стороны, столь же интенсивным внедрением новых знаний в сферу техники, технологии производства, в сферу информационной и коммуникационной деятельности. Эти объективные процессы в мировой системе образования порождают необходимость изменений по внедрению кредитной технологии обучения вместо линейной (или гумбольдтовской) технологии обучения.

Сам процесс получения образования сегодня претерпел изменения и состоит из отдельных стадий: создания нового знания, превращения его в интеллектуальный капитал, то есть приобретения этим знанием добавленной стоимости, классификации и распространения и, наконец, обучения этому знанию [1].

По выражению Френсиса Бэкона: «Знание - сила». А силой надо управлять. Теперь управление образованием – это отдельная надстройка над непосредственно самим образованием и дорогое удовольствие, поскольку требует определенный штат обученных работников, должно быть постоянным, эффективным, управляемым, регламентированным, структурированным. Управление образованием – высокополитично, и, как любая искусственная структура, неестественно.

В соответствии с областью рассмотрения модели управления образованием могут быть философскими, когнитивными, сетевыми, практическими, формальными. Однако применение той или иной модели связано с обязательным учетом факторов контроля и стимулирования. Знания используются для определения стратегии развития любой организации, и инновации в образовании являются стратегическим инструментом. Только развивая управление образованием, можно решить возникающие организационные проблемы.

Говорить об изменениях и инновациях сегодня в моде. Но изменения происходили всегда, и их характеристики различны. Мало того, изменения сами изменяются. Изменения отслеживают и отдельные компании, и целые правительства, и финансовые структуры, и муниципальные организации. Учитывая эффекты интеграции изменения захватывают все сферы жизни, они бывают и быстрыми, и глобальными, от них требуют дешевизны и надежности. Меняется сама жизнь, и изменения обновляются. В нашей цивилизации все, что не меняется, устаревает и отмирает. Изменения нынешнего столетия менее предсказуемы, более комплексны, быстро происходят, они всеохватывающи, взаимозависимы и требуют быстрой реакции [2].

Почему так много проектов по изменению, в том числе, в сфере образования терпят неудачу? Традиционно причинами называют: недостаток планирования, недостаток контроля, недостаток взаимодействия отдельных элементов. Все хорошо спланированные, контролируемые и взаимодействующие проекты по всем критериям успешности должны быть выполнимы. Однако, появляются непредсказуемые элементы, сказывается турбулентность окружения, эффекты глобализации, окружающая комплексность, производимая взаимозависимостью, и запланированные изменения в системе не проходят.

Происходящие инновационные процессы можно классифицировать в соответствии с уровнем структурирования, явности, происхождения и развития. Все они имеют определенные проблемы при продвижении.

По уровню структурирования различают открытые, частично открытые, частично закрытые и закрытые системы. Открытым называют процесс с еще невыявленной целью и методологией. Его предстоит изучать и затем продвигать. Частично открытая система имеет сложившуюся методологию, но неясные цели изменений. Для нее нужно подобрать хороший сценарий развития. Частично закрытая система имеет ясные цели, но несложившуюся методологию. Здесь следует поддержать имеющийся опыт, происходящие явления, выявить отдельные составляющие деятельности, разделить между отдельными субъектами. Наконец, цели и методология закрытого процесса известны. Главная проблема такой системы – это улучшать эффективность изменений и добиваться удешевления затрат.

Инновационные процессы бывают явными и неявными. Выигрыш явного процесса и необходимые затраты известны. Для управления неявным процессом эволюция его требует контроля и фиксации. Идентификация и координация интересов участвующих сторон, развитый контроль, вплоть до политического руководства – это проблемы отдельных типов инновационных процессов, различающихся происхождением и развитием.

Сказанное означает, что для запуска, руководства, выполнения самых разных проектов по изменению – закрытых, явных, коммерческих, также как открытых, неявных, внутренних необходимы знания.

Классическое видение управления образованием предполагает наличие следующих составляющих: коммуникация, лидерство, работа в команде, этика. Из «советских» факторов актуальными являются: организация, планирование и координация. Сегодня на первый план управления образованием выходят умения выявить потребности заинтересованной в получении образованных кадров стороны и научить учиться выпускаемых специалистов. Управление образованием предполагает основанную на стратегии лидерства деятельность по введению своевременных изменений и предотвращению возможных проблем, обусловленных глобализацией, изменчивостью, взаимозависимостью современного мира.

Помимо объективных факторов успешность проекта обусловливается и такой субъективной составляющей, как наше собственное восприятие. Восприятие – это только отражение реальности, фикция, вымысел. Ошибки делает наш ум, мышление, и восприятие зависит от эмоций, состояния ума, культуры. Восприятие изменений теми, кто их испытывает, может быть негативным и позитивным. При негативном восприятии изменений существует установка: «Это вредит мне». При позитивном восприятии – установка: «Это мне полезно».

При негативном восприятии отдельный человек, группа, организация или прослойка общества имеют мнение: «Это пугает меня». Затем начинается конфликт. Процесс конфликта может выражаться в открытом противостоянии или потенциальной несовместимости. При осознании его появляется намерение, сопровождающееся определенным поведением и приводящее к тому или иному результату.

К техникам разрешения конфликтов относят создание необычных целей, увеличение ресурсов, уклонение от разрешения, поиск согласия сторон, авторитарное вмешательство, изменение человеческого фактора и структурных переменных. Для стимулирования разрешения противоречий используют коммуникацию, объединение со сторонними наблюдателями, перестройку организации, назначение «дьявольского адвоката».

При достижении позитивного восприятия Существуют установки: «Это мотивирует меня», «Я соберу команду!». Здесь следует упомянуть разницу понятий команды и группы. В группе ее независимый член выполняет часть общей работы, удовлетворяя преимущественно индивидуальные цели. Существует участие, вовлеченность. В команде взаимозависимые члены работают над общей целью, опосредованно удовлетворяя индивидуальные цели. Существуют обязательства. Чтобы материализовать изменения, обязательно нужно иметь команду, обязательно принадлежать команде. Сегодня способность работать в команде – это необходимый социальный навык, фундаментальный для всех организаций.

Чтобы оправдать и подтвердить уместность существования любой образовательной структуры, организации необходимо использовать управление образованием. Только так можно произвести прогрессивные изменения в окружении.

Литература

1. Розин В. Образование как синергетическая система // Лицейское и гимназическое образование. — 1998. — №2. — С. 63.
2. Савицкий И. О философии глобального образования // Глобальное образование: проблемы и решения: Дайджест. СПб.: 2002. С. 122-126.

Kokovin A.V.
Master of Business Department of Informatics and Mathematical Modelling Ural Federal University
Rank1993@mail.ru
Gulchuk P.A.
Master of Business Department of Informatics and Mathematical Modelling Ural Federal University
P.Gulchuk@yandex.ru
Vnukovski Professor

CONCEPTUAL MODEL OF KNOWLEDGE-SHARING SYSTEMS WITH REMOTE PERSONNEL IN ENTERPRISE

Distant relations between the employer and its employees are part of the process of decentralization of work activities across time and space. The common element of telework in all its forms is the use of telecommunications, computers and Internet technology to change the accepted geography of work. The computers in this context serve to transform the results into a form that can be transmitted over computer networks [1,191].

In the last few years, this format is becoming increasingly popular. Today the work of professionals working outside the office (at that a specialist can be even in another city or abroad), uses almost a third of employers – 32%, with 22% of them make out of such workers in the company under an employment contract, and another 10% have remote employees working in outsourcing [2].

Today, thanks largely to the results of the information revolution, the means of production have become available, inexpensive, possible for home storage and maintenance by one person – I mean, first of all, computer, software [3,70]. By some estimates, today, approximately five people have three computers, and home office are able to provide "the same computing power as the filling of the spaceship "Apollo-11" [4,117].

Telecommuting allows an employee the flexibility to plan work schedule, and also to save time and financial resources because it is possible to work from any location where you have access to the Internet.

Issues of the system of knowledge exchange with remote employees are among the most relevant for today, and they are associated with the creation of systems of knowledge in enterprises. For such systems it is first necessary conceptual modeling. This implies the relevance of the totality of conceptual models of the system of knowledge exchange with remote employees [5,275].

General conceptual model - a set connected to each other operations, acting as the exchange of knowledge in the enterprise by combining all the intellectual and information resources in a single system based on the effective organization of exchange of information, knowledge and experience, aimed at the opportunity to maximize the operational communications staff to improve the system knowledge sharing with remote employees in the enterprise.

In order to form a base-level conceptual model of perfection of interaction with remote employees of the company must take into account the latest developments in information and communication technology and business process management company.

Basic-level conceptual model of interaction with remote employees in the enterprise.

Basic-level conceptual model of interaction with remote employees in the company - a model of the interaction within the company for all types of information and intellectual aspects of implementing the functions associated with the study of knowledge sharing between remote employees, such as:

collaborate on projects carried out by the specialized information systems;

access to the corporate network using a personal account of the employee;

assignment of tasks to employees, managers and executives the definition of the project;

joint tactical and strategic decision-making;

the need for regulations governing remote interaction.

Improving the system of interaction is realized by optimizing the management of infrastructure for information and communications technology knowledge sharing through improved operational coordination of actions of information, innovation and intellectual resources and compatibility of different formats of these resources towards the implementation of the tasks facing the company in order to improve knowledge-sharing systems with remote employees , which greatly simplifies the interaction between the units of the company and ensure the timely fulfillment of its market order.

- Developed on the basis of activity of the head of the project Modification conceptual model of interaction with remote employees - is a specialized representation, including various types of values and implements the functions of the enterprise:

- knowledge management for consistent decision-making (identifying existing explicit and implicit knowledge accumulation, bringing to the other members, formalizing the necessary knowledge at the time when it is needed and where it is necessary);

- management of security (protection against unauthorized access to the knowledge of employees through the use of information security measures);

- The level management services provided by the staff, the organization of measures for its continuous improvement;

- configuration management system of interaction between employees (support up to date a logical model of the infrastructure of interaction);

- continuity management (monitoring ensure the smooth operation of the channels of interaction subordinate units and speedy recovery efficiency of channels in the event of failure);

- change management (if necessary - carrying out changes in the infrastructure interaction employees);
- management of financial flows that go to employees.

Implementation takes place through the use of advanced technologies: the commissioning of a corporate information system (CIS) of the enterprise, e-mail services for data exchange of spatially separated storage, tools for video conferencing, corporate portal for employee access to various official information from the company's internal or external networks to organize production activities as well as a web representation of the company that are used as an effective tool of value creation of the company's products in front of customers and the conversion of the views posted on this Internet site media-materials in the orders.

The above functions are implemented on the basis of formation of effective project manager of various business processes to professionals of all levels to coordinate the flow of data, information and knowledge used to find the optimal solution for constant growth of qualitative and quantitative indicators of the enterprise with a view to enhancing knowledge sharing remote employees, modernization of the main capacities of the enterprise and improve the corporate culture, the implementation of strategic business goals for profit and increase its profitability, taking into account the potential risks in the market, to monitor indicators that make up the work of the company, to achieve high quality of the final product and the continuous improvement of its properties due to intense competition, as well as the fullest possible use of explicit and implicit knowledge and skills of employees.

Based on the above, we can draw the following conclusion: in this article shows a set of conceptual models for improving the system of remote interaction with employees of the company. This allows more strictly formalized activities the project manager for this company.

The performed modeling is the basis for further structural and functional, algorithmic, information modeling that can be used as the basis for the creation and developmentof knowledge-sharing with remote employees.

Bibliography

1. Vasilenko I.V. The emergence and development of the network economy // Herald of the Volgograd Institute of Business. Business. Education. Right.– 2013. – № 2 (23). – pp. 191 – 196.

2. Work teleworker uses nearly a third of Russian companies – URL: http://www.superjob.ru/community/life/69559/ (date of the application 24.05.2015).

3. Patyrbaeva K.V. America in search of a new identity: the concept of a free agent D. Kick // Bulletin of Perm State University. Philosophy. Psychology. Sociology. – 2012. – № 1(9). – pp. 70 – 80.

4. Pink D. Free Agent Nation: How the new independent workers change life in America. - M.: The secret of the company, 2005.

5. Vnukovo N.I. Stepanov, M.A. A conceptual model of risk management in business // Intelligent information technology management. IV International Scientific and Practical Workshop: Materials / Edited C.L. Goldstein. Yekaterinburg:2002. pp. 275 – 281.

Кизима С.А.,
доктор политических наук,
Заведующий кафедрой международных отношений Академии управления при Президенте Республики Беларусь
Лях О.А.
студентка Академии управления при Президенте Республики Беларусь

АЗИАТСКИЙ ВЕКТОР ЕВРАЗИЙСКОЙ ИНТЕГРАЦИИ

Будущее евразийской интеграции лежит в Азии – в связи со многими причинами.

Первой из них является глобальный тренд на перенос мировой экономической активности в Азию. Пройдет 15 – 20 лет, и Европа превратится в периферию мировой экономики, центром которой будут являться Китай, Япония, и Индия. При этом центром экономической жизни не только Азии, но и всего мира, будет Китай. Экономика КНР на тот момент может примерно вдвое превышать размер экономики Евросоюза, или примерно равняться экономике США и ЕС вместе взятым, при экстраполяции нынешней динамики развития. При этом неоспоримым преимуществом Китая по-прежнему будет возможность реализовывать единые программы для дальнейшего поступательного развития и совершенствования своей экономики, в то время как десятки стран Евросоюза этой возможности лишены, не в силах преодолеть разногласия между национальными правительствами.

Второй причиной являются бесплодные попытки сотрудничать с Евросоюзом в предшествующие два десятилетия со стороны основных стран-участниц евразийской интеграции. Надежды на то, что высокоразвитые европейские страны поделятся новыми технологиями, начнут инвестировать в высокотехнологичные сектора экономики Беларуси, России и Казахстана, потерпели крах, вне зависимости от того, пытались ли страны искренне развивать отношения, как это делали Россия и Казахстан, или оказались в глухой обороне, чтобы избежать насильственной смены государственного строя (случай Беларуси). Как оказалось, корпорации и государственные органы стран Евросоюза в обоих случаях были склонны инвестировать максимум в сырьевые отрасли, не демонстрируя ни малейшего желания переносить на территорию стран евразийской тройки современные высокотехнологичные производства или делится «Know how». В частности, абсолютно не окупились надежды и терпение России – к наступлению жаркой фазы украинских событий не получилось ни модернизировать при помощи европейских инвесторов ключевые сектора экономики, ни даже добиться безвизового режима для создания более благоприятных условий для взаимодействия бизнеса. А после украинских событий и ввода санкций говорить о серьезных перспективах подобного сценария в ближайшие годы вообще не приходится. Несмотря на всю невыгодность для ЕС покорного подчинения указаниям из США в отношении развития антироссийской политики, Евросоюз послушен Вашингтону, как и во времена Холодной войны. А США чрезвычайно выгодно рассорить между собой всех основных игроков на евразийском пространстве, чтобы создать потенциальным конкурентам массу хлопот, отвлекая от мыслей о том, чтобы бросить вызов США. То же развитие событий оказалось верно и для Казахстана – при всей готовности стран Евросоюза добывать энергетические ресурсы на его территории, развивать другие отрасли экономики Назарбаеву приходится на свои средства, или в кооперации с Китаем. Евросоюз оказался не способен осмысливать перспективы развития своих отношений с важными соседями с Востока, равно как и аккумулировать серьезные средства для реализации основательных программ, способных поднять заинтересованность в сотрудничестве с ним у России, Беларуси и Казахстана. Все, что он демонстрирует – это попытки отбить у России ее партнеров и союзников в унисон с указаниями из Вашингтона, пусть даже сам не имеет средств, чтобы обеспечить им нормальный уровень развития, как это ясно демонстрирует украинский сценарий. В этой ситуации хочешь не хочешь, а другого выхода, как экстренно развивать отношения с Азией, у ЕАЭС нет.

В третьих, в азиатских странах, за исключением Японии, нет того уровня предубеждений к бывшим постсоветским странам, который демонстрирует Евросоюз. Десятилетия антисоветской пропаганды в годы холодной войны сделали свое дело – читая статьи в газетах Евросоюза, невозможно не отметить слегка измененные штампы 50-х, 60-х, 70-х и 80-х годов двадцатого столетия. Журналисты просто слегка изменили акценты – вместо обвинений в тоталитаризме пишут о дефиците демократии, а вместо критики Политбюро ругают новых лидеров России, Беларуси и Казахстана. Чтобы найти статьи, наполненные подлинной симпатией к странам-участницам евразийской интеграции, их образу жизни, населяющим их народам в престижных западных изданиях, надо серьезно постараться. Напротив, в Китае, Индии, Вьетнаме, Индонезии отношение СМИ к России, Беларуси и Казахстану значительно уважительнее. Если западные журналисты транслируют передающееся им от политиков высокомерие «победителей к побежденным в холодной войне», то в СМИ этих стран господствует беспристрастный анализ с нотками уважения из-за той огромной роли, которую играл в свое время в Азии Советский Союз.

Эти три фактора являются основными в ставке ЕАЭС на развитие азиатского вектора как основного. В то же время неизбежны и проблемы. Через два десятилетия размер экономик ЕАЭС, даже при условии полного присоединения Таджикистана и Армении, будет раз в девять-десять меньше экономики одного лишь Китая, если сохранятся нынешние незначительные темпы прироста экономики. Это значительно уменьшит политическую роль ЕАЭС как в Азии, так и в мире. Делать ставку на то, что обильные природные ресурсы компенсируют нехватку экономической массы, тоже не приходится. Нано- и биотехнологии развиваются столь стремительно, что неизвестно, насколько природные ресурсы ЕАЭС будут востребованы на мировой арене к тому времени. Еще одной проблемой является отдаленность проживания основной массы населения ЕАЭС от азиатского направления, что создает известные трудности в присутствии на азиатских рынках с продукцией из европейской части России и из Беларуси. Эту проблему без серьезнейших инвестиций в транспортные коммуникации с Азией на территориях Казахстана и России не решить.

Зозуля Т.В.
II категория, Берестовеньковська ООШ I-II спупеней, Tanu-1@mail.ru

АДАПТАЦИЯ ПЕРВОКЛАССНИКА К ШКОЛЕ

Начало обучения в школе – это не только учеба, новые знакомые и впечатления. Это новая среда и необходимость подстраиваться под новые условия деятельности, включающие в себя физические, умственные, эмоциональные нагрузки для детей. Чтобы привыкнуть к новой среде, ребёнку необходимо время – и это не две недели и даже не месяц. Специалисты отмечают, что первичная адаптация к школе продолжается от 2 месяцев до полугода. При этом общих рецептов быть не может, адаптация – длительный и индивидуальный процесс и во многом зависит от:

- личностных особенностей ребёнка;
- степени готовности к школе (не только интеллектуальной, но и психологической, и физической);
- от того, достаточно ли малыш социализирован, развиты ли у него навыки сотрудничества, посещал ли он детский сад.

Вообще-то первый год в школе – это испытательный срок для родителей, когда чётко проявляются все родительские недоработки, невнимание к ребёнку, незнание его особенностей, отсутствие контакта и неумение помочь. Порой не хватает родителям терпения и снисходительности, спокойствия и доброты; часто из «добрых побуждений» они становятся виновниками «школьных стрессов».

Семилетки проходят этап психологической адаптации к школе легче, а вот для шестилеток это бывает очень сложно. Среди шестилеток гораздо чаще встречаются первоклассники, не осознающие не только специфическую позицию учителя и его роль, но и своё положение ученика. Таким детям трудно понять условность отношений учителя и ученика, и ребёнок может сказать учителю в ответ на его замечание: «Я не хочу здесь учиться, мне с вами не интересно».

Учёба требует умения жить в коллективе, поэтому ребёнок должен обладать определёнными навыками общения со сверстниками, умением вместе работать, считаться с чужим «хочу». Большинство детей быстро знакомятся, осваиваются в новом коллективе, работают вместе, но всё-таки доминирует в совместной работе элемент соревновательности, конкурентности, и не всем детям под силу интенсивное общение с одноклассниками на уроках и переменах. Некоторые долго не сближаются с одноклассниками, чувствуют себя одиноко, неуютно, на перемене играют в стороне или жмутся к стенке. Другие, стремясь привлечь к себе внимание, командуют, указывают, могут унизить одноклассника.

Положительные эмоции, которые ребёнок испытывает при общении со сверстниками, во многом формируют его поведение, облегчают адаптацию к школе. Следует отметить, что в период адаптации проявляются негативные изменения в поведении детей. Это может быть чрезмерное возбуждение или даже агрессивность, а может быть, наоборот, заторможенность, депрессивность. Может возникнуть и чувство страха, нежелание идти в школу и т. д.

Одна из основных задач, которые ставит перед ребёнком школа, это необходимость усвоения им определённой суммы знаний, умений и навыков. И, несмотря на то, что желание учиться практически одинаково у всех детей, реальная готовность к обучению очень различна. Поэтому у ребёнка с недостаточным уровнем интеллектуального развития, плохой памятью, низким уровнем развития произвольного внимания, воли и других качеств, необходимых при обучении, будут очень большие трудности в процессе организации.

Суммируя факторы психологической адаптации ребёнка, можно сказать, что основными показателями благоприятной адаптации являются:

– формирование адекватного поведения;
– установление контактов с учащимися и учителем;
– овладение навыками учебной деятельности.

Характер протекания адаптации во многом зависит от здоровья ребёнка. Здоровые дети, как правило, без особого труда переносят изменение привычного образа жизни. В течение всего учебного года они сохраняют хорошее самочувствие, высокую, устойчивую работоспособность, успешно усваивают программу.

Таким образом, адаптация к школе – сложный и длительный процесс, очень напряжённый и ответственный. Успешность адаптации зависит от многих факторов: уровня психологического, физического и функционального развития, состояния здоровья. И всё это вместе определяет готовность к школе

Рекомендации родителям по адаптации детей в начальной школе

1. Изучайте своего ребенка, наблюдая за ним в различных ситуациях, что поможет лучше узнать своего малыша, те или иные черты его характера.
2. Развивайте двигательную активность ребенка, т.к. выносливый ребенок, который привык к физическим нагрузкам, переносит адаптацию легче, чем слабый и малоподвижный ребенок.
3. Не потакайте всем прихотям ребенка, не злоупотребляйте лаской, т.к. это может привести к упрямству и капризности.
4. Не подавляйте тягу к самостоятельности.
5. Постарайтесь отвечать на все вопросы ребенка, т.к. любознательность в этом возрасте не знает границ.

6. Научите ребенка самостоятельно справляться с возникающими школьными трудностями.
7. Не нервничайте и не расстраивайтесь из-за неудач ребенка, т.к. он боится лишний раз огорчить родителей.
8. Учите ребенка дружить с детьми: быть честными, уважать друзей, приглашайте в свой дом, не допускайте предательства, критикуйте, не унижая, а поддерживая. Помните, что дружба детства, которая будет поддержана вами, возможно, станет опорой вашего ребенка во взрослой жизни.
9. «Это заветное желание каждого отца, каждой матери - чтобы детям хотелось хорошо учиться. Оно имеет своим источником желание принести матери и отцу радость. А это желание пробуждается в детском сердце лишь тогда, ребенок уже пережил, испытал радость творения добра для людей. Я глубоко убежден, что заставить ребенка хорошо учиться можно, побудив его к добрым поступкам для блага людей, утвердив в его сердце чуткость к окружающему миру, воспитав способность познавать душевный мир другого человека сердцем» [1,68].

Литература:

1. Сухомлинский В. А. Сердце отдаю детям. - Киев, 1974.- 172 с.
2. Корнеева Е.Н. Ох уж эти первоклашки!.. Ярославль. «Академия развития», 2000.
3. Алла Баркан. Практическая психология для родителей, или как научиться понимать своего ребёнка. М.: «Аст-Пресс», 2000.
4. Зайцева В. 7 лет - Не только начало школьной жизни. М.: «Первое сентября», 2008.
5. Максименко С., Максименко К., Главник О. Адаптація дитини до школи. – К.: Мікрос-СВС, 2003. – 112 с.
6. Безруких М. М., Ефимова С. П. Ребенок идет в школу. Знаете ли вы своего ученика? Проблемы психологической адаптации. – М.: Academia, 1996.
7. Обухова Л. Ф. Детская (возростная) психология. – М.: Роспедагенство, 1996. – 374 с.
8. Руководство практического психолога, готовность к школе: развивающие программы // Под ред. Дубровиной И. В. – М.: Academia, 1996.

Былинская Н.В.
кандидат психологических наук, Республика Беларусь, Брестский государственный университет имени А.С. Пушкина
soloves_@mail.ru

ИМПЛИЦИТНАЯ ТЕОРИЯ ЛИЧНОСТИ УСПЕШНОГО УЧЕНИКА У ПЕДАГОГОВ НАЧАЛЬНЫХ КЛАССОВ

Научный интерес к проблеме познания учителем личности ученика обусловлен возрастанием значимости субъект-субъектного педагогического взаимодействия для оптимизации образовательного процесса, организация которого подразумевает не только передачу знаний, умений, навыков обучающемуся, но и познание личности ребенка. Адекватность восприятия, понимания и полнота содержания знаний и представлений об ученике опосредуют продуктивность и результат педагогической деятельности. Профессиональная компетентность учителя, полнота знаний о личности ученика позволяют объективно оценить потенциал ребенка и создать ему соответствующие условия образования, что является одной из актуальных и значимых педагогических задач. По мнению А.А. Бодалева, восприятие и понимание, являясь механизмами межличностного познания, опосредуют структуру и содержание представлений о личности разных типов школьников, существующих в сознании педагогов [1]. Совокупность знаний и представлений о личности школьника, которые формируются у учителя в процессе педагогического взаимодействия, образуют *имплицитную теорию личности* (ИТЛ) школьника у педагогов.

Одним из главных качеств педагога считается его способность при встрече с учащимися определить их основные личностные и поведенческие особенности, роли в коллективе сверстников и т.п. Благодаря образованию и педагогическому опыту, у наставника накапливаются определенные знания о личности детей, формируются представления о школьниках, содержание которых существенно влияет на продуктивность педагогической деятельности. Полнота содержания этих представлений опосредует способность проникновения педагогом в скрытые мотивы и цели поведения учащегося, определяет изучение способностей и потенциальных возможностей школьника и дает возможность более глубокого познания внутреннего содержания его личности [2]. Следовательно, чем полнее и точнее знания и представления учителя о ребенке, тем эффективнее должно быть и педагогическое взаимодействие. Однако непосредственный опыт работы с педагогами показывает, что педагоги недостаточно хорошо знают своих учеников, фиксируют только внешне наблюдаемые особенности детской личности, и поэтому реальная образовательная практика чаще базируется не на научных, объективных знаниях о психологии школьника, а на субъективных представлениях и имплицитных теориях личности (ИТЛ) учеников.

Необходимо отметить, что феномен имплицитных теорий личности (ИТЛ) учеников стал изучаться сравнительно недавно. Это связано с пониманием значимости роли имплицитных педагогических представлений об учащихся в организации образовательного процесса и с появлением технологий психологического исследования, позволяющих реконструировать существующие в сознании имплицитные теории.

Настоящее исследование осуществлено в рамках когнитивной парадигмы психологии. Оно направлено на выделение категорий, опосредующих понимание учителями школьника с высоким уровнем успеваемости. С позиций когнитивизма, существующая в педагогической психологии проблема полноты и точности знаний учителями личности ученика может быть сформулирована как проблема содержания факторов (или системы значений), опосредующих понимание педагогом личности школьника. В настоящем исследовании имплицитная теория личности успешного обучающегося у педагогов представлена совокупностью иерархически расположенных по субъективной значимости факторов, образующих ее структуру и содержание. Важность изучения имплицитной теории личности успешных в обучении школьников в профессиональном сознании педагогов определяется тем, что знания учителя об ученике являются регулятором его педагогического взаимодействия. Выявление особенностей структуры и содержания имплицитных теорий личности учащихся, существующих в сознании педагогов, позволит спланировать и организовать психолого-просветительские мероприятия, направленные на уточнение знаний и изменение субъективных представлений педагогов об успешных школьниках. В исследовании принимали участие педагоги начальной школы (n = 100). Основным инструментом изучения знаний о личности в педагогическом сознании выступал метод свободного описания, материалы которого обрабатывались посредством факторного анализа. Результаты факторизации рассматривались как операциональный аналог структуры и содержания имплицитной теории личности, а именно: выделенные факторы – это категории-обобщения, образующие ИТЛ; общая дисперсия фактора (или % дисперсии) – это «валентность» для респондентов данной категории, которая образует определенную иерархию в общей структуре ИТЛ от наиболее субъективно значимых до наименее значимых категорий; образующие фактор шкалы – это содержание категории, представляющей собой «сцепление» определенных личностных качеств.

В результате исследования имплицитной теории личности успешного школьника *методом свободного описания* у педагогов в структуре ИТЛ было выделено четыре независимых фактора-категории.

Первый по мощности фактор (25,5% общей дисперсии) включает в себя шкалы: неуправляемый (0,912), неаккуратный (0,911), неорганизованный (0,891), агрессивный (0,839), конфликтный (0,765), злой (0,719), психофизические отклонения (0,718), забывчивый (0,683), недисциплинированный (0,636), невнимательный (0,608). Выделение этой категории в качестве ведущей констатирует негативное отношение педагогов к хорошо успевающим ученикам. Данный конструкт можно обозначить как «проблемный ученик».

Второй фактор (22,7% общей дисперсии) образован шкалами: развитое воображение (0,811), лидер (0,787), самоконтроль (0,766), необычный (0,708), активный (0,607), любимчик (0,583), общительный (0,527). Содержание этой категории можно зафиксировать как «яркая личность».

Третий фактор (6,56%) представлен дескрипторами: доброжелательный (0,851), уравновешенный (0,825), трудолюбивый (0,683), любознательный (0,660). Этот конструкт можно назвать «познавательный интерес».

Четвертая категория (6,19% общей дисперсии) включает в себя следующие шкалы: уверенный (0,726), прилежный (0,686), инициативный (0,686), обучаемый (0,663), креативный (0,614), целеустремленный (0,603). Данный фактор содержит наиболее значимые качества ученика как субъекта учебной деятельности, которые способствуют приобретению им знаний, умений и навыков. Конструкт можно обозначить «прилежание».

Результаты изучения имплицитных теорий личности успешного ученика у педагогов начальных классов показали, что содержание большинства выделенных факторов отражает ориентацию педагогов на развитие интеллектуальных качеств, творческого потенциала учеников, прилежания и характеристик рационального самоконтроля, т.е. тех характеристик, которые необходимы обучающемуся в успешном освоении учебной деятельности. При этом содержание зафиксированных в структуре ИТЛ конструктов демонстрирует противоречивое отношение учителей к школьникам, фиксирует ожидание сложностей взаимодействия с такими учащимися. Думается, это связано с тем, что успешный ученик для педагогов является неудобным, поскольку для удовлетворения его познавательного интереса и неуемной любознательности успешный школьник требует больших затрат времени и внимания обучающего. Кроме этого сами педагоги не отрицают пугающий их факт, что современные дети, выросшие в эпоху информационного бума, имеют большие возможности в приобретении знаний и информации, на что у учителя не всегда хватает времени и сил. Это свидетельствует о необходимости организации психолого-педагогического просвещения учителей, направленного на повышение психологической грамотности, компетентности и психологической культуры педагогов, что будет способствовать оптимизации педагогического взаимодействия, общения и образовательного процесса в целом.

Литература

1. Бодалев, А.А. Восприятие и понимание человеком человека / А.А. Бодалев. – М. : МГУ, 1982. – 263 с.

2. Кондратьева, С.В. Учитель – ученик / С.В. Кондратьева. – М. : Педагогика, 1984. – 80 с.

Соколовская С.А.
кандидат философских наук, доцент кафедры истории и управления инновационным развитием молодежи Российского государственного университета физической культуры, спорта, молодежи и туризма (ГЦОЛИФК)

ПРИОРИТЕТЫ ОБЕСПЕЧЕНИЯ ЗДОРОВЬЯ МОЛОДЕЖИ В СИСТЕМЕ ОБРАЗОВАНИЯ РОССИЙСКОЙ ФЕДЕРАЦИИ

Состояние здоровья молодого поколения в настоящее время характеризуется ростом заболеваемости и смертности на фоне высоких достижений медицины, совершенства технических средств диагностики и лечения болезней. Современный этап развития общества, прежде всего развитых стран, связан с демографическим кризисом, снижением продолжительности жизни, снижением психического состояния здоровья населения, что вызывает обеспокоенность многих ученых и специалистов.

По данным исследований, лишь около 10% российской молодежи имеет нормальный уровень физического развития и здоровья, несмотря на снижение в последнее десятилетие, смертность среди молодых людей в России остается в 8-10 раз выше, чем в странах Европы, в результате снижается и социальный потенциал общества (человеческий капитал) - сокращение численности трудоспособного населения в возрасте 20-29 лет в нашей стране составляет порядка 1 млн. человек ежегодно.

Эффективность работы по обеспечению здоровья молодого поколения, формированию здорового образа жизни, развитию физической культуры и спорта с точки зрения молодежной политики зависит не только от развития медицины, но и в большей степени от социальных факторов.

1. От доминирующей в обществе культуры, формирующей представления о здоровье и телесности как ценностях, о здоровом образе жизни;
2. От уровня и качества образования, в том числе и в области физической культуры.
3. От формирования отношения к образу жизни, физической культуре и спорту в ходе социализации личности.

Очевидно, что социальное развитие молодежи, обеспечение должного уровня её образования, творческого развития, содержательного досуга невозможно без физического воспитания и физического образования, формирующих представления о здоровье и здоровом образе жизни.

Вместе с тем, в сфере молодежной политики, в работе по воспитанию компетентных и ответственных, нравственно и физически здоровых граждан целесообразно делать акцент на любительский спорт, физическую культуру и систему фитнесс, выполняющие компенсаторную, коммуникативную, рекреационную и воспитательную функции.

Известно, что уровень здоровья человека зависит от многих факторов: наследственных, социально-экономических, экологических, деятельности системы здравоохранения. По данным Всемирной организации здравоохранения (ВОЗ), он лишь на 10-15 % связан с последним фактором, на 15-20 % обусловлен генетическими предпосылками, на 25 % его определяют экологические условия и на 50-55 % - условия и образ жизни человека.

Таким образом, очевидно, что первостепенная роль в сохранении и формировании здоровья молодого поколения все же принадлежит самой молодежи, ее образу жизни, ценностям, установкам, степени гармонизации ее внутреннего мира и отношений с окружением. Вместе с тем современная молодежь в большинстве случаев перекладывает ответственность за свое здоровье на систему здравоохранения и равнодушна по отношению к себе, не занята заботой о собственном здоровье. Не оправдано видение причин нездоровья лишь в плохом питании, ухудшении экологической обстановки, отсутствии надлежащей медицинской помощи.

Здоровье – качественная предпосылка самореализации молодых людей, их активного долголетия, способности к сложному и профессиональному труду. Годы учебы в вузе совпадают со временем активного становления организма и всех его подсистем, именно в этот период происходят глубокие перемены в образе жизни, культуре и психологии, предопределяющие формирование профессионального, творческого и социального потенциала будущего специалиста.

Отношение к здоровью обусловлено объективными обстоятельствами, в том числе воспитанием и обучением. Эмпирическим критерием меры адекватности отношения к здоровью в поведении может служить степень соответствия действий и поступков человека требованиям здорового образа жизни, а также нормативным требованиям медицины, санитарии, гигиены. Отношение к здоровью включает в себя и самооценку человеком своего физического и психического состояния, которая является своего рода индикатором и регулятором его поведения. Самооценка может служить реальным показателем здоровья, так как обнаружена довольно высокая степень (70-80%) ее соответствия объективным данным.

Согласно проведенной в 2011-2012 годах по заказу Минобрнауки России оценке контрольных качественных показателей уровня физической культуры старшего школьника и студента, их сегодняшнее отношение к здоровью, образу своей жизни и деятельности можно оценить неоднозначно.

Так, общий балл оценки обучающимися комфорта на занятиях физической культурой - 71,8 баллов по стобалльной шкале.

По возрастным группам оценки распределились следующим образом:

- до 15 лет - 73,8;
- от 15 до 18 лет - 66,4;
- от 19 до 21 года - 71,0;
- от 22 до 26 лет - 78,2.

Показательны ответы на вопрос «Как вы себя чувствуете после занятий в вашем образовательном учреждении?». 31% обучающихся чувствуют себя «хорошо», 14% - «отлично», 13,4% - «нормально», 4,2% - «великолепно», 7,7% чувствуют приятную усталость, а 5,6% - бодрость.

В то же время вызывают тревогу, пусть и немногочисленные ответы: «уставшими» (7%), «плохо» (3,5%), «отвратительно морально и физически» (0,7%), «злым» (0,7%), «не всегда хорошо» (0,7%). 1,4% респондентов ощущают недостаточность нагрузки, 2,8% воздержались от ответа на данный вопрос.

Неудовлетворительно обстоят дела и с участием в спортивных мероприятиях. Только в одной возрастной группе – школьники до 15 лет, этот показатель достаточно высок (70,6 баллов по стобалльной шкале). По всем остальным группам его значения ниже критических: от 15 до 18 лет – 33,3 балла, от 19 до 21 года – 30,8 баллов, от 22 до 26 лет – 43,9 баллов. Общая оценка – 42,7 баллов.

25,4% обучающихся отметили, что в их образовательных учреждениях за последний учебный год не было проведено ни одного спортивного мероприятия, а 8,5% ответили, что им ничего не запомнилось. Среди наиболее запомнившихся спортивных мероприятий респонденты назвали:

- футбольные матчи - 8,5%;
- соревнования по волейболу - 7%;
- соревнования по баскетболу - 7%;
- кросс - 6,3%;
- спартакиада - 5%;
- универсиада - 2,8 %;
- «Зарница» -2,1%;
- «Веселые старты» - 2,1%.

От 0,7% до 1,4% набрали соревнования по плаванию, по рукопашному бою, по самбо, велогонка, эстафеты, «Лыжня России», день бега и некоторые другие.

12,7% опрошенных затруднились назвать конкретные формы физкультурно-оздоровительной работы, используемые преподавателем на занятиях, 4,2% ответили – «никакие», а 5,6% - «разные». То есть в общей сложности 22,5% обучающихся не смогли их дифференцировать.

Среди форм физкультурно-оздоровительной работы респонденты отметили спортивные игры (21,8%), разминку (19%), упражнения на растяжку мышц (12%), бег (10,6%), упражнения на спортивных снарядах (4,2%), силовые упражнения (2,8%), закаливание (2,1%).

Отмечая формы занятий, которые устраивают обучающихся в большей степени, наибольшее число ответов - «индивидуальные» (26,7%) и «командные» (24,6%). По 19,7% отпрошенных ответили - «любые» и «не знаю», 1,4% - «никакие».

Ответы на данный вопрос демонстрируют явно незаинтересованное отношение к форме проведения занятий более трети обучающихся.

Наибольшее число обучающихся посещает спортивные соревнования в возрасте до 15 лет - 67,6%, от 19 до21 года - 46,2%, низкие показатели - 24,4% в группе от 15 до 18 лет и 22,7% - от 22 до 26 лет.

Анализ ценностных ориентаций учащейся молодежи показывает, что в системе ее ценностей утилитарно-прикладные компоненты спорта и физических упражнений преобладают над гуманистическими и культурологическими. Иными словами, на первом месте - стремление приобрести модные физические параметры (даже в ущерб собственно здоровью), навыки самозащиты, заработать деньги и т.п. На втором месте - социально-психологические факторы (самореализация, социальная интеграция, рекреация).

В связи с этим физическое воспитание должно быть нацелено не только на формирование здоровья, но и на здоровый образ жизни, на становление личностных качеств, которые обеспечат молодому человеку психическую устойчивость в нестабильном обществе и конкурентоспособность во всех сферах жизнедеятельности.

Важно довести эту идею до практической реализации - на первый план в качестве приоритета государственной молодежной политики выходит способность ее агентов в системе образования оказывать воздействие на среду обитания личности в процессе её социализации с точки зрения целевой мотивации к здоровому образу жизни.

Литература:

1. Амосов Н.М. Раздумья о здоровье. - М., Мол. гвардия, 1979.
2. Виленский М.Я. Физическая культура и здоровый образ жизни студента: учеб. пособие / М.Я Виленский, А.Г. Горшков. - М.: Гардарика, 2007. - 218 с.
3. Виноградов Г.П. Теория и методика здорового образа жизни: учеб. пособие / Г.П. Виноградов, А.К. Кульназаров, В.Ю. Салов. - Алматы, 2004.
4. Естественное движение населения Российской Федерации (статистический ежегодник).- М.: Росстат - 2013, 2014, 2015.
5. Полиевский С.А., Гук Е.П. Физкультура и закаливание. - М.: Медицина, 1984.
6. Сухарев А.Г. Здоровье и физическое воспитание детей и подростков. - М., 1991.

Желтышева А.С.
студентка V курса кафедры «Автомобильные дороги и мосты» Пермского национального исследовательского политехнического университета
E-mail: anastasya.zheltisheva@yandex.ru
Юшков Б.С.
кандидат технических наук, профессор, заведующий кафедрой «Автомобильные дороги и мосты» Пермского национального исследовательского университета, действительный член Российской академии транспорта
E-mail: adf@pstu.ru

ПРИМЕНЕНИЕ ДВУКОНУСНЫХ СВАЙ ПРИ УСТРОЙСТВЕ ИСКУССТВЕННЫХ СООРУЖЕНИЙ НА АВТОМОБИЛЬНЫХ ДОРОГАХ

В статье рассмотрен вариант применения двухконусных свай в дорожном строительстве, а именно для устройства фундаментов искусственных инженерных сооружений, устраиваемых на сезоннопромерзающих пучинистых грунтах.

Ключевые слова: двухконусные сваи, морозное пучение, глинистые грунты, водопропускные трубы

В практике строительства и эксплуатации дорог в области распространения пучинистых грунтов известны обширные данные о нарушении их эксплуатационных технических характеристик в месте пересечения автомобильной дороги с инженерными сооружениями различного назначения. Такими сооружениями являются водопропускные трубы, трубопроводы, транспортные тоннели, коллекторы и т.д. Для таких конструкций наблюдается комплекс нарушений обусловленных изменением температурного режима и водно-теплового баланса.

Наличие возможности промерзания грунтов в основании дорожных одежд вызывает ряд мерзлотно-грунтовых процессов и явлений, которые необходимо учитывать при строительстве инженерных сооружений. Входящие в качестве основания в конструкцию дорог водонасыщенные пылеватые пучинистые грунты при изменение водно-теплового баланса теряют свою прочность и несущую способность в процессе воздействия на них.

В сфере дорожного строительства приходится иметь дело с объектами характерными концентрацией тепловых и динамических нагрузок на малых площадях. Такими объектами могут являться пересекающие дорожное полотно коммуникационные каналы, конуса мостовых переходов, водопропускные трубы и т.д. Трудности обеспечения функциональной пригодности указанных сооружений в таких местах связаны с пространственной неоднородностью теплофизических характеристик подобных объектов и граничных условий их теплообмена с окружающей средой.

Указанные характерные черты строительства инженерных сооружения на автомобильных дорогах требуют соответствующих проектных технологических мер снижения затрат на строительство и эксплуатацию.

Рассматривая взаимодействие такого дорожного сооружения, как водопропускной трубы и окружающей среды с позиций изменения его характера во времени за счет одного из компонентов «системы дорожное сооружение – среда» можно сделать вывод, что изменения в любом компоненты системы меняет работу всего сооружения в целом.

Несущая способность грунтов под дорожными сооружениями играет ключевую роль в возможности их применения. Указанные грунтовые массы включают естественный и насыпной грунт. Полученное таким образом основание является многослойным с различными инженерно-геологическими характеристиками слоев. Неоднородность грунтов, непостоянные условия водно-теплового режима и теплофизических свойств приводят к неравномерным осадком, которые необходимо учитывать при проектировании для обеспечения работоспособности конструкции при эксплуатации.

Значительные территории страны представлены слабыми пучинистыми грунтами, что вынуждает строителей использовать их в качестве основания. Изменение водно-теплового режима может приводить к образованию недопустимых деформаций (сдвигов, просадок, ползучести скелета грунта), а при отрицательных температурах – к возникновению морозного пучения в результате увеличения объема грунта при замерзании. Подробнее о данных процессах и методах борьбы с ними рассмотрено в статье [7].

На основании изложенного материала в данной статье одним из наиболее распространенных способов борьбы с морозным пучением в сезоннопромерзающих грунтах является применение под водопропускными трубами свайных фундаментов.

В практике строительства свайные фундаменты используются давно. Наиболее широкое применение получили железобетонные сплошные сваи квадратного сечения, имеющие низкую удельную несущую способность, высокую материалоемкость и большую массу. По этим причинам возникла необходимость разработки более эффективных конструкций свай: составные сваи, сваи-колонны, пирамидальные, плоскопрофилированные, пустотелые призматические, конические и таврового сечения, сваи с лопастями, набивные сваи с различной формой продольного и поперечного сечения, а также сваи в пробитых и вытрамбованных скважинах.

Анализ большого разнообразия новых конструкций свай показал, что еще не найдена оптимальная конструкция, которая была бы лишена недостатков и в которой с максимальной эффективностью использовалась бы несущая способность сваи по грунту и материалу ствола. Мнение исследователей о целесообразности применение свай того или иного вида весьма противоречивы и во многом зависят от грунтовых условий. Для определения взаимодействия грунта и сваи необходимо решить вопросы, касающиеся сопротивления грунта основания сваи, его напряженного состояния выпора, осадки и несущей способности свай.

Пермским национальным исследовательским политехническим университетом на кафедре «Автомобильные дороги и мосты» были разработаны двухконусные сваи.

Сваи представляют собой полую конструкцию, имеющую конусность в сторону острия и головы сваи, выполненную центрифугированием. Длина работающей в талом грунте нижней части сваи, определяющая ее несущую способность, рассчитывается согласно «Рекомендациям по применению полых конических свай повышенной несущей способности».

Вопрос о возможности применения двуконусных свай решается на основе анализа данных изысканий, проектируемой длины свай, исходя из несущей способности свай по грунту, сведений об имеющихся сваепогружающих механизмов и т.д. Применение фундаментов в виде кустов из двуконусных рекомендуется при строительстве малых искусственных сооружений, путепроводов, эстакад, тоннелей и других сооружений. Двуконусные сваи рекомендуется применять при погружении в напластовании глинистых грунтов текучепластичной, мягкопластичной, тугопластичной консистенции. При этом возможно прорезание прослойки следующих видов грунтов:

- суглинки и глины полутвердой т твердой консистенции – 1,0 м;
- суглинки и глины тугопластичной консистенции – 3,0 м.

Опирание сваи рекомендуется осуществлять на суглинки и глины полутвердой, твердой консистенции. Фундаменты из двухконусных свай применимы по деформациям пучения в пучинистых и слабопучинистых грунтах без ограничений.

Нижняя конусная часть сваи несет всю нагрузку от движения транспорта и собственного веса насыпи. По результатам исследований, проведенных кафедрой «АДМ» ПНИПУ, а также экспериментов проф. А.Б. Пономарева, можно заключить, что конусность сваи увеличивает несущую способность по сравнению с призматической. Таким образом, при применении коротких свай с конусностью получают результат, аналогичный в случае с более длинной призматической сваей. Верхняя конусная часть обеспечивает существенное сопротивление силам морозного пучения. По результатам экспериментов, проведенных К.А. Хамидуллиным [8], оптимальный угол сбега должен составлять 2°. Однако эти данные были получены при исследовании работы ромбовидной сваи в сильносжимающихся пучинистых грунтах. При проведении исследований работы двухконусной сваи в пучинистых грунтах была уменьшена верхняя часть сваи и увеличен угол сбега. Это позволило уменьшить ресурсо- и энергозатраты при производстве свай, а также улучшить работу сваи, увеличивая ее несущую способность. После проведения экспериментов был выполнен расчет устойчивости двухконусных пустотелых свай в пучинистых при промерзании грунтах.

Уравнение устойчивости двухконусной сваи в пучинистом грунте имеет вид:

$$P_{\text{дв}} = P_{\text{кон}} - K \cdot R_{\sigma 1} \cdot S_1 + K \cdot R_{\sigma 2} \cdot S_2$$

Где $P_{\text{дв}}$- несущая способность нижней части двухконусной сваи, определенная проф. А.Б. Пономаревым для конической сваи;

$R_{\sigma 1}, R_{\sigma 2}$ - вертикальные составляющие нормального давления морозного пучения грунта $\sigma_{\text{н}}$;

K - коэффициент, учитывающий снижение действия сил мороз- ного пучения грунта по глубине при сезонном промерзании;

S_1 - площадь боковой поверхности верхней части двухконусной сваи;

S_2 - площадь боковой поверхности нижней части двухконусной сваи, находящейся в пучинистом грунте.

Для правильной оценки сил морозного выпучивания двухконусных свай был произведен переход от условия полного прилипания на грани верхнего конуса сваи к условию скольжения грунта по свае:

$$U_a = 0;\ \tau_\alpha = \tau_s$$

Где τ_s- предельное значение сцепления грунта с поверхностью сваи (меньшее из двух сцеплений «непучинистый грунт – свая» или «непучинистый грунт – пучинистый грунт»);

U_a - перемещения по грани верхнего конуса.

При этом сила морозного пучения определяется как:

$$F_z^0 = 2\pi R_{\text{ср}} d_f \tau_s$$

Гдеd_f - расчетная глубина промерзания.

Придание верхней части сваи «отрицательного» (по отношению к силам трения грунта по боковой поверхности сваи) наклона позволяет направить равнодействующую нормальных сил пучения грунта на- встречу касательным и тем самым нейтрализовать воздействие последних на сваю (до 40 %).

Отличительной особенностью данных свай является устойчивость к воздействию морозного пучения благодаря уникальной форме их конструкции, т.е. они не меняют своего проектного положения в отличие от призматических свай, выпор которых ежегодно составляет 6–10 см, что сделает дорогу не проезжей. Поэтому призматические сваи не применялись при строительстве дорог на слабых водонасыщенных глинистых сезоннопромерзающих пучинистых грунтах.

Устойчивость двухконусных свай в пучинистых грунтах при промерзании была доказана Д.С. Репецким [2].

Следует отметить, что эффективность применения двуконусных свай многократно доказана. Несущая способность таких свай в 2-2,5 раза больше несущей способности обычных призматических свай[2]. Однако массового применения в строительстве, особенно в слабых пылевато-глинистых грунтах, двуконусные сваи не нашли, так как еще недостаточно изучена их работа в грунте.

Литература:

1. Б.С. Юшков. Экспериментально-теоретические основы расчета фундаментов из двуконусных свай, устраиваемых в сезоннопромерзающих грунтах. Пермь «ОТ и ДО», 2014
2. Б.С. Юшков, Л.В. Дуракова, И.В. Ширинкин. Определение несущей способности свай во времени. Материалы всесоюзного совещания-семинара «Современные проблемы свайного фундамента в СССР». – Пермь,1988
3. Б.С. Юшков, И.В. Ротт. Влияние морозного пучения на подпорные стенки и разработка метода борьбы с пучинистостью. Сборник научных трудов XII НТК молодых ученых. – Пермь, 1986
4. Яковлев Ю.М., Горячев М.Г. Строительство водопропускных труб на автомобильных дорогах. Москва, 2011
5. Рекомендации по применению двуконусных свай на пучинистых грунтах транспортных сооружений. Пермь «ПНИПУ», 2013
6. Энциклопедия современной техники. Москва «Советская энциклопедия», 1964
7. А.С. Желтышева, Б.С. Юшков. «Инженерные сооружения на автомобильных дорогах устраиваемые на глинистых пучинистых грунтах»/ А.С. Желтышева//Fundamental and applied sciences today V: сб.статей – 2015г. С 74 – 80.
8. Хамидуллин К.А. Исследование работы ромбовидных свай в сильносжи- маемых пучинистых грунтах: дис. канд. техн. наук: 05.23.02 / Хамидуллин Константин Александрович – М, 1978. – 173 с.

Галимова Р.К.
доцент, к. т. н., Казанский Национальный Исследовательский Технический Университет им. А. Н. Туполева–КАИ (КНИТУ–КАИ)
e–mail: zymat@bk.ru

СХЕМЫ ИСТОЧНИКОВ ПИТАНИЯ ЭЛЕКТРОТЕХНОЛОГИЧЕСКИХ УСТАНОВОК И МЕТОДИКИ ОЦЕНКИ НАДЕЖНОСТИ ИХ ЭЛЕКТРОСНАБЖЕНИЯ

Развитие электротехнологии неразрывно связано с созданием источников питания электротехнологических установок. Показатели технологических процессов ионного азотирования, упрочнения режущего инструмента методом конденсации с ионной бомбардировкой, воздействия лазерным лучом, контактной сварки и многих других зависят от большого количества факторов. Каждый конкретный способ воздействия на вещество существенным образом зависит от параметров и режимов работы отдельных блоков применяемого оборудования [1, 6].

Как во всех видах и разновидностях электротехнологии, при использовании различных модификаций парогазового разряда между твердым металлическим (или жидким неметаллическим) и жидким электродами, электрическая энергия промышленной сети переменного тока должна быть преобразована в вид, удобный для технолога. Применение электрического разряда в паровоздушной среде для обработки веществ (твердых металлических или неметаллических поверхностей, жидкостей) предполагает согласование электрических характеристик питающей сети с электрическими параметрами технологического объема для обработки изделия. Среда для обработки определяет характер нагрузки источника питания.

На рис. 1 представлена функциональная схема электротехнологической цепочки обработки веществ паро-воздушным разрядом различных модификаций.

При проектировании источников питания плазменных электротехнологических установок с жидкими электродами необходимо учитывать непрерывное изменение характеристик технологической среды. Параметры технологического процесса (напряжение разряда, сила тока в разрядном промежутке, температура или pH электролита и т. д.) необходимо контролировать и, по возможности, предпринимать меры по поддержанию их постоянства. Это затрудняется вероятностью изменения характера нагрузки из–за перехода от одного вида газового разряда к другому (например, скачкообразный переход тлеющего разряда в дуговой, возникновение искрового разряда или короны, разделение плазменного столба на большое количество микроканалов и т.п.).

Таким образом, нагрузка источников питания рассматриваемых видов процессов является существенно нелинейной. Значения ее сопротивления могут существенно отличаться в статическом и динамическом режимах, при изменении характера обрабатываемых изделий и характера обработки.

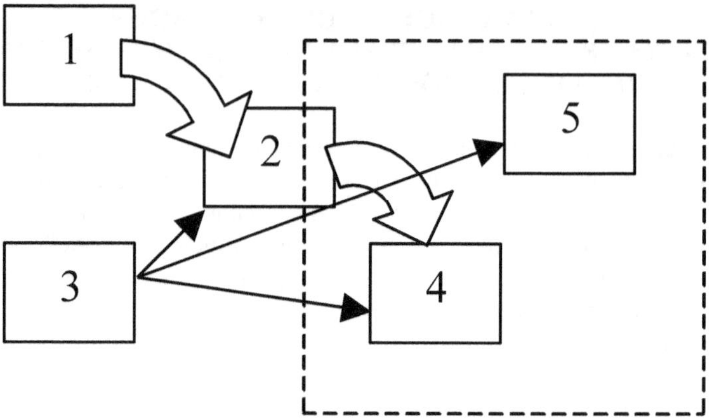

Рис. 1. 1 – промышленная сеть; 2 – источник питания; 3 – система управления процессом; 4 – технологическая среда; 5 – конечный продукт; → – воздействие на объект; ⇒ – преобразование энергии

Перечисленные обстоятельства приводят к необходимости разработки источников питания, обеспечивающих нормальную работу технологических установок от режима короткого замыкания (процесс зажигания и горения разряда на различных границах раздела, например, между твердым металлическим электродом и электролитом, электролитическими струями) до режима холостого хода (возможный обрыв разряда).

Известные типы стандартных источников питания могут не обеспечить оптимальную организацию технологической цепочки в различных ситуациях. Поэтому создание разнообразных схем источников питания для обеспечения технологии с применением модификаций парогазовых разрядов с жидкими электродами актуально [2].

Бесперебойное электроснабжение электротехнологических установок является немаловажным фактором, влияющим на качество технологического цикла. Электрическое оборудование в процессе эксплуатации находится под воздействием механических и электрических нагрузок, повышенной влажности, агрессивных сред, пыли. Влияние этих факторов приводит к снижению работоспособности источников питания электротехнологических установок. Поэтому существует необходимость в определении способности систем электроснабжения обеспечить бесперебойность подачи электроэнергии от промышленной сети к источнику питания и от источника питания к блоку обработки вещества. Известные методы расчета надежности восстанавливаемых систем электроснабжения предполагают составление логических схем замещения. В них возможен учет нормального режима работы установки и отказов типа «обрыв цепи», отказ защитного коммутационного аппарата в срабатывании при появлении коротких замыканий в защищаемом элементе схемы. Эти события по–разному действуют на нагрузку и являются независимыми и несовместными событиями. Информация о параметре потока отказов и восстановления электроснабжения, средний интервал времени между аварийными перерывами в электроснабжении нагрузки полезна при разработке структурных схем для питания нелинейной нагрузки.

Выполнение большого количества расчетов при проектировании источников питания плазменных электротехнологических установок с жидкими электродами привело к необходимости привлечения математического аппарата, который был бы удобен и полезен в типичных задачах электротехники. Во многих областях техники различные факты из теории электрических схем (распределение токов в схемах со многими соединениями, приближенное решение задач теории потенциала) могут быть в компактной форме сформулированы на языке матриц [3, 305, 317–318]. Для решения задач, подобных рассматриваемым в работе, необходимо записывать от 150 до 200 совместных уравнений. Это создает трудности в практическом решении описанной проблемы проектирования электротехнологических установок различного применения с использованием парогазового разряда различных модификаций. Предположительно, для расчета различных характеристик в указанных ситуациях возможно применение так называемых матриц Адамара, играющих важную роль при описании многих процессов в различных формах человеческой деятельности, а также использование их жордановых форм [4].

Литература

1. Булатов О. Г., Царенко А. И., Поляков В. Д. Тиристорно–конденсаторные источники питания для электротехнологии. – М.: Энергоатомиздат, 1989. – 200 с.

2. Басыров Р. Ш., Галимова Р. К., Хазиев Р.М. Reliability of plasma electro thermal equipment with liquid electrodes in machine building and instrument making technologies // Сб. тр. 12–ой Международной научно–технической конференции «Машиностроение и техносфера на рубеже 21–го века». – Том 5. – Севастополь: Изд–во ДонНТУ, 2005.

3. Современная математика для инженеров/ Под ред. Э. Ф. Беккенбаха; пер. с англ. под общей ред. И. Н. Векуа. – М.: Изд–во иностр. лит., 1959. – 500 с.

4. Якупов З. Я. О генезисе адамаровых матриц // Аналитическая механика, устойчивость и управление: Труды X Международной Четаевской конференции. 12 – 16 июня 2012 г. Казань. – Том 1. Аналитическая механика. – Казань: Изд–во Казан. гос. техн. ун–та, 2012. – С. 539–543.

Леонов О.А. - профессор
Вергазова Ю.Г. – ст. преподаватель
ФГБОУ ВО «Российский государственный аграрный университет – МСХА имени К.А. Тимирязева»

КОРРЕЛЯЦИЯ ПАРАМЕТРОВ ШЕРОХОВАТОСТИ ПОВЕРХНОСТИ

Качество деталей машин определяется совокупностью их геометрических, физических, механических и других параметров. Большинство деталей являются геометрическими телами или совокупностью геометрических тел, ограниченных плоскими, цилиндрическими, коническими, сферическими или другими поверхностями. Точность геометрических параметров детали зависит от точности ее обработки при изготовлении и ремонте. К точностным геометрическим параметрам относят макрогеометрические (допуск, отклонения формы и расположения поверхностей, волнистость) и микрогеометрические (параметры шероховатости поверхности).

При проектировании узлов и соединений рассчитывается требуемая точность обработки деталей и назначается шероховатость поверхности, причем методы расчета точности ряда важнейших соединений уже существуют, а методы расчета шероховатости поверхности отсутствуют или являются полуэмпирическими и очень сложными. Обычно, при назначении параметров шероховатости, ориентируются на практические результаты, отраженных во многих трудах.

Известно, что заданный квалитет точности может быть достигнут только определенными способами обработки поверхности, которые, в свою очередь, определяют достижимую шероховатость поверхности [1;2].

На основании проведенных нами исследований по определению зависимости между параметром шероховатости поверхности (R_a – средним арифметическим отклонением профиля), квалитетом точности, допуском размера и допуском формы или расположения поверхностей, получена следующая зависимость

$$R_a \leq T \cdot K_к \cdot K_ф, \quad (1)$$

где T – допуск размера; $K_к$ - коэффициент квалитета точности ($K_к$=0,09 для 3...7 квалитетов, $K_к$=0,07 для 8...10 квалитетов, $K_к$=0,05 для квалитетов свыше 10); $K_ф$ - коэффициент допуска формы, табл. 1. Квалитет точности предварительно можно определить по числу единиц допуска [3]:

$$k = T / i, \quad (2)$$

где i – единица допуска [3].

Высоту неровностей профиля по десяти точкам можно определить по формуле

$$R_z \leq A \cdot R_a, \quad (3)$$

где A – коэффициент перевода R_a в R_z (A≈5,4 при регулярной шероховатости и A≈4,9 при нерегулярной).

Таблица 1

Значения коэффициента формы $K_ф$

Отношение допуска формы $T_ф$ к допуску размера T	100%	60%	40%	25%
$K_ф$ (с 3 по 8 квалитет)	1,00	0,50	0,25	0,15
$K_ф$ (св. 8 квалитета)	1,00	1,00	0,50	0,15

Коэффициент перевода получен нами на основании зависимостей [2], где установлена следующая взаимосвязь:

$$A = \frac{R_z}{R_a} = 10^{(0,79 - \lg m - 0,02 \lg R_a)}, \quad (4)$$

где m =1,25 для нерегулярной шероховатости, m = 1,15 для регулярной шероховатости).

Зависимость (4) мы аппроксимировали в виде

$$R_z = A' \cdot R_a^{0,98}, \quad (5)$$

$$R_a = B' \cdot R_z^{1,02}, \quad (6)$$

где A' – уточненный коэффициент перевода (A'=5,36 при регулярной шероховатости и A'=4,94 при нерегулярной); B'=0,18 при регулярной шероховатости и B'=0,20 при нерегулярной.

Коэффициент корреляции моделей (5) и (6) ρ = 0,98, поэтому в более упрощенном виде можно пользоваться формулой (3), причем ее ρ > 0,9.

Приведенными формулами можно пользоваться при условии, если не задается более строгое значение параметров шероховатости по условиям сборки и эксплуатации. Полученные зависимости могут быть использованы при расчете допусков по моделям [4].

При выборе средств измерений [5] также необходимо учитывать и шероховатость поверхности контролируемых деталей, иначе будет возникать систематическая погрешность. Грамотное назначение шероховатости поверхности – гарантия качества сборки соединения, что, в свою очередь, связано с повышением экономического эффекта от увеличения долговечности работы сборочных единиц [6;7]. Состояние технологического оборудования на машиностроительных предприятиях и предприятиях технического сервиса также будет оказывать влияние на шероховатость поверхности обрабатываемых деталей [8].

Приведем пример расчета шероховатости поверхности для коленчатых валов ДВС. По данным [9], известно, что допуск на обработку шеек коленчатых валов составляет 15…20 мкм, а требования к шероховатости поверхности следующие: R_a = 0,32…0,16 мкм. По зависимости (1) при условии, что допуск формы для особо ответственного соединения составляет 40% от допуска размера, получим

R_a= 17,5·0,09·0,25 = 0,4 мкм,

что подтверждает работа [9], где говорится « … шероховатости у коренных шеек в процессе длительной эксплуатации изменяются от 0,5 до 1,2 мкм, а у шатунных шеек от 0,025 до 1,2 мкм, при этом в 83% поля рассеивания находятся шероховатости до R_a= 0,4 мкм для шатунных шеек и 73% - коренных шеек. Следовательно, оптимальной степени шероховатости поверхности шеек коленчатых валов соответствует R_a= 0,4 мкм».

Литература

1. Леонов О.А. Взаимозаменяемость унифицированных соединений при ремонте сельскохозяйственной техники: Монография. М.: ФГОУ ВПО МГАУ, 2003. 166 с.

2. Леонов О.А. Обеспечение качества ремонта унифицированных соединений сельскохозяйственной техники методами расчета точностных параметров: Дис… докт. техн. наук. М.: ФГОУ ВПО МГАУ, 2004. 324 с.

3. Леонов О.А. Курсовое проектирование по метрологии, стандартизации и сертификации. М.: МГАУ, 2002, 168 с.

4. Леонов О.А. Теоретические основы расчета допусков посадок при ремонте сельскохозяйственной техники // Вестник ФГБОУ ВПО МГАУ им. В.П. Горячкина. 2010. № 2. С. 106-110.

5. Леонов О.А., Шкаруба Н.Ж. Алгоритм выбора средств измерений для контроля качества по технико-экономическим критериям // Вестник ФГОУ ВПО МГАУ, 2012. № 2 (53). С. 89-91.

6. Леонов О.А., Темасова Г.Н., Шкаруба Н.Ж. Экономика качества, стандартизации и сертификации: Учебник. М.: ИНФРА-М, 2014. 251 с.

7. Леонов О.А., Киселева Е.Н., Вергазова Ю.Г. Влияние шероховатости поверхности деталей на долговечность соединений при ремонте сельскохозяйственной техники // Международный технико-экономический журнал. 2014. № 5. С. 47-51.

8. Леонов О.А., Селезнёва Н.И. Технико-экономический анализ состояния технологического оборудования на предприятиях технического сервиса в агропромышленном комплексе // Вестник ФГОУ ВПО МГАУ. 2012. № 5 (56). С. 64-67.

9. Черноиванов В.И. Организация и технология восстановления деталей машин. М.: Агропромиздат, 1989. 336 с.

Киселева Е.Н.
аспирант ФГБОУ ВО «Российский государственный аграрный университет – МСХА имени К.А. Тимирязева»

НОРМИРОВАНИЕ ДОПУСКА СООСНОСТИ ВАЛОВ КОРОБОК ПЕРЕДАЧ

Отклонения расположения поверхностей от их номинального значения чрезвычайно вредно сказываются на надежности работы машин, вызывая в отдельных деталях и соединениях дополнительные статические и динамические нагрузки, что приводит к быстрому износу и усталостному разрушению деталей [1]. Практика ремонта показывает, что ресурс коробки передач трактора, отремонтированной с полной заменой валов, зубчатых колес, подшипников качения, составляет не более 45% ресурса новой, если при восстановлении корпуса коробки передач не выдерживаются технические условия на расположение осей и поверхностей [2].

Допуски расположения или формы, устанавливаемые для валов или отверстий, могут быть зависимыми и независимыми [1].

Зависимые допуски расположения устанавливаются для деталей, которые сопрягаются с парными деталями одновременно по двум и более поверхностям, а требования взаимозаменяемости сводятся к обеспечению собираемости, т.е. возможности соединения деталей по всем сопрягаемым поверхностям. Зависимые допуски связаны с зазорами и натягами, и предельные отклонения размеров сопрягаемых поверхностей должны быть между наименьшим предельным размером отверстия и наибольшим предельным размером вала [1]. Зависимые допуски обычно контролируют комплексными калибрами, являющимися прототипами сопрягаемых деталей. Эти калибры всегда проходные, что гарантирует беспригоночную сборку изделий.

Зависимый допуск указывается на чертеже или в других технических документах значением, которое допускается превышать на величину, зависящую от отклонения действительного размера рассматриваемого элемента и/или базы от предела максимума материала [1]:

$$T_{\text{зав}} = T_{\min} + T_{\text{доп}},$$

где $T_{\min}$ – минимальная часть допуска, связанная при расчете с допустимым зазором; $T_{\text{доп}}$ – дополнительная часть допуска, зависящая от действительных размеров рассматриваемых поверхностей.

Выбор средств измерений для контроля пределов максимума и минимума материала – сложная технико-экономическая задача [3;4], и расширение, которое влечет за собой применение зависимого допуска формы, приводит к снижению требований к точности средств измерений, в частности при ремонте машин [5].

Зависимый допуск может изменяться в процессе эксплуатации деталей и соединений по моделям, изложенным в [6], причем возможен отказ как по верхнему, так и нижнему пределам [7].

При расчете и выборе посадок сельскохозяйственной техники уже есть методики, где при расчете натягов учитываются поправки на отклонения поверхностей [8], а также поправки на смятие шероховатости поверхности [9].

Рассмотрим, как назначение зависимого допуска соосности формирует допуск на размеры для валов, где происходит ступенчатое уменьшение размера.

На чертеже фрагмента вала коробки передач трактора Беларус 622, в верхней части рис. 1, указан допуск соосности (ДС) 0,1 мм для поверхности $\varnothing\ 45_{-0,03}$ мм (посадка подшипника качения) по отношению к базовой поверхности «А» $\varnothing\ 65_{-0,04}$ (посадка шестерен). Поле отклонения оставлено пустым и ниже рассмотрены три варианта заполнения этого поля.

1. ДС зависит от действительного размера $\varnothing\ 45_{-0,03}$, рис. 1,а (если размер вала равен 45,00 мм, тогда ДС составит 0,1 мм, а если 44,97 мм, тогда ДС составит 0,13 мм).

2. ДС зависит от действительного размера базы $\varnothing\ 65_{-0,04}$, рис. 1,б (если размер вала равен 65,00 мм, тогда ДС будет составлять 0,1 мм, а если размер вала 64,96 мм, тогда ДС составит 0,14 мм).

3. ДС зависит от действительных размеров поверхностей детали $\varnothing\ 45_{-0,03}$ и базовой поверхности $\varnothing\ 65_{-0,04}$, рис. 1,в (если оба размера вала будут равны 45,00 и 65,00 мм, то ДС будет составлять 0,1 мм, а если размеры будут 44,97 и 64,96 мм, то ДС есть сумма 0,03 + 0,04 +0,1 = 0,17 мм. Здесь возможно практически любое сочетание действительных размеров элементов детали.

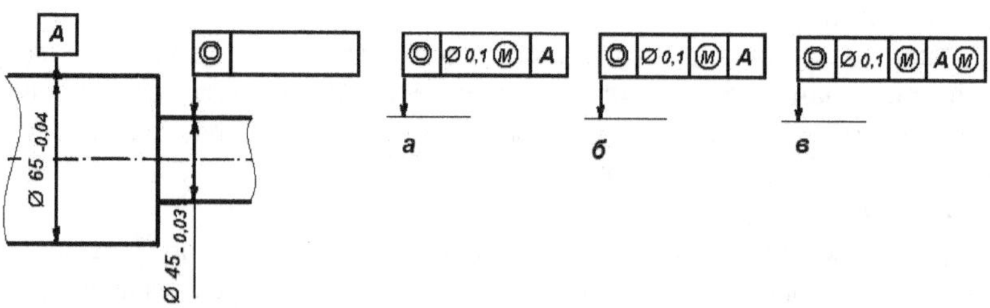

Рис. 1. Нормирование допуска отклонения от соосности, зависимого от:
а) действительного размера поверхности $\varnothing 45_{-0,03}$*;*
б) действительного размера базовой поверхности $\varnothing 65_{-0,04}$*;*
в) действительных размеров поверхности $\varnothing 45_{-0,03}$
и базовой поверхности $\varnothing 65_{-0,04}$*.*

Такое назначение допуска соосности позволяет, с одной стороны, применять менее точное и изношенное технологическое оборудование [10] и снизить себестоимость обработки, а с другой стороны – иметь возможность применять полную взаимозаменяемость – бесподгонную сборку. Для нашего примера, применение обозначения, показанного на рисунке 1в, расширяет допуск соосности двух поверхностей вала от 0,10 до 0,17 мм, что не только экономически целесообразно, но и позволяет грамотно использовать преимущества полной взаимозаменяемости.

Литература

1. Метрология, стандартизация и сертификация: Учебное пособие // О.А. Леонов, В.В. Карпузов, Н.Ж. Шкаруба, Н.Е. Кисенков; под ред. О.А. леонова. М.: Издательство КолосС, 2009. 568 с.

2. Леонов О.А. Взаимозаменяемость унифицированных соединений при ремонте сельскохозяйственной техники: Монография. М.: ФГОУ ВПО МГАУ, 2003. 166 с.

3. Леонов О.А., Шкаруба Н.Ж. Алгоритм выбора средств измерений для контроля качества по технико-экономическим критериям // Вестник ФГОУ ВПО МГАУ, 2012. № 2 (53). С. 89-91.

4. Леонов О.А., Темасова Г.Н., Шкаруба Н.Ж. Экономика качества, стандартизации и сертификации: Учебник. М.: ИНФРА-М, 2014. 251 с.

5. Леонов О.А., Бондарева Г.И., Шкаруба Н.Ж. Оценка качества измерительных процессов в ремонтном производстве // Агроинженерия. Вестник ФГОУ ВПО МГАУ, 2013. № 2. С. 36-38.

6. Леонов О.А. Обеспечение качества ремонта унифицированных соединений сельскохозяйственной техники методами расчета точностных параметров: Дис… докт. техн. наук. М.: ФГОУ ВПО МГАУ, 2004. 324 с.

7. Леонов О.А. Теоретические основы расчета допусков посадок при ремонте сельскохозяйственной техники // Агроинженерия. Вестник ФГБОУ ВПО МГАУ им. В.П. Горячкина. 2010. № 2. С. 106-110.

8. Леонов О.А., Вергазова Ю.Г. Расчет посадок соединений со шпонками для сельскохозяйственной техники // Агроинженерия. Вестник ФГОУ ВПО МГАУ. 2014. № 2. С. 13-15.

9. Леонов О.А., Киселева Е.Н., Вергазова Ю.Г. Влияние шероховатости поверхности деталей на долговечность соединений при ремонте сельскохозяйственной техники // Международный технико-экономический журнал. 2014. № 5. С. 47-51.

10. Леонов О.А., Селезнёва Н.И. Технико-экономический анализ состояния технологического оборудования на предприятиях технического сервиса в агропромышленном комплексе // Вестник ФГОУ ВПО МГАУ. 2012. № 5 (56). С. 64-67.

УДК 519.876.5

Лисовец Ю.П., А.А. Кучеренко
Московский государственный институт электронной техники,
e-mail: kucherenko.work@gmail.com

МАТЕМАТИЧЕСКОЕ МОДЕЛИРОВАНИЕ ДИНАМИКИ ПЫЛЕВОГО ОБЛАКА, ОБРАЗОВАВШЕГОСЯ В РЕЗУЛЬТАТЕ ИЗВЕРЖЕНИЯ ЙЕЛЛОУСТОНСКОЙ КАЛЬДЕРЫ

Математическое моделирование динамики пылевого облака описывается системой полных уравнений Навье-Стокса. Эту систему невозможно решить в рамках обычных вычислительных систем, следовательно необходимо искать другой подход.

В работе рассматривается пылевое облако в виде определенного количества частиц-представителей, так называемых частиц-маркеров. Для реализации необходимо решить уравнение движения этих маркеров. Важной особенностью метода является рассмотрение частиц со скоростями, траекториями, размерами близкими, но не одинаковыми. Именно этот факт позволяет избежать не только ошибки в работе математической модели, но и сокращения требуемых вычислительных ресурсов.

Модель строится на основе упрощенного представления столба пепла – в виде цилиндра. Он разбивается на M условных, непересекающихся уровней-сечений, каждый из которых в свою очередь разбивается на N элементарных частиц. Их координаты записываются в отдельные массивы. Затем начинается прогонка этих массивов в поисках элементов разных уровней, которые, накладываясь друг на друга, образуют более темные участки на графике при наблюдении сверху. Таким образом, после полной прогонки мы получаем двумерный массив, который содержит количество подобных пересечений для каждой частицы на каждом уровне.

После этого мы выстраиваем позиции частиц в зависимости от направления ветра и взаимодействия самих частиц в конкретных точках пространства

Математическое моделирование динамики пылевого облака, образовавшегося в результате извержения Йеллоустонской кальдеры.

Рассматривается предполагаемое извержение Йеллоустонской кальдеры[1], так называемого «Йеллоустонского супервулкана», с использованием численного моделирования распространения пыли и

---

[1] Кальдера – котловина вулканического происхождения с крутыми стенками и ровным дном. Различают взрывные кальдеры – образованные мощным взрывом или извержением; гравитационные кальдеры – образованные обрушением вулканического фундамента и постройки вглубь кальдеры; и кальдеры невулканического происхождения, например, после таяния ледников и проч.

других продуктов извержения над прилегающей территорией. В ходе дальнейших исследований предполагается включение Российской Федерации (далее РФ) с учетом усредненного и возможного распределения ветров в атмосфере на разных высотах.

Высокая актуальность темы напрямую связана со следующими фактами:

1. Усиление активности Йеллоустонской кальдеры в связи с наступлением даты её извержения (кальдера взрывалась 2.1 млн. лет назад, 1.3 млн. лет назад, 640 тыс. лет назад – интервалы «молчания» составляют около 600тыс. лет и имеют тенденцию к сокращению)
2. Огромная разрушительность извержений супервулканов была неоднократно подтверждена ученым на основе геологических данных. Например, извержение супервулкана Тоба привело к так называемому «году без лета» на Земле – понижению температуры по разным данным на 3–5 °С по всей Земле.
3. В результате извержения может измениться концентрация углекислого газа в атмосфере, вероятно появление озоновых дыр и даже наступление нового глобального ледникового периода.

Целью работы является исследование скорости и направления распространения вулканического пепла, выброшенного в атмосферу в результате предполагаемого взрыва Йеллоустонской кальдеры.

Параметры вулкана. Размеры кальдеры – около 55 км на 72 км, что было определено в 1970-х годах непосредственно после обнаружения самой кальдеры. Её площадь – около 3800 км2. Глубина полости с магмой достигает 8000 м. Объемы магмы питает вертикальный плюм[2] длиной около 660 км, связывающий недра Земли с полостью магмы. Температура породы в плюме – порядка 1600 °С.

Динамика вихревых течений сжимаемой жидкости в поле тяжести описывается системой полных уравнений Навье-Стокса:

$$\begin{cases} \dfrac{\partial \rho}{\partial t} + \vec{v}\nabla\rho = -\rho\nabla\vec{v} \\ \rho\dfrac{\partial \vec{v}}{\partial t} + (\rho\vec{v}\nabla)\vec{v} = -\nabla p + \nabla\hat{t} + \rho g \\ \rho\left(\dfrac{\partial h}{\partial t} + \vec{v}\nabla h\right) = \dfrac{\partial p}{\partial t} + \vec{v}\nabla p + \nabla(\hat{t}\vec{v}) - \vec{v}(\nabla\hat{t}) + \nabla(\lambda\nabla T) \end{cases}$$

где t – время, $\vec{v}$ – вектор скорости, g – вектор ускорения свободного падения, ρ – плотность, p – давление, h – удельная энтальпия, T –

[2] Плюм – мантийный, т.е. находящийся в мантии Земли, поток раскаленной породы

температура, λ – коэффициент теплопроводности, $\hat{t}$ – тензор вязких напряжений:

$$\hat{t} = 2\mu\hat{S} - \frac{2}{3}(\mu\nabla\vec{v})\hat{E}$$

где μ – коэффициент динамической вязкости, $\vec{S}$ – тензор скоростей деформации, $\vec{E}$- единичный тензор.

Для замыкания этой системы необходимо дополнить её, во-первых, соотношением для состояния рабочего газа, состоящего из однородной смеси водяного пара, пепла и воздуха:

$$\rho\left(\frac{\partial c}{\partial t} + \vec{v}\nabla c\right) = div(\rho D\nabla c),$$

где c = $\alpha + \beta$ – сумма концентраций пара и пепла в смеси, D – коэффициент диффузии.

Второе соотношение будет следовать из связи энтальпии, термодинамического потенциала системы, с температурой.

$$h = \alpha h_s + \beta h_p + (1 - \alpha - \beta)h_\alpha = T\left[\alpha C_p^s + \beta C_p^p + (1 - \alpha - \beta)C_p^\alpha\right]$$

Таким образом, замкнутая система уравнений

$$\begin{cases} \dfrac{\partial\rho}{\partial t} + \vec{v}\nabla\rho = -\rho\nabla\vec{v} \\ \rho\dfrac{\partial\vec{v}}{\partial t} + (\rho\vec{v}\nabla)\vec{v} = -\nabla p + \nabla\hat{t} + \rho g \\ \rho\left(\dfrac{\partial h}{\partial t} + \vec{v}\nabla h\right) = \dfrac{\partial p}{\partial t} + \vec{v}\nabla p + \nabla(\hat{t}\vec{v}) - \vec{v}(\nabla\hat{t}) + \nabla(\lambda\nabla T) \\ \rho\left(\dfrac{\partial c}{\partial t} + \vec{v}\nabla c\right) = div(\rho D\nabla c) \\ h = \alpha h_s + \beta h_p + (1 - \alpha - \beta)h_\alpha = T\left[\alpha C_p^s + \beta C_p^p + (1 - \alpha - \beta)C_p^\alpha\right] \end{cases}$$

может быть решена численно.

Однако, ресурсов, доступных мне как студенту, недостаточно для решения этой системы. Следовательно, моей задачей было бы выбрать несколько иной подход к решению этой задачи.

При моделировании движения частиц пыли можно использовать следующий способ описания среды, в которой происходит движение.

Необходимо аппроксимировать уравнения движения частиц конечно-разностной схемой. При таком подходе частицы одинаковых размеров рассматриваются как жидкость с определенной скоростью, одинаковой для всех близко расположенных частиц, с определенной плотностью, энергией и нулевым давлением. Этот способ нам не подходит так как в связи с наличием частиц разных размеров и практически неконтролируемой численной диффузией сильно возрастают требования к ресурсам вычислительной системы, на которой проводятся расчеты. Явным минусом этого метода может являться также и неверное поведение модели в случае контакта соседних частиц одного размера – они могут начать накапливаться, что не отражает реального положения вещей – они должны свободно проходить через друг друга.

Существует более подходящий способ, который соответствует возможностям «рядового» исследователя.

Для его реализации необходимо решить уравнение движения для определенного количества частиц-представителей, так называемых, маркеров. Эти маркеры символизируют собой движение большого количества реальных пылевых частиц с близкими траекториями, с близкими размерами, с близкими скоростями. С близкими, но не одинаковыми! Именно этот факт решает проблему, указанную выше.

Движение частицы маркера в гравитационном поле задается следующим дифференциальным уравнением:

$$m_i \frac{du_i}{dt} = m_i \vec{g} + 3\pi d_i \mu(\vec{u}_g - \vec{u}_i) + \frac{1}{4} C_d \pi d_i^2 \rho_g |\vec{u}_g - \vec{u}_i|(\vec{u}_g - \vec{u}_i),$$

где m_i – масса частицы-маркера, d_i – её диаметр, $\vec{u}_i$ – её скорость, $\vec{g}$ – ускорение свободного падения, $\vec{u}_g$ и ρ_g – скорость газа и его плотность, C_d – коэффициент сопротивления, μ – коэффициент вязкости.

Это дифференциальное уравнение распадается на три скалярных уравнения для трехмерной задачи. Рассмотрим задачу в цилиндрической системе координат, переход от которой к декартовой выполняется посредством следующих преобразований:

$$\begin{cases} x = r * cos(\varphi) \\ y = \rho * sin(\varphi) \\ z = z \end{cases}$$

В цилиндрических координатах скалярные версии уравнения движения частицы маркера выглядят так:

$$\frac{du_{iz}}{dt} = -g + a_{1i}(u_{gz} - u_{iz}) + a_{2i}|\vec{u}_g - \vec{u}_i|(u_{gz} - u_{iz})$$

$$\frac{du_{ir}}{dt} = a_{1i}(u_{gr} - u_{ir}) + a_{2i}|\vec{u}_g - \vec{u}_i|(u_{gr} - u_{ir})$$

где коэффициенты рассчитываются по формулам

$$a_{1i} = \frac{6\pi r_i \mu}{m_i}, \qquad a_{2i} = \frac{C_d \pi r_i^3 \rho_g}{m_i}$$

Далее идет процесс аппроксимации уравнения

$$\frac{du_{ir}}{dt} = a_{1i}(u_{gr} - u_{ir}) + a_{2i}|\vec{u}_g - \vec{u}_i|(u_{gr} - u_{ir})$$

при помощи соотношений

$$\frac{u_{ir}^{n+1} - u_{ir}^{n}}{r} = a_{3i}(u_{gr}^{n+1} - u_{ir}^{n+1})$$

где

$$a_{3i} = a_{1i} + a_{2i}\left|\overrightarrow{u_g^n} - \overrightarrow{u_i^n}\right|$$

Получаем выражение для скорости частицы на n+1 временном слое:

$$u_{ir}^{n+1} = a_{4i} + a_{5i}u_{gr}^{n+1}$$

с коэффициентами

$$a_{4i} = \frac{u^n}{1+\tau a_{3i}}, \qquad a_{5i} = \frac{\tau a_{3i}}{1+\tau a_{3i}}$$

Новое значение скорости газа u_{gr}^{n+1} в ячейке определяется из закона сохранения импульса:

$$m_g u_{gr}^n + \sum m_i u_{ir} = m_g u_{gr}^{n+1} + \sum m_i\left(a_{4i} + a_{5i}u_{gr}^{n+1}\right)$$

Здесь суммирование ведется по всем частицам, содержащимся в ячейке с массой mg.

Для вычисления вертикальной составляющей скорости необходимы более сложные процедуры для реализации правильного поведения модели относительно скоростей осаждения частиц при увеличении временного промежутка.

Вновь рассмотрим уравнение

$$\frac{du_{iz}}{dt} = -g + a_{1i}\left(u_{gz} - u_{iz}\right) + a_{2i}\left|\vec{u}_g - \vec{u}_i\right|\left(u_{gz} - u_{iz}\right)$$

Из разности элементов ugz и uiz получаем два возможных случая для аппроксимации этого уравнения:

$u_{gz} > u_{iz}$ и $u_{gz} > u_{iz}$

Вертикальная компонента для первого случая получается из решения уравнения

$$-g + a_{1i}x + \widetilde{a_{2i}}x^2 = 0$$

где

$$\widetilde{a_{2i}} = min(a_{2i}\frac{\left|\overrightarrow{u_g} - \overrightarrow{u_i}\right|}{u_{gz} - u_{iz}}, \beta a_1)$$

β-константа порядка 100. В случае равенства радиальной скорости частицы u_{gr} и скорости газового потока u_{ir} величина u_{0i} является скоростью стационарного осаждения частицы.

Вычитаем первое уравнение системы из второго:

$$\begin{cases} -g + a_{1i}x + \widetilde{a_{2i}}x^2 = 0 \\ \dfrac{du_{iz}}{dt} = -g + a_{1i}\left(u_{gz} - u_{iz}\right) + a_{2i}\left|\vec{u}_g - \vec{u}_i\right|\left(u_{gz} - u_{iz}\right) \end{cases}$$

и используем неявную аппроксимацию

$$\frac{u_{iz}^{n+1} - u_{iz}^{n}}{\tau} = a_{3i}\left(u_{gz}^{n+1} - u_{iz}^{n+1} + u_{0i}\right)$$
$$a_{3i} = a_{1i} + \widetilde{a_{2i}}(u_{gz}^{n} - u_{iz}^{n} - u_{0i})$$

Тогда вертикальная компонента скорости на новом временном слое равна:

$$u_{iz}^{n+1} = a_{4i} + a_{5i}u_{gz}^{n+1}$$

с коэффициентами

$$a_{4i} = \frac{u_{iz}^{n} + \tau a_{3i}u_{0i}}{1 + \tau a_{3i}}, \qquad a_{5i} = \frac{\tau a_{3i}}{1 + \tau a_{3i}}$$

Вертикальная компонента для второго случая аппроксимируется аналогичным образом:

$$u_{iz}^{n+1} = a_{4i} + a_{5i}u_{gz}^{n+1}$$
$$a_{4i} = \frac{u_{iz}^{n} - g\tau}{1 + \tau a_{3i}}, \qquad a_{5i} = \frac{\tau a_{3i}}{1 + \tau a_{3i}}$$

Новое положение частиц в потоке $\left(z_i^{n+1}, r_i^{n+1}\right)$ определяется следующими выражениями:

$$z_i^{n+1} = z_i^{n} + 0.5\left(u_{iz}^{n} + u_{iz}^{n+1}\right)\tau$$
$$r_i^{n+1} = r_i^{n} + 0.5\left(u_{ir}^{n} + u_{ir}^{n+1}\right)\tau$$

Остается совместить результаты, приведенные выше, и карту ветров, чтобы получить искомое распределение вулканического пепла, выброшенного вулканом, для выбранных территорий.

Для визуализации результатов и построения математической модели я воспользовался следующим представлением.

Имеется столб пепла в виде овального цилиндра. Он разбивается на M условных, непересекающихся уровней, каждый из которых в свою очередь разбивается на N элементарных частиц. Их координаты записываются в массивы X и Y. Затем начинается прогонка этих массивов в поиске элементов с разных уровней, которые, накладываясь друг на друга, образуют более темный участок при наблюдении сверху. Таким образом, после полной прогонки мы получаем двумерный массив Z, который содержит количество подобных пересечений для каждой частицы на каждом уровне.

Далее мы начинаем выстраивать позиции частиц в зависимости от ветра, дующего в данном конкретном месте, а также в зависимости от движений самих частиц.

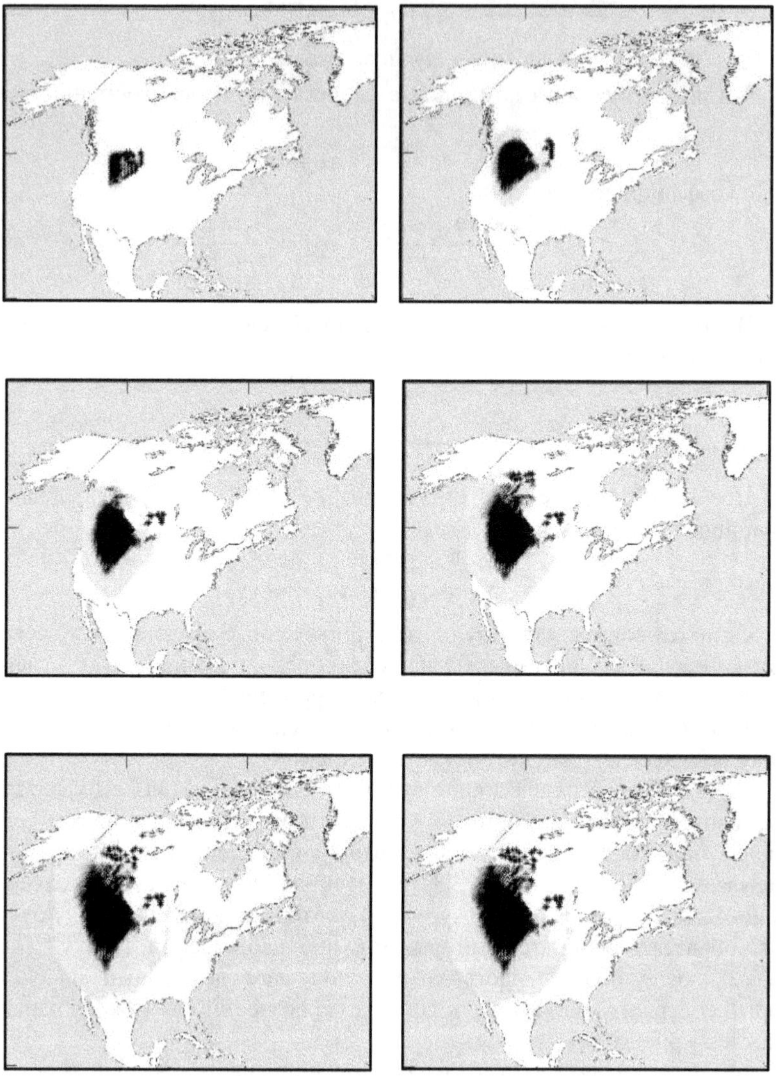

На рисунках изображены результаты работы реализованного алгоритма в программном пакете MATLAB для предполагаемого извержения Йеллоустонской кальдеры. Число частиц представителей: 10^7. Временные промежутки: 10 часов.

Список литературы

Шувалов В.В. Динамические процессы в атмосфере, вызванные сильными импульсными возмущениями. 1999. С. 12–21.

Белоцерковский О.М., Андрущенко В.А., Шевелев Ю.Д. Динамика пространственных вихревых течений в неоднородной атмосфере. М.: Янус-К, 2000, 456с

Шувалов В.В, Хазинс В.М., Трубецкая И.А. Анализ распространения аэрозольных облаков, инициируемых извержениями исландских вулканов.

Самарский А.А., Михайлов А.П., Математическое моделирование: Идеи. Методы. Примеры. – 2-е изд.,испр. – М.:Физматлит, 2001. С. 292-296.

Chernov Igor [1], Rufina Abdullina [2]

[1,2] Student of Department of Physics and Mathematics, Sterlitamak branch of Bashkir state university

THEOREM UNIQUENESS SOLUTION OF DARBOUX PROBLEM FOR TELEGRAPH EQUATION

Consider a problem of the Darboux type for the telegrath equation

$$L_0 v = v_{xx} - v_{yy} + cv = 0, \qquad (1)$$

where c is an arbitrary complex number in the domain D bounded by the characteristic CB $(x+y=1)$ of equation (1), line AC $(kx-y=0)$, and by the segment AB of the axis y = 0.

Problem D . In the domain D [1] find a function $v(x,y)$ which satisfies the conditions:

$$v(x,y) \in C(\overline{D}) \wedge C^1(D \cup AB) \wedge C^2(D); \qquad (2)$$

$$Lv(x,y) \equiv 0, \quad (x,y) \in D; \qquad (3)$$

$$v(x,0) = \tau(x), \quad 0 < x < 1; \qquad (4)$$

$$v(x,kx) = \varphi(x), \quad 0 < x < \frac{1}{1+k}, \qquad (5)$$

where $\tau(x)$ and $\phi(x)$ are given sufficiently smooth functions.

Definition. We call a function $v(x,y)$ quazi-regular solution of (1) if the following hold [5]

i) $v(x,y)$ satisfies (2);

ii) we can to applicate Green's theorem to the integrals

$$\iint_D v L_0 v dxdy, \quad \iint_D v_x L_0 v dxdy, \quad \iint_D v_y L_0 v dxdy;$$

iii) the boundary integrals which arise exist in the sense that: the limits taken over corresponding interior curves exist as these interior curves approach the boundary.

Assume v_1, v_2 : two solutions of Problem D for equation (1) and boundary conditons. Then take $v = v_1 - v_2$. In this case function $v(x,y)$ in D satisfying equation (1) and following boundary conditions

$$\begin{cases} v = 0 \ on \ \gamma_1 \\ v = 0 \ on \ \{y=0\} \cap D \end{cases}$$

Therefore for proof uniqueness solution Problem D it is enough to show that $v = 0$ in D.

Theorem 1. *If* $v(x,y)$ *– quazi-regular solution of (1) in* D *and constant* $c > 0$, $v|_{\{\{y=0\}\cap D\}\cup\gamma_1} = 0$, *then* $v(x,y) \equiv 0$ *in* D.

Proof. Consider $v = v(x,y)$ be a quazi-regular of (1) defined in D. Besides consider the integral [6]

$$2\iint_D (bv_x + av_y)(v_{xx} - v_{yy} + cv)dxdy$$

where a, b sufficiently smooth functions of (x, y).

By virtue of (1) this integral vanishes. The functions a, b are chosen in in such a way that, after a transformation of the integral by Green's formula, one obtains a positive (or non-negative) definite expression which vanishes only if $v = 0$ in D.

Consider identities

$$bv_x v_{xx} = \frac{1}{2}\left(bv_x^2\right)_x - \frac{1}{2}b_x v_x^2,$$

$$av_y v_{yy} = \frac{1}{2}\left(av_y^2\right)_y - \frac{1}{2}a_y v_y^2,$$

$$av_y v_{xx} = \left(av_x v_y\right)_x - \frac{1}{2}\left(av_x^2\right)_y + \frac{1}{2}a_y v_x^2 - a_x v_x v_y,$$

$$bv_x v_{yy} = \left(bv_x v_y\right)_y - b_y v_x v_y - \frac{1}{2}\left(bv_y^2\right)_x + \frac{1}{2}b_x v_y^2,$$

$$bv_x v = \frac{1}{2}\left(bv^2\right)_x - \frac{1}{2}b_x v^2,$$

$$av_y v = \frac{1}{2}\left(v^2\right)_y - \frac{1}{2}a_y v^2$$

Besides employ Green's theorem:

$$\oint_{\partial D} P(x, y)dx + Q(x, y)dy = \iint_D \left(\frac{\partial Q}{\partial x} - \frac{\partial P}{\partial y}\right)dxdy.$$

Then employing above identities and applying Greene theorem we get:

$$J = \iint_D (b_x v_x^2 - a_y v_x^2 + 2a_x v_x v_y + b_x v_y^2 + b_x v^2 + a_y v^2)dxdy +$$

$$+ \int_{\gamma_1} + \int_{\gamma_2} + \int_{\{y=0\}\cap D} (\ bv_x^2 + 2av_x v_y + bv_y^2 + bcv^2)dy + (av_y^2 + 2bv_x v_y + av_x^2 - acv^2)dx =$$

$$= I + J_1 + J_2 + J_3$$

$$0 = \int_{\gamma_1 \cup \gamma_2 \cup \{y=0\}} (bv_x^2 + 2av_x v_y + bv_y^2 + bcv^2)dy + (av_y^2 + 2bv_x v_y + av_x^2 - acv^2)dx =$$

$$= J_1 + J_2 + J_3$$

Finally we must choose: "nice functions" $a = a(x, y)$, $b = b(x, y)$, in D so that all conditions hold. If this occurs then uniqueness follows immediately.

Choose $a = -kb$, $b = c$. Obviously $I = 0$. From $v(x, y) = 0$ on $\{y = 0\} \cup \gamma_1$ and the fact that

$$dy = -kdx \ (on\ \gamma_1), \ dy = dx \ (on\ \gamma_2)$$

we get

$$J_1 = \int_{\gamma_1} (kb + a)(1 - k^2)(v_y^2 - cv^2)dx = 0$$

$$J_2 = \int_{\gamma_2} [c(1-k)(v_x + v_y)^2 + c^2 v^2 (1+k)]dx \geq 0$$

$$J_3 = -kc \int_{\{y=0\}\cap D} v_y^2 dx \geq 0$$

Authors would like to thank research advisor Akimov A.A. for his excellent and constant encouragement throughout his research work.

References

[1] Акимов А.А. Построение решения задачи Дарбу для телеграфного уравнения в одной области // Научные труды Sworld. 2014. Т. 29. № 4. С. 45-48.

[2] Акимов А.А. Построение функции Римана-Адамара задачи Дарбу для телеграфного уравнения // Научные труды Sworld. 2014. Т. 29. № 4. С. 48-50.

[3] Акимов А.А., Галиаскарова Г.Р. Об одном соотношении задачи Дарбу для уравнения Трикоми // Журнал научных публикаций аспирантов и докторантов. 2010. № 12 (54). С. 113-115.

[4] Вильдяева А.А., Акимов А.А. Построение дифференциального уравнения с заданной симметрией // Научные труды Sworld. 2014. Т. 29. № 4. С. 57-59.

[5] Акимов А.А. Задача Моравец для обобщенного уравнения Трикоми // Сибирские электронные математические известия. 2006. Т. 3. С. 71.

[6] Акимов А.А. Об одной теореме единственности решения задачи Моравец // Альманах современной науки и образования. 2010. № 12. С. 67-69.

Работа выполнена под научным руководством
к.ф.-м.н., доц. Акимова А.А.

Chernov Igor[1], **Rufina Abdullina**[2]
[1,2] Student of Department of Physics and Mathematics, Sterlitamak branch of Bashkir state university

INTEGRATION OF SECOND-ORDER EQUATIONS ADMITTING A TWO-DIMENSIONAL ALGEBRA

Let us find the operators

$$X = \xi \frac{\partial}{\partial x} + \eta \frac{\partial}{\partial y}$$

admitted by the second order-equation

$$y'' = x^{-4} y(y')^3, \ (1)$$

$$y'' - x^{-4} y(y')^3 = F(x, y, y', y') = 0.$$

The determining equation assumes the form

$$\eta_{xx} + (2\eta_{xy} - \xi_{xx})y' + (\eta_{yy} - 2\xi_{xy})y'^2 - y'^3 \xi_{yy} + (\eta_y - 2\xi_x - 3y'\xi_y)f -$$
$$- \left[\eta_x + (\eta_y - \xi_x)y' - y'^2 \xi_y\right] f_{y'} - \xi f_x - \eta f_y = 0,$$

where f is a known function. In our case $f = x^{-4} y(y')^3$ and determining equation has a form

$$4x^{-5} y(y')^3 \xi - x^{-4}(y')^3 \eta - 3\left[\eta_x + y'\eta_y - \xi_x y' - \xi_y (y')^2\right] x^{-4} y(y')^2 + \eta_{xx} +$$
$$+ (2\eta_{xy} - \xi_{xx})y' + (\eta_{yy} - 2\xi_{xy})y'^2 - \xi_{yy}(y')^3 + (\eta_y - 2\xi_x - 3\xi_y y')x^{-4} y(y')^3 = 0$$

The left-hand side of this equation is a third-degree polynomial in the variable y'. Therefore the determining equation decomposes into the following four equations, obtained by setting the coefficients of the various powers of y' equal to zero [2]:

$$(y')^3 : 4x^{-5} y\xi - x^{-4}\eta - 3\eta_y x^{-4} y + 3\xi_x x^{-4} y - \xi_{yy} + \eta_y x^{-4} y - 2\xi_x x^{-4} y = 0, \ (2)$$

$$(y')^2 : -3\eta_x x^{-4} y + \eta_{yy} - 2\xi_{xy} = 0, \ (3)$$

$$(y')^1 : 2\eta_{xy} - \xi_{xx} = 0, \ (4)$$

$$(y')^0 : \eta_{xx} = 0. (5)$$

The integration of Equations (4) and (5) with respect to y and x yields

$$\eta = a(y)x + b(y)$$

$$\xi = a'(y)x^2 + c(y)x + d(y)$$

We substitute these expressions for ξ, η in Equation (3) and observe that the functions η and ξ are polynomial in x first and second order, while the left-hand side of Equations (3) contain x^{-4}. Since Equation (3) should vanish identically in x and y, it follows that [4]

$$-3a(y)x^{-4} y + a''(y)x + b''(y) - 2xa''(y) - 2c'(y) = 0$$

This equation yield:

$$a(y)=0,\ b''(y)-2c'(y)=0$$

or

$$\eta=b(y),$$

$$\xi=c(y)x+d(y).my^2+py+q$$

Substituting these expressions into (2), we have

$$4x^{-5}y(c(y)x+d(y))-x^{-4}b(y)-2x^{-4}yb'(y)+$$
$$+x^{-4}yc(y)-c''(y)x-d''(y)=0$$

whence

$$b(y)=my^2+py+q,\ d(y)=0, c(y)=my+n,\ q=0,\ p=\frac{4n}{3}.$$

Thus, the general solution to the determining equations (2)–(5) has the form

$$\eta=m\,y^2+\frac{4n}{3}y$$
$$\xi=(my+n)x$$

and contains two arbitrary constants m and n.

Hence equation (1) admits the Lie algebra L_2 [1] with the basis

$$X_1=yx\frac{\partial}{\partial x}+y^2\frac{\partial}{\partial y},\ X_2=-\frac{3}{4}x\frac{\partial}{\partial x}-y\frac{\partial}{\partial y}\ (6).$$

Determination of the type of the algebra L_2. We have

$$[X_1,X_2]=X_1,\ \xi_1\eta_2-\xi_2\eta_1\neq 0$$

Using the invariance of the structure relation with respect to the change of variables x, y one can simplify, by an appropriate change of variables, the form of basic operators of the two-dimensional algebras. Therefore we use the change of variables and, interchanging t and g, obtain:

$$t=\frac{x}{y},\quad g=-\frac{1}{y}.\ (7)$$

Substituting these variables into (1), we have

$$-t^4g''=(g')^3.\ (8)$$

We use the change of variables

$$p=g'(p)$$

and rewrite equation (8) in the form

$$-\frac{p'}{p^2}=\frac{1}{t^4}.$$

Whence, integrating once, we obtain

$$g'=\frac{3t^3}{3C_1t^3-1}$$

$$g=\frac{t}{C_1}+\frac{1}{\sqrt[3]{(3C_1)^4}}\ln\left|\frac{t}{\sqrt[3]{3C_1}}-1\right|-\frac{1}{6\sqrt[3]{3C_1}}\ln\left|\frac{t^2}{\sqrt[3]{9C_1^2}}+\frac{t}{\sqrt[3]{3C_1}}+1\right|-$$
$$-\frac{\sqrt[6]{3}}{3\sqrt[3]{C_1}}arctg\left(\frac{\sqrt[6]{3}t}{3\sqrt[3]{C_1}}+\frac{1}{\sqrt{3}}\right)+C_2, \quad (9)$$

where C_1, C_2 – arbitrary constants.

Substituting into (9) the values (7) of the variables t, g, we obtain the following general solution to equation

$$-\frac{1}{y}=\frac{x}{yC_1}+\frac{1}{\sqrt[3]{(3C_1)^4}}\ln\left|\frac{x}{\sqrt[3]{3C_1}y}-1\right|-\frac{1}{6\sqrt[3]{3C_1}}\ln\left|\frac{x^2}{\sqrt[3]{9C_1^2}y^2}+\frac{x}{\sqrt[3]{3C_1}y}+1\right|-$$
$$-\frac{\sqrt[6]{3}}{3\sqrt[3]{C_1}}arctg\left(\frac{\sqrt[6]{3}x}{3\sqrt[3]{C_1}y}+\frac{1}{\sqrt{3}}\right)+C_2.$$

Authors would like to thank research advisor Akimov A.A. for his excellent and constant encouragement throughout his research work.

References

[1] Ибрагимов Н.Х. Группы преобразований в математической физике.М.: Наука. Гл. ред. физ.-мат. лит., 1983. 280 с.

[2] Акимов А.А. Построение решения задачи Дарбу для телеграфного уравнения в одной области // Научные труды Sworld. 2014. Т. 29. № 4. С. 45-48.

[3] Акимов А.А. Построение функции Римана-Адамара задачи Дарбу для телеграфного уравнения // Научные труды Sworld. 2014. Т.29. № 4. С.48-50.

[4] Акимов А.А., Галиаскарова Г.Р. Об одном соотношении задачи Дарбу для уравнения Трикоми // Журнал научных публикаций аспирантов и докторантов. 2010. № 12 (54). С. 113-115.

[5] Вильдяева А.А., Акимов А.А. Построение дифференциального уравнения с заданной симметрией // Научные труды Sworld. 2014. Т.29. №4. С.57-59.

[6] Казакова Е.А., Акимов А.А. Построение общего решения обыкновенного дифференциального уравнения методами группового анализа // Научные труды Sworld. 2014. Т. 29. № 4. С. 55-57.

Работа выполнена под научным руководством
к.ф.-м.н., доц. Акимова А.А.

Gabdulkhaev V., Kozlov P.
Ural State University of Railway Transport, 620034 RUSSIA, Ekaterinburg, Kolmogorova Str., 66
E-mail: vadim260788@mail.ru, pkozlov@usurt.ru

NUMERICAL AND ANALYTICAL CONSTRUCTION OF APPROXIMATE SOLUTIONS OF AN INITIAL BOUNDARY VALUE PROBLEM FOR THE FULL NAVIER-STOKES EQUATIONS

Abstract. Flatsimmetric one-dimensional flow, which is the solution of the complete system of Navier-Stokes equations, constructed using infinite series of harmonics in the space variable. Used for presentation at the ends of a segment of the spatial variable slip conditions and thermal insulation. The coefficients of infinite sums have unknown functions, depending on the time. When taking into account a finite number of harmonics via parallelization calculations numerically constructed solution of the corresponding finite system of ordinary differential equations. The basic idea of parallelization is as follows: there is a control processor performing reception and transmission of data, and processors who calculates their every equation of the system of ordinary differential equations. The results of calculations.

Introduction. Complete system of Navier-Stokes equations

We consider the complete system of Navier-Stokes equations (CSNSE) containing non-linear partial differential equations whose solutions describe the flow of a compressible viscous heat-conducting ideal gas at constant values of the coefficients of viscosity and thermal conductivity [1].

In the case of constant values - the viscosity and thermal conductivity, and the vanishing of the second (bulk) viscosity coefficient (μ, κ) in the case of one-dimensional flows flatsimmetric CSNSE in dimensionless variables has the following form:

$$\begin{cases} \delta_t = \delta u_x - u\delta_x; \\ u_t = -uu_x - \dfrac{1}{\gamma}\delta p_x + \mu_0 \delta u_{xx}; \\ p_t = -up_x - \gamma p u_x + \kappa_0 T_{xx} + \mu_0 \gamma(\gamma-1)u_x^2, \end{cases} \tag{1.1}$$

where: t - time, x - spatial variable, u - velocity of the gas,

$$T = \delta p,\ T_{xx} = \delta_{xx} p + 2\delta_x p_x + \delta p_{xx};$$

For this system, put the initial conditions for $0 \le x \le \pi$:

$$\begin{cases} \delta(t,x)\,|_{t=0} = \delta^0(x) \\ u(t,x)\,|_{t=0} = u^0(x) \\ p(t,x)\,|_{t=0} = p^0(x) \end{cases} \tag{1.2}$$

And also the boundary conditions:

$$\begin{cases} u(t,x)|_{x=0,x=\pi}=0 \\ T_x(t,x)|_{x=0,x=\pi}=0 \end{cases} \tag{1.3}$$

The solution of the initial boundary value problem, with $t\to+\infty$ will describe the transition from the inhomogeneous state, given initial data to a homogeneous state.

Ie at $t\to+\infty$ solution describes the process of stabilization of the homogeneous flow to rest. The transition will be very long, and should be done about a million time steps to solve this problem. It was therefore proposed to solve this initial boundary value problem by using infinite trigonometric series.

Using the infinite trigonometric series solution of (1.1), (1.2), (1.3) is constructed as follows:

$$\delta(t,x)=1+\sum_{k=1}^{\infty}\delta_k(t)\cos kx,$$

$$u(t,x)=\sum_{k=1}^{\infty}u_k(t)\sin kx, \tag{2}$$

$$p(t,x)=1+\sum_{k=0}^{\infty}p_k(t)\cos kx=1+p_0(t)+\sum_{k=1}^{\infty}p_k(t)\cos kx,$$

For the above representations (2) at $x = 0$ and $x = \pi$ automatically satisfies the conditions of adhesion and thermal insulation. The latter is valid because: $T_{xx}=p\delta_x+\delta p_x$; $\delta_x|_{x=0,x=\pi}=p_x|_{x=0,x=\pi}=0.$

Obtaining the systems of differential equations

To obtain the equations for the coefficients $\delta_k(t),u_k(t),p_k(t)$ of the representation (2) are substituted in (1), and each equation system is projected on a harmonic basis.

The following transformation:

1. The first equation of the resulting system is multiplied by cos (lx), where l = 1,2, ... and is integrated on the interval [0, π].

2. The second equation of the resulting system is multiplied by sin (lx), where l = 1,2, ... and is integrated on the interval [0, π].

3. The third equation of the resulting system is multiplied by cos (lx), where l = 1,2, ... and is integrated on the interval [0, π].

As a result, we obtain an infinite system of ordinary differential equations for an infinite number of unknown coefficients $\delta_k(t),u_k(t),p_k(t)$, l = 1,2, ... and $p_0(t)$.

$$\delta_l'(t)=lu_l(t)+\frac{2}{\pi}\sum_{k,m=1}^{\infty}(ma_{kml}+kb_{kml})\delta_k(t)u_m(t); \tag{4}$$

$$u_l'(t) = -\frac{2}{\pi}\sum_{k,m=1}^{\infty} mb_{klm}u_k(t)u_m(t) + \frac{1}{\gamma}lp_l(t) + \frac{2}{\gamma\pi}\sum_{k,m=1}^{\infty} mb_{mlk}\delta_k(t)p_m(t) - \mu_0 l^2 u_l(t) -$$

$$-\mu_0\frac{2}{\pi}\sum_{k,m=1}^{\infty} m^2 b_{mlk}\delta_k(t)u_m(t);$$

(5)

$$p_l'(t) = \frac{2}{\pi}\sum_{k,m=1}^{\infty}(mb_{kml} - \gamma ka_{kml})u_k(t)p_m(t) - \gamma(1+p_0(t))lu_l(t) -$$

$$-\kappa_0 l^2((1+p_0(t))\delta_l(t) + p_l(t)) - \kappa_0\frac{2}{\pi}\sum_{k,m=1}^{\infty}((m^2+k^2)a_{kml} - 2kmb_{kml})\delta_k(t)p_m(t) +$$

$$+\mu_0\gamma(\gamma-1)\frac{2}{\pi}\sum_{k,m=1}^{\infty} kma_{kml}u_k(t)u_m(t).$$

(6)

$$p_0'(t) = \frac{1}{2}(1-\gamma)\sum_{k=1}^{\infty} ku_k(t)p_k(t) + \frac{1}{2}\mu_0\gamma(\gamma-1)\sum_{k=1}^{\infty} k^2 u_k^2(t). \quad (6^*)$$

It was proposed to break off the system on a finite number of terms of our series.

Thus, we obtain a finite system of ordinary differential equations (SODE). Furthermore, in this system there are finite double sums, that when calculating the number of arithmetic operations is the square of our equations. To drastically reduce the number of equations, and hence the computation time, by using identical analytical transformations reduce the equations (4) and (5), (6) equivalent to the equations without double sums.

Equation (4) takes the form:

for $l = 1; 2$ (special case):

$$\delta_l'(t) = lu_l(t) + \frac{1}{2}\sum_{k=1}^{\infty}(2k+l)(\delta_{k+l}(t)u_k(t) + \delta_k(t)u_{k+l}(t));$$

for $l = 3, 4, 5, \ldots$:

$$\delta_l'(t) = lu_l(t) + \frac{1}{2}\sum_{k=1}^{l-1}(l-2k)(\delta_k(t)u_{l-k}(t)) +$$

$$+\frac{1}{2}\sum_{k=1}^{\infty}(2k+l)(\delta_{k+l}(t)u_k(t) + \delta_k(t)u_{k+l}(t));$$

Equation (5) takes the form:

for $l = 1$ (special case):

$$u_l'(t) = -\frac{1}{2}\sum_{k=1}^{\infty}(2k+l)u_k(t)u_{k+l}(t) + \frac{1}{\gamma}lp_l(t) +$$

$$+\frac{1}{2\gamma}\sum_{k=1}^{\infty}k\delta_{k+l}(t)p_k(t) + \frac{1}{2\gamma}\sum_{k=1}^{\infty}(k+l)\delta_k(t)p_{k+l}(t) - \mu_0 l^2 u_l(t) -$$

$$-\frac{\mu_0}{2}\sum_{k=1}^{\infty}k^2\delta_{k+l}(t)u_k(t) - \frac{\mu_0}{2}\sum_{k=1}^{\infty}(k+l)^2\delta_k(t)u_{k+l}(t);$$

for $l = 2$ (special case):

$$u_l'(t) = \frac{1}{2}\sum_{k=1}^{l-1} u_k(t)u_{2-k}(t) - \frac{1}{2}\sum_{k=1}^{\infty}(2k+l)u_k(t)u_{k+l}(t) + \frac{1}{\gamma}lp_l(t) -$$
$$-\frac{1}{2\gamma}\sum_{k=1}^{l-1}\delta_k(t)p_k(t) + \frac{1}{2\gamma}\sum_{k=1}^{\infty}k\delta_{k+l}(t)p_k(t) + \frac{1}{2\gamma}\sum_{k=1}^{\infty}(k+l)\delta_k(t)p_{k+l}(t) - \mu_0 l^2 u_l(t) +$$
$$+\frac{\mu_0}{2}\sum_{k=1}^{l-1}k^2\delta_k(t)u_k(t) - \frac{\mu_0}{2}\sum_{k=1}^{\infty}k^2\delta_{k+l}(t)u_k(t) - \frac{\mu_0}{2}\sum_{k=1}^{\infty}(k+l)^2\delta_k(t)u_{k+l}(t);$$

for $l = 3, 4, 5, \ldots$:

1. If $l = 2n + 1$, where $n = 1, 2, 3, \ldots$:

$$u_{2n+1}'(t) = \frac{1}{2}(2n+1)\sum_{k=1}^{n} u_k(t)u_{(2n+1)-k}(t) - \frac{1}{2}\sum_{k=1}^{\infty}(2k+(2n+1))u_k(t)u_{k+(2n+1)}(t) +$$
$$+\frac{1}{\gamma}(2n+1)p_{2n+1}(t) - \frac{1}{2\gamma}\sum_{k=1}^{2n}(k-(2n+1))\delta_k(t)p_{(2n+1)-k}(t) +$$
$$+\frac{1}{2\gamma}\sum_{k=1}^{\infty}k\delta_{k+(2n+1)}(t)p_k(t) + \frac{1}{2\gamma}\sum_{k=1}^{\infty}(k+(2n+1))\delta_k(t)p_{k+(2n+1)}(t) -$$
$$-\mu_0(2n+1)^2u_{2n+1}(t) + \frac{\mu_0}{2}\sum_{k=1}^{2n}k^2\delta_{(2n+1)-k}(t)u_k(t) - \frac{\mu_0}{2}\sum_{k=1}^{\infty}k^2\delta_{k+(2n+1)}(t)u_k(t) -$$
$$-\frac{\mu_0}{2}\sum_{k=1}^{\infty}(k+(2n+1))^2\delta_k(t)u_{k+(2n+1)}(t);$$

2. If $l = 2n + 2$, where $n = 1, 2, 3, \ldots$:

$$u_{2n+2}'(t) = \frac{1}{2}(n+1)u_{n+1}{}^2(t) + (n+1)\sum_{k=1}^{n} u_k(t)u_{(2n+2)-k}(t) -$$
$$-\frac{1}{2}\sum_{k=1}^{\infty}(2k+(2n+2))u_k(t)u_{k+(2n+2)}(t) + \frac{1}{\gamma}(2n+2)p_{2n+2}(t) -$$
$$-\frac{1}{2\gamma}\sum_{k=1}^{2n+1}(k-(2n+2))\delta_k(t)p_{(2n+2)-k}(t) +$$
$$+\frac{1}{2\gamma}\sum_{k=1}^{\infty}k\delta_{k+(2n+2)}(t)p_k(t) + \frac{1}{2\gamma}\sum_{k=1}^{\infty}(k+(2n+2))\delta_k(t)p_{k+(2n+2)}(t) -$$
$$-\mu_0(2n+2)^2u_{2n+2}(t) + \frac{\mu_0}{2}\sum_{k=1}^{2n+1}k^2\delta_{(2n+2)-k}(t)u_k(t) -$$
$$-\frac{\mu_0}{2}\sum_{k=1}^{\infty}k^2\delta_{k+(2n+2)}(t)u_k(t) - \frac{\mu_0}{2}\sum_{k=1}^{\infty}(k+(2n+2))^2\delta_k(t)u_{k+(2n+2)}(t);$$

Equation (6) takes the form:

for $l = 1$ (special case):

$$p_1'(t)=\frac{1}{2}\sum_{k=1}^{\infty}ku_{k+1}(t)p_k(t)+\frac{1}{2}\sum_{k=1}^{\infty}(k+1)u_k(t)p_{k+1}(t)-$$

$$-\frac{1}{2}\gamma\sum_{k=1}^{\infty}(k+1)u_{k+1}(t)p_k(t)-\frac{1}{2}\gamma\sum_{k=1}^{\infty}ku_k(t)p_{k+1}(t)-\gamma(1+p_0(t))1u_1(t)-$$

$$-\kappa_0 1^2((1+p_0(t))\delta_1(t)+p_1(t))-\frac{1}{2}\kappa_0\sum_{k=1}^{\infty}(k^2+(1+k)^2)\delta_{k+1}(t)p_k(t)-$$

$$-\frac{1}{2}\kappa_0\sum_{k=1}^{\infty}(k^2+(1+k)^2)\delta_k(t)p_{k+1}(t)+\kappa_0\sum_{k=1}^{\infty}(k(k+1))\delta_{k+1}(t)p_k(t)+$$

$$+\kappa_0\sum_{k=1}^{\infty}(k(k+1))\delta_k(t)p_{k+1}(t)+\mu_0\gamma(\gamma-1)\sum_{k=1}^{\infty}(k(k+1))u_k(t)u_{k+1}(t).$$

for $l = 2, 3, 4, \ldots$:

$$p_l'(t)=-\frac{1}{2}\sum_{k=1}^{l-1}(l-k)u_k(t)p_{l-k}(t)+\frac{1}{2}\sum_{k=1}^{\infty}ku_{k+l}(t)p_k(t)+$$

$$+\frac{1}{2}\sum_{k=1}^{\infty}(k+l)u_k(t)p_{k+l}(t)-\frac{1}{2}\gamma\sum_{k=1}^{l-1}ku_k(t)p_{l-k}(t)-\frac{1}{2}\gamma\sum_{k=1}^{\infty}(k+l)u_{k+l}(t)p_k(t)-$$

$$-\frac{1}{2}\gamma\sum_{k=1}^{\infty}ku_k(t)p_{k+l}(t)-\gamma(1+p_0(t))lu_l(t)-\kappa_0 l^2((1+p_0(t))\delta_l(t)+p_l(t))-$$

$$-\frac{1}{2}\kappa_0\sum_{k=1}^{l-1}(k^2+(l-k)^2)\delta_k(t)p_{l-k}(t)-\frac{1}{2}\kappa_0\sum_{k=1}^{\infty}(k^2+(l+k)^2)\delta_{k+l}(t)p_k(t)-$$

$$-\frac{1}{2}\kappa_0\sum_{k=1}^{\infty}(k^2+(l+k)^2)\delta_k(t)p_{k+l}(t)-\kappa_0\sum_{k=1}^{l-1}(k(l-k))\delta_k(t)p_{l-k}(t)+$$

$$+\kappa_0\sum_{k=1}^{\infty}(k(k+l))\delta_{k+l}(t)p_k(t)+\kappa_0\sum_{k=1}^{\infty}(k(k+l))\delta_k(t)p_{k+l}(t)+$$

$$+\frac{1}{2}\mu_0\gamma(\gamma-1)\sum_{k=1}^{l-1}(k(l-k))u_k(t)u_{l-k}(t)+\mu_0\gamma(\gamma-1)\sum_{k=1}^{\infty}(k(k+l))u_k(t)u_{k+l}(t).$$

In the new equations will be present only single amount. And then to calculate the sum of each need about K computations where K-is the number of terms that are left, that is, the number of equations in our system.

Consider the number of arithmetic operations, the calculation of the right-hand sides of systems of homogeneous differential equations with double sum and without double sums.

Number of arithmetic operations in the calculation of the right sides of homogeneous systems of differential equations.

left part:	Number of ops.:
$\delta'_\ell(t)$	$5K^3 + 3K$
$u'_\ell(t)$	$13K^3 + 19K$
$p'_\ell(t)$	$16K^3 + 19K$
$p'_0(t)$	$5K + 5$
итого	$34K^3 + 46K + 5$

Figure 1. With the double sums.

left part:	Number of ops.:
$\delta'_1(t)$	$7K - 5$
$\delta'_\ell(t)$	$6K^2 - 8K - 1$
$\delta'_K(t)$	$5K - 2$
$u'_1(t)$	$18K - 2$
$u'_\ell(t)$	$12.5K^2 - 37.5K + 44$
$u'_K(t)$	$10K + 2$
$p'_1(t)$	$17K + 15$
$p'_\ell(t)$	$15K^2 - 45K + 56$
$p'_K(t)$	$15K - 7$
$p'_0(t)$	$4K + 5$
итого	$33.5K^2 - 21.5K + 110$

Figure 2. Without double sums.

Approximately calculate the difference of arithmetic operations:

$$\frac{34K^3}{33.5K^2} \approx 1.01K$$

Thus, the number of arithmetic operations, the calculation of the right-hand sides of systems of homogeneous differential equations without double sums, approximately K times less than the number of arithmetic operations when calculating the right-hand sides of systems of homogeneous differential equations with double sums.

Further, there is a question about how to solve the resulting system without double sums parallelized.

A parallel program for a simple SODE. Parallelization of the numerical solution of systems of ordinary differential equations.

Solution of the system of a large number of equations must be programmed with the use of parallel algorithms for multiprocessor supercomputers.

Threading model: there is a control processor performing reception and transmission of data, and processors who calculates their every equation of the system.

Requires a system with N + 1 processors, where N - number of equations to be solved SODE.

A program for a multiprocessor computer that solves SODE by the Runge - Kutta methods.

Testing and debugging programs conducted on a supercomputer Novosibirsk Scientific Center.

To verify the correctness of the program was considered a system of ordinary differential equations and the Cauchy problem of a particular species, which has an exact solution.

Cutting from the parallel program (for brevity, the method is given polygonal Euler):

```
        // № rank processor receives data from the CPU 0,
        // waiting for the message and places it in the buffer
MPI_Recv (y, ELEMS (y), MPI_FLOAT, 0, tagFloatData,
MPI_COMM_WORLD, & status);
MPI_Get_count (& status, MPI_FLOAT, & count);

if (rank == 1) f [0] = (- y [2] + 0 * y [3] + 0 * y [4]);
if (rank == 2) f [0] = (y [1] + 0 * y [3] + 0 * y [4]);
if (rank == 3) f [0] = (- y [4] + 0 * y [1] + 0 * y [2]);
if (rank == 4) f [0] = (y [3] + 0 * y [1] + 0 * y [2]);
f [0] = y [rank] + h * f [0];

count = 1; // How many elements in the array shipping
MPI_Send (f, count, MPI_FLOAT, 0, tagFloatData, MPI_COMM_WORLD);
...
```

Conducted a test calculation, calculation results are in line with the known analytical solution with the required accuracy.

We thank our scientific director, Doctor of Physical and Mathematical Sciences, Professor Sergei Petrovich Bautin for his full support to our research activities.

References

Bautin S, Zamyslov V, Zorina O, Kozlov P, Skachkov P 2014 An one approximate description of flows of compressible viscous heat-condactive gas (Zababakhin Scientific Talks: The collection of materials of the XII International Conference 2-6 June 2014) chapter 6-3 pp 275-276

Yakupov Z.Ya.
Docent, Associate Professor of Special Mathematics Chair
Candidate of Physical and Mathematical Sciences
Kazan National Research Technical University named after A.N.Tupolev–KAI
(KNRTU-KAI)
Postal Address: 10, K.Marx Str., Kazan, Republic of Tatarstan 420111, RUSSIA
e-mail: zymat@bk.ru

ABOUT THE HADAMARD MATRICES

Abstract. In this article describes the partial results on the problem of Hadamard's matrices in the classical sense. It suggests some directions for further research.

Keywords: Hadamard matrix (H-matrix), applications of H-matrices, new problems of H-matrices, steam-gas discharge, electric discharge, liquid electrode, solid electrode.

Introduction. In today's world the transmission of information through electronic communication channels and its processing (in any form) is carried out using the information coding. In coding theory, in turn, the Hadamard matricies are applied. It is currently unknown whether there are Hadamard matrices of all orders that are multiples of four (Hadamard problem). Finding matrices of higher order allows for more quality transmit and process information.

The purpose of the research. The work is devoted to studying the problem of Hadamard by finding the relation between the orders of the H-matrices and the formulae are describing these orders, and also to upgrading of the known list of formulas for the expression of orders of these H-matrices [1 – 4].

Given the many works of Russian and foreign scientists and researchers on the subject, was modernized approach to addressing Hadamard problem. Also was updated the program that provides verification of correspondence between the orders of Hadamard's matrices and the formulas of their calculation, which were considered previously and wich were introduced anew. In the studies was used modern mathematical (including algebraic) apparatus.

To achieve this goal it was attempted to solve the following problems:

1. Expression of the orders of Hadamard's matrices by modernized formulae;
2. The construction of a sequences of orders, using a graphical method, and identifying of their features;
3. Writing a software to verify the researches (checking the number on simplicity, the most commonly used formulas).

The essence of the studies consists in that to find the relationship between the matrix orders and between the selection of formulas for the expression of this orders (genesis), as well as to expand the description of the application scope of Hadamard matrices, but this researches are not limited only by the coding in computer science (the application).

This questions were investigated fairly fully and deep enough, including the use of the resources of the Internet.

Material and methods. In the work was continued development of the graphical representation of the method of solving the problem of Hadamard, which helps predict what formulas for the order of the matrix can be used, as well as how to make the construction of Hadamard's matrices (methods).

Also there was modernized the program to render the correspondence of the orders of matrices for some of the already introduced and checked formulas. The program includes several routines and in each of the routines the calculations are performed in general case. This means that the results of the program are relevant to the order of the matrix of any size.

As a result of conducted work we can assume that the solving of matrix Hadamard problem is feasible not only by the methods of Williamson and others. The obtained results can be recommended for use at the procedures of error correction coding, transmission and processing of information, etc.

The work, in our view, represents a significant interest for mathematics (combinatorics, numerical analysis, matrix analysis, etc.), as well as suggests the possibility of using the results in many areas such as coding, processing and transmission of information, signal processing, error correction, theory of planning, bioinformatics and bio-coding (genetics), and others. In the work has been used quite a large amount of electronic resources, scientific literature and periodicals.

The scientific achievements of domestic and foreign experts are the theoretical and methodological bases of researches in the field of Hadamard's matrices. In the move of studies there were used known ways of proof of compliance of matrices to the criterions of Hadamard's matrices, and also methods of Williamson, of Elijah, of Goldberg, of Bomer-Hall, and others.

Results and discussion. Thus, the matrix approach (Hadamard) has proven very fruitful, and it has led to the following scientific results:

1. The first result in this direction is the development of the theory of the Q-matrices (Verner Hoggatt), which has the fundamental connection with the Fibonacci numbers. The expression for the determinant of the n-th degree for Q-matrix in a compact form sets "Cassini formula", which considered almost the main mathematical identity for the binding of the adjacent Fibonacci numbers.

2. The further development of the Q-matrices theory is the theory of Qp-matrices (A.P. Stakhov), that are associated with the Fibonacci p-numbers, which were opened in the second half of the 20th century during the researching of the "diagonal sums" of the Pascal's Triangle [5].

3. Others mathematical achievements in this direction are the "gold" matrices (A.P. Stakhov), which are based on the Q-matrices and on the hyperbolic Fibonacci functions.

4. The theories of the Qp-matrices and of the "golden" matrices led to the creation of a new coding theory and a new method of cryptography (A.P. Stakhov).

5. Finding of a natural realization of Hadamard's geno-matrices (and related with them orthogonal systems of functions) on the basis of natural parameters of a discrete-molecular genetic system attests in favor of the next one.

All of the benefits of the using of Hadamard matrices (in the mathematical theory of discrete signals and control theory) can be used in bioinformatics and self-organization of living matter (including the all benefits that will yet be open in the future, since the theories of discrete signals and of Hadamard matrices continues to develop rapidly).

Analysis of genetic structures, which was proposed and was developed from the standpoint of the theory of discrete signals, is associated with the consideration of the genetic sequents as the latticed functions. For these genetic sequents there is substantial class of discrete logic operations. It includes the logical addition, logical subtraction, logical multiplication, logical shift, logical convolution and, finally, logical differentiation. All of these logical operations in one way or another way are applicable to the analysis of the problems of storage and transmission of genetic information in living matter.

6. The "gold" geno-matrices are developed S.V. Petukhov [6], and they are the main scientific achievements in this direction. Petukhov's studies are showing fundamental role played by the "Golden section" in the genetic coding. Petukhov's researches are testifying that the golden ratio is the basis of wildlife. It is difficult yet to assess fully the revolutionary character of Petukhov's results for the development of modern science. What is clear is that, apparently, the theory of genetic coding is the result of the same significance as the discovery of the genetic code.

It is planned to use the Hadamard matrices [1; 4] in the description of technological processes using electrical discharges of DC between liquid and solid electrodes [7], in particular:

- generalization of experimental data in studies of the characteristics of electrical discharges (of steam-gas discharges) with liquid electrodes;
- the study of the influence of discharges parameters on a results of technology.

This is due to the fact that the electrical discharges of the said kind in various gases (in using the electrolytes of different composition and different types of the solid electrodes) are not similar, but in identical conditions they can be only approximately similar to [8 – 9].

Bibliography

1. Якупов З.Я. О генезисе Адамаровых матриц//Аналитическая механика, устойчивость и управление: Труды X Международной Четаевской конференции. – Т.1. – Секция 1. Аналитическая механика. Казань, 12-16 июня 2012 г. – Казань: Изд-во Казан. гос. техн. ун-та, 2012. – С. 539-543.
2. Дискретная математика и общие вопросы кибернетики// в 2 т. – Т.1/ Ю.Л. Васильев [и др.]; под ред. С.В. Яблонского, О.Б. Лупанова. – М.: Наука, 1974. – 312 с.
3. Hedayat A., Wallis W.D. Hadamard Matrices and their applications. University of Illinois at Chicago Circle and University of Newcastle// The Annals of Statistics. – V. 6. – № 6. – 1978. – PP. 1184-1238.
4. Якупов З.Я., Хазиев Р.М. Адамаровы матрицы: их генезис и применение// Fundamental and applied sciences today: Proceedings of the Conference. North Charleston, 25-26.07.2013, Vol. 2. – North Charleston, SC, USA. – Moscow: spc Academic, 2013. – 277 p. – PP. 214-215.
5. Stakhov, A.P. Hyperbolic Fibonacci and Lucas Functions: a New Mathematics for Living Nature. — Vinnitsa: ITI, 2003.
6. Петухов С.В. Метафизические аспекты матричного анализа генетического кодирования и золотое сечение//Метафизика. — М.: Бином, 2006. — С. 216-250.
7. Галимова Р. К., Якупов З. Я. Исследование технологического процесса обработки поверхностей изделий парогазовым разрядом между твердым металлическим и жидким неметаллическим электродами// Fundamental and applied sciences today: Proceedings of the Conference. North Charleston, 25-26.07.2013, Vol. 2. – North Charleston, SC, USA. – Moscow: spc Academic, 2013. – 277 p. – PP. 147-149.
8. Даутов Г. Ю. Об одном критерии подобия электрических разрядов в газах// Прикладная механика и техническая физика. – 1968. – №1. – С. 137-139.
9. Галимова Р. К., Хакимов Р. Г., Гайсин Ф. М. Обобщенные характеристики электрического разряда с жидким неметаллическим анодом // Материалы научно-технической конференции по итогам работы за 1992-93 г.г. НИЧ – 50 лет. – Казань: Изд-во КГТУ им. А. Н. Туполева. 1994. – С. 138.

Сыромятников П.В.*, Кириллова Е.В.**
*Южный научный центр РАН, Россия, Краснодар, зав. лаб., к.ф.-м.н.
**Университет прикладных наук, Висбаден, Германия, профессор, к.ф.-м.н.

ВОЛНОВЫЕ ПОЛЯ, ГЕНЕРИРУЕМЫЕ СВЕРХЗВУКОВЫМ ОСЦИЛЛИРУЮЩИМ ШТАМПОМ, ДВИЖУЩИМСЯ ПО ПОВЕРХНОСТИ УПРУГОГО СЛОЯ

В работе рассматривается пространственная задача о движении с постоянной скоростью по поверхности упругого слоя подвижного источника нормальных напряжений, совершающего гармонические колебания. В системе координат, связанной с подвижным источником, исходная нестационарная краевая задача сводится к гармонической краевой задаче с помощью метода интегральных преобразований Фурье. Возмущения упругой поверхности, вызванные движением источника, получены численным интегрированием двумерных контурных интегралов Фурье. Данный метод дает возможность рассчитывать квазистационарные волновые процессы, связанные с движением источника, во многом подобно расчетам стационарных гармонических процессов для неподвижных источников. Приведены примеры расчета поверхностных возмущений упругого изотропного слоя, вызываемых подвижным источником в диапазоне скоростей от $0.9v_r$ величины релеевской скорости v_r до $1.16v_p$ скорости продольной волны v_p, как при отсутствии осцилляций, так и при колебаниях штампа в широком диапазоне частот. Метод может быть без дополнительных модификаций применен к многослойным изотропным и анизотропным материалам в качестве упругой подложки.

Введение

Исследованию волновых полей, вызванных источниками (штампами), движущимися по поверхности твердого тела, посвящено большое количество исследований [1;2;3;4;7].

Как правило, к задачам подобного рода применимы те же методы, что и для динамических и статических задач теории упругости [1;2;3;4], но они имеют и свою определенную специфику, порождающую необходимость в модификациях имеющихся методов.

Данная работа посвящена нахождению возмущений на поверхности изотропного слоя, вызванных равномерно распределенной в прямоугольной области вертикальной поверхностной нагрузкой, перемещающейся с постоянной скоростью в фиксированном направлении и совершающей гармонические колебания.

Задача решается с помощью техники интегральных преобразований Фурье [2;3;5] и численного интегрирования. Метод интегрирования, благодаря своей простоте, можно считать инженерным, хотя он с успехом может использоваться для исследовательских целей. Специфика задачи заключается в появлении т.н. наведенной анизотропии и, как следствие, нетипичном расположении вещественных полюсов символа матрицы Грина.

Исследуется изменение вида поверхностных возмущений в дозвуковом диапазоне скоростей $v < v_r$, трансрелеевском диапазоне $v_r \le v < v_s$, трансзвуковом диапазоне $v_s \le v < v_p$ и в сверхзвуковом диапазоне $v_p \le v \le 1.16 v_p$ (v_r, v_s, v_p - скорости релеевской, поперечной и продольной волны в изотропном полупространстве соответственно).

Для практических расчетов подвижного источника данный метод был впервые применен в работе [7].

Постановка задачи

Рассматривается изотропный упругий слой в декартовой системе координат $\{x_1, x_2, x_3\} = \{x, y, z\}$, который занимает объем $-\infty < x, y < \infty$, $-h \le z \le 0$, где h - толщина слоя. Слой лежит на жестком основании $z = -h$.

Вектор перемещений в упругой среде $\mathbf{u} = \{u_1, u_2, u_3\}^T$ описываются уравнениями Ламе для случая отсутствия объемных сил:

$$(\lambda + \mu)\frac{\partial div(\mathbf{u})}{\partial x_j} + \mu \Delta u_j + \rho \frac{\partial u_j^2}{\partial t^2} = 0, \quad j = 1, 2, 3, \tag{1}$$

Здесь Δ - оператор Лапласа, λ, μ - параметры Ламе, ρ - плотность, t - время. Гармоническая нагрузка $q\exp(-i\omega t)$, заданная на поверхности слоя $x_3 = z = 0$ в прямоугольной области Ω со сторонами L_x, L_y, движется без вращения вдоль прямой Ox_1 с постоянной скоростью v (в дальнейшем общий экспоненциальный множитель $\exp(-i\omega t)$ опускается). В подвижной системе координат $\{\tilde{x}, y, z\}$, где

$$\tilde{x} = x - vt, \tag{2}$$

область Ω описывается неравенствами:

$$-\frac{L_x}{2} \le \tilde{x} \le \frac{L_x}{2}, \quad -\frac{L_y}{2} \le y \le \frac{L_y}{2} \tag{3}$$

На поверхности слоя $z = 0$ заданы следующие граничные условия:

$$\sigma_{i3}(\tilde{x}, y, z)\big|_{z=0} = q_i, \quad i = 1, 2, 3, \ (\tilde{x}, y) \in \Omega, \tag{4}$$

$$\sigma_{j3}\left(\tilde{x}, y, z\right)\big|_{z=0} = 0, \ (\tilde{x}, y) \notin \Omega$$

На нижнем основании при $z = -h$ граничные условия следующие:

Задача решается с помощью техники интегральных преобразований Фурье [2;3;5] и численного интегрирования. Метод интегрирования, благодаря своей простоте, можно считать инженерным, хотя он с успехом может использоваться для исследовательских целей. Специфика задачи заключается в появлении т.н. наведенной анизотропии и, как следствие, нетипичном расположении вещественных полюсов символа матрицы Грина.

Исследуется изменение вида поверхностных возмущений в дозвуковом диапазоне скоростей $v < v_r$, трансрелеевском диапазоне $v_r \le v < v_s$, трансзвуковом диапазоне $v_s \le v < v_p$ и в сверхзвуковом диапазоне $v_p \le v \le 1.16 v_p$ (v_r, v_s, v_p - скорости релеевской, поперечной и продольной волны в изотропном полупространстве соответственно).

Для практических расчетов подвижного источника данный метод был впервые применен в работе [7].

Постановка задачи

Рассматривается изотропный упругий слой в декартовой системе координат $\{x_1, x_2, x_3\} = \{x, y, z\}$, который занимает объем $-\infty < x, y < \infty$, $-h \le z \le 0$, где h - толщина слоя. Слой лежит на жестком основании $z = -h$.

Вектор перемещений в упругой среде $\mathbf{u} = \{u_1, u_2, u_3\}^T$ описываются уравнениями Ламе для случая отсутствия объемных сил:

$$(\lambda+\mu)\frac{\partial div(\mathbf{u})}{\partial x_j} + \mu \Delta u_j + \rho \frac{\partial u_j^2}{\partial t^2} = 0, \quad j = 1,2,3, \qquad (1)$$

Здесь Δ - оператор Лапласа, λ, μ - параметры Ламе, ρ - плотность, t - время. Гармоническая нагрузка $q \exp(-i\omega t)$, заданная на поверхности слоя $x_3 = z = 0$ в прямоугольной области Ω со сторонами L_x, L_y, движется без вращения вдоль прямой Ox_1 с постоянной скоростью v (в дальнейшем общий экспоненциальный множитель $\exp(-i\omega t)$ опускается). В подвижной системе координат $\{\tilde{x}, y, z\}$, где

$$\tilde{x} = x - vt, \qquad (2)$$

область Ω описывается неравенствами:

$$-\frac{L_x}{2} \le \tilde{x} \le \frac{L_x}{2}, \quad -\frac{L_y}{2} \le y \le \frac{L_y}{2} \qquad (3)$$

На поверхности слоя $z = 0$ заданы следующие граничные условия:

$$\sigma_{i3}(\tilde{x}, y, z)\big|_{z=0} = q_i, \quad i = 1,2,3, \ (\tilde{x}, y) \in \Omega, \qquad (4)$$

$$\sigma_{j3}(\tilde{x}, y, z)\big|_{z=0} = 0, \ (\tilde{x}, y) \notin \Omega$$

На нижнем основании при $z = -h$ граничные условия следующие:
интеграл (6) можно записать в следующем виде:

(9)

Использование интегрального представления (6) в виде (9) в вычислительном отношении более удобно.

Далее в расчетах исследуются вертикальные смещения u_3, вызванные вертикальной нагрузкой $Q = Q_3$, и имеющие представление, аналогичное (9):

$$u_3(r,\beta,z) = \frac{1}{4\pi^2}\int_0^{2\pi}\int_\Gamma \tilde{K}_{33}(\alpha,\tau,z,\omega,v)Q_3(\alpha,\tau)\alpha\exp(-ir\alpha\cos(\tau-\beta))d\tau d\alpha \qquad (10)$$

Символ матрицы Грина K для полуограниченной упругой среды (слой, многослойный пакет, однородное или многослойное полупространство), в случае неподвижного источника имеет вид [2;3]:

$$K\,(\alpha_1,\alpha_2,z) = \begin{pmatrix} -i(\alpha_1{}^2M+\alpha_2{}^2N)/\alpha^2 & -i\alpha_1\alpha_2(M-N)/\alpha^2 & -i\alpha_1P \\ -i\alpha_1\alpha_2(M-N)/\alpha^2 & -i(\alpha_2{}^2M+\alpha_1{}^2N)/\alpha^2 & -i\alpha_2P \\ \alpha_1S/\alpha^2 & \alpha_2S/\alpha^2 & R \end{pmatrix}. \qquad (11)$$

Конкретный вид функций M,N,P,S,R зависит от параметров среды и вида граничных условий. Функция $K_{33} = R$ для слоя на жестком основании:

$$R(\alpha,z) = (\sigma_1(\alpha^2(\sigma_1\sigma_2 sh\sigma_1 z + \gamma^2 sh\sigma_2 z + \gamma^2 sh\sigma_2 ch\sigma_1(h+z) - \alpha^2 ch\sigma_1 h\cdot sh\sigma_2(h+z)) +$$
$$+\sigma_1\sigma_2(\alpha^2 sh\sigma_1 h\cdot ch\sigma_2(h+z)) - \gamma^2 ch\sigma_2 h\cdot sh\sigma_1(h+z))/\Delta \qquad (12)$$

$$\Delta(\alpha) = 2\mu(2\alpha^2\sigma_1\ \sigma_2\gamma^2 + \alpha^2(\gamma^4+\sigma_1^2\ \sigma_2^2)sh\sigma_1 h\ sh\sigma_2 h - \sigma_1\ \sigma_2(\alpha^4+\gamma^4)\,ch\sigma_1 h\ ch\sigma_2 h),$$

$$\sigma_1 = \sqrt{\alpha^2-\kappa_1^2},\ \ \sigma_2 = \sqrt{\alpha^2-\kappa_2^2},\ \kappa_1^2 = \frac{\rho\omega^2}{(\lambda+2\mu)},\ \ \kappa_2^2 = \frac{\rho\omega^2}{\mu},\ \gamma^2 = \alpha^2-\kappa_2^2/2\,.$$

Отличие символа матрицы Грина $\tilde{K}$ для подвижного источника от символа матрицы Грина K для случая неподвижного источника (11) ограничивается только содержащими квадрат частоты членами κ_1^2,κ_2^2 (12), которые приобретают следующий вид:

$$\kappa_1^2 = \frac{\rho(\omega-\alpha_1 v)^2}{(\lambda+2\mu)}\ ,\ \kappa_2^2 = \frac{\rho(\omega-\alpha_1 v)^2}{\mu} \qquad (13)$$

Дисперсионные поверхности, в зависимости от величины скорости v, могут претерпевать значительные изменения, влияющие на вид контуров Γ_j, Γ.

При ненулевой скорости $v \neq 0$ изотропная среда приобретает специфическую анизотропию, обусловленную направлением движения на поверхности слоя и величиной v. В зависимости от величины скорости может меняться тип уравнений [3;4].

Принцип предельного поглощения [2;3;4] может быть использован различным образом. Введение комплексной частоты ω_ε с малой положительной мнимой компонентой

$$\omega_\varepsilon^2 = \omega^2 + i\varepsilon\omega,\ \varepsilon > 0,\ \varepsilon \to 0 \qquad (14)$$

приводит к смещению всех вещественных полюсов матриц $\tilde{K}$ и K (11) с вещественных осей в комплексные плоскости $\{\alpha_1\},\{\alpha_2\},\{\alpha\}$. Направление смещения вещественных полюсов определяет вид контуров Γ_j,Γ, обеспечивающих единственность и физическую приемлемость решения, при этом контуры для матриц $\tilde{K}$ и K в общем случае различаются. С другой стороны, при $\varepsilon \neq 0$, в качестве контуров Γ_j, Γ можно брать ограниченную часть вещественной оси: $\Gamma_j = [-R, R], \Gamma = [0, R]$ (где R - достаточно большое положительное число), что существенно упрощает вычисление интегралов вида (6)-(10).

Заметим, однако, что математически корректное решение может быть получено только для контуров, деформированных в комплексные плоскости, поскольку при выполнении данного условия возможно получить равномерный при $\varepsilon \to 0$ предел, дающий решение исходной задачи (1)-(5).

Численные результаты

В численных расчетах были приняты следующие значения параметров слоя

$$\lambda = 2.38833 \times 10^{10} \text{ Н/м}^2,\ \mu = 2.448 \times 10^{10} \text{ Н/м}^2,\ \rho = 1.7 \cdot 10^3 \text{ Кг/м}^3,\ \text{h} = 100 \text{ м}. \tag{15}$$

близкого по механическим свойствам к песчанику.

Значениям параметров (15) соответствуют следующие скорости поперечной объемной волны v_s, продольной объемной волны v_p и релеевской волны v_r в полупространстве:

$$v_s = \sqrt{\frac{\mu}{\rho}} = 120\ м/с,\quad v_p = \sqrt{\frac{\lambda + 2\mu}{\rho}} = 207\ м/с,\quad v_r \approx 110.2673228014\ м/с. \tag{16}$$

Далее везде параметры для расчетов и результаты расчетов приводятся в безразмерном виде. Приведем соответствующие величинам (16) безразмерные скорости:

$$v_s = 1.2,\quad v_p = 2.07,\quad v_r \approx 1.102673228014. \tag{17}$$

В качестве вертикального поверхностного подвижного источника рассматривался источник:

$$q_3 = q(\tilde{x}, y) = -1,\quad -\frac{L_x}{2} \le (\tilde{x}) \le \frac{L_x}{2},\quad -\frac{L_y}{2} \le y \le \frac{L_y}{2},\quad L_x = L_y = 0.1. \tag{18}$$

Фурье-образ подвижного источника (18) $Q(a_1, \alpha_2) = F_{x,y}[q]$ имеет вид:

$$Q(a_1, \alpha_2) = -4\frac{\sin(\alpha_1 L_x / 2)}{\alpha_1}\frac{\sin(\alpha_2 L_y / 2)}{\alpha_2} \tag{19}$$

Рассмотрим численные результаты для случая отсутствия осцилляций, когда $\omega = 0$.

Приведенные далее на рис. (1)-(4) графики вертикальных смещений u_3 рассчитаны по формулам (10).

Интегралы (10) рассчитывались численно при введении комплексной частоты ω_ε (14) с параметром $\varepsilon / \omega = 10^{-2}$ по ограниченному вещественному контуру $\Gamma = \Gamma_R : [0, R]$. Для численного интегрирования использовались программы вычисления интегралов от осциллирующих функций пакета

NAG [6]. Заметим, что уменьшение ε/ω увеличивает точность расчетов, но при этом значительно возрастают вычислительные затраты.

В диапазоне скоростей $0 \le v < 0.9v_r$ вид смещений $u_3(\tilde{x}, y, v)$ незначительно отличается от случая статической нагрузки при нулевой скорости, рис. 1 (a,b). При приближении скорости к скорости волны Релея v_r начинает формироваться конус Маха, максимум амплитуды $\max|u_3|$ находится в окрестности середины источника $\tilde{x}_{\max} \approx 0$. При $v = v_r$ вид $u_3(\tilde{x}, y, v)$ значительно изменяется, рис. 1 (c,d,e), максимум амплитуды $\max_{\tilde{x}}|u_3(\tilde{x}, v_r)|$ перемещается к задней границе источника $\tilde{x}_{\max} \approx -0.1$. При $\varepsilon \ne 0$ (14) амплитуда всегда остается конечной, однако при $v \to v_r$, $\varepsilon \to 0$ амплитуда возникающей ударной волны неограниченно растет в точках начала и конца источника вдоль прямых $\tilde{x} = \pm \frac{L_x}{2}$, $-\infty \le y \le \infty$, фронт ударных волн представляет собой в пределе при $v = v_r$, $\varepsilon = 0$ две полуплоскости, перпендикулярные вектору направления движения $\mathbf{v} = \{v, 0, 0\}^T$: передняя полуплоскость направлена вверх, задняя – вниз. В действительности амплитуда ударных волн $|u_3(\tilde{x}, y, v_r)|$ всегда будет ограниченной из-за неидеальной упругости среды, т.е. из-за ненулевого значения ε.

При дальнейшем увеличении скорости формируется почти синусоидальный статический рельеф (шлейф) внутри конуса Маха, угол конуса уменьшается, рис. 2.

При скорости $v \approx v_p$ рельеф поверхности приобретает внутри конуса более сложный несинусоидальный характер, рис. 3.

При дальнейшем увеличении скорости рельеф внутри конуса существенных изменений не претерпевает. На рис. 3 (c,d), соответствующем сверхзвуковой скорости $v = 2.4 = 1.159v_p = 2.17v_r$, видно, что при удалении от вершины конуса, шлейф внутри конуса приобретает характер синусоиды.

Приведем некоторые численные результаты для режима движения при наличии осцилляций, $\omega \ne 0$, рис. 4. Этот режим существенно отличается от рассмотренного выше режима $\omega = 0$, поскольку частота, наравне со скоростью, влияет на все характеристики движения.

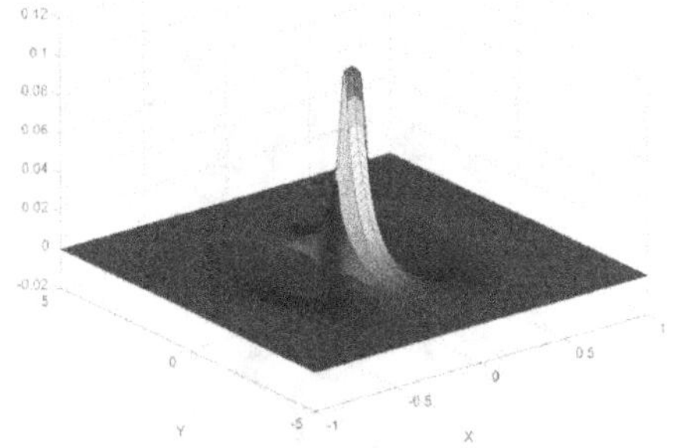

a)

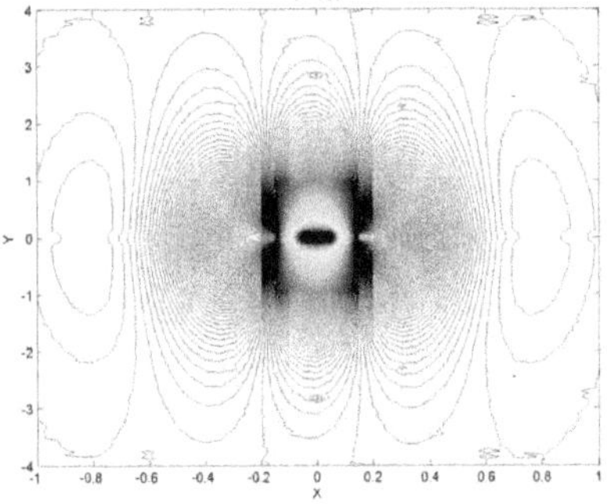

b)

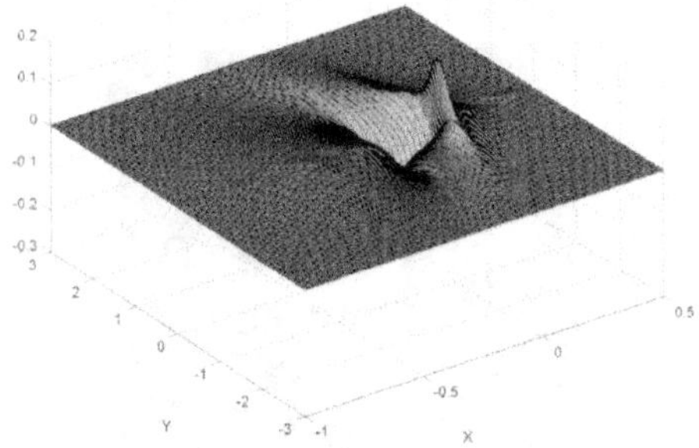

c)

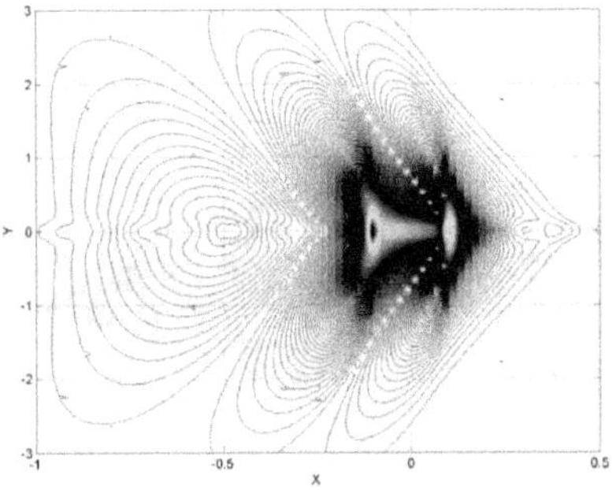

d)

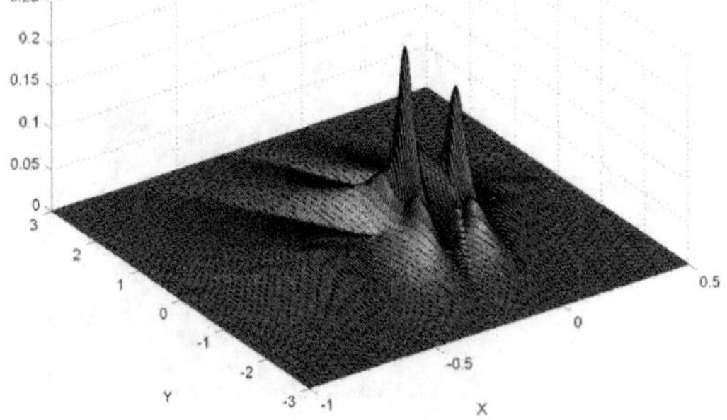

e)

Рис. 1. Вертикальные смещения $u_3(\tilde{x}, y, v)\cdot(-1)$ для скорости $v = 0.99v_r$ (a,b); смещения $u_3(\tilde{x}, y, v)$ для скорости $v = v_r$ (c,d); модуль смещений $|u_3(\tilde{x}, y, v_r)|$ (e), параметр $\varepsilon = 10^{-2}$.

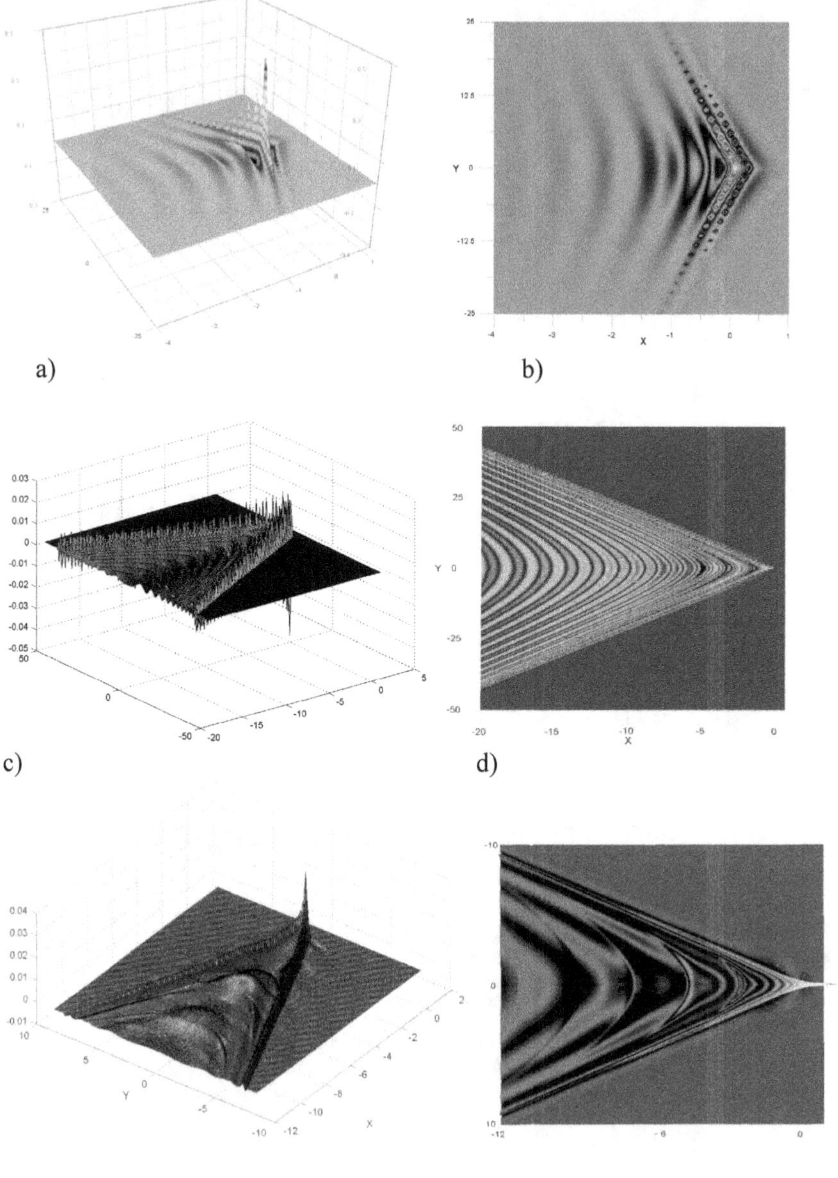

Рис. 2. Вертикальные смещения $u_3(\tilde{x}, y, v)$ для скорости $v = 1.001 v_r$ (a,b); для скорости $v = 1.099 v_r = 1.01 v_s$ (c,d); $u_3(\tilde{x}, y, v)$ для скорости $v = 1.8 = 1.5 v_s = 1.63 v_r$ (e,f).

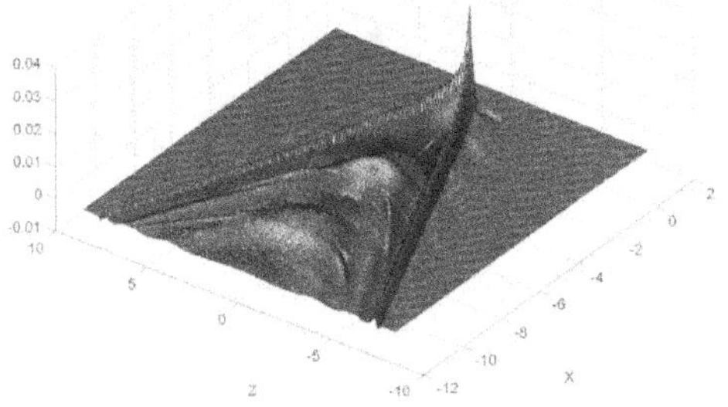

a)

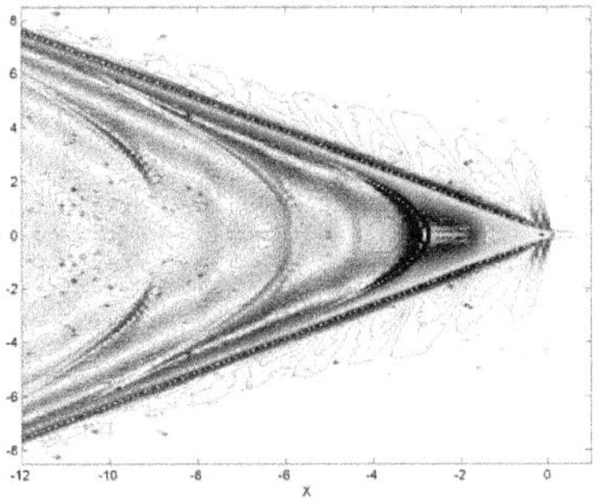

b)

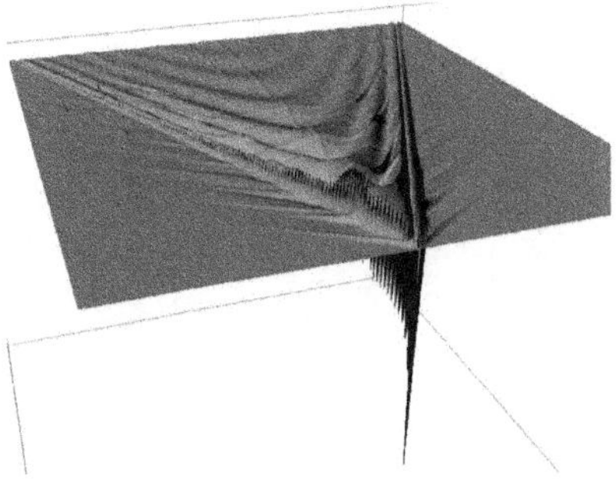

c)

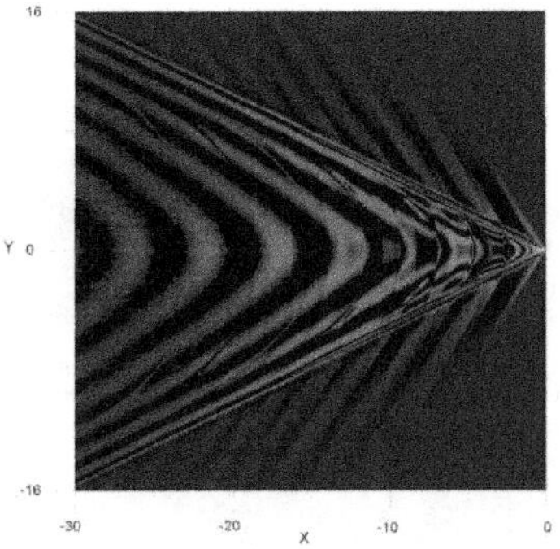

d)

Рис. 3. Вертикальные смещения $u_3(\tilde{x},y,v)\cdot(-1)$ при скорости $v=2.088=1.0086v_p = =1.89v_r$ (a,b); смещения $u_3(\tilde{x},y,v)$ при скорости $v=2.4=1.159v_p=2.17v_r$ (c,d).

В этом режиме конус Маха и ударные волны также формируются при приближении скорости v к скорости релеевской волны v_r, хотя характер их образования отличается от первого случая.

В отличие от случая отсутствия осцилляций, при наличии осцилляций внутри конуса Маха могут распространяться волны в различных направлениях. Например, на рис. 4 направление движения волн внутри конуса противоположно направлению движению источника. При этом волновые колебания на границах конуса в области ударных волн могут иметь значительную амплитуду. Вне конуса Маха также происходят волновые движения, однако их амплитуда значительно меньше, а скорость пространственного затухания выше, чем внутри конуса.

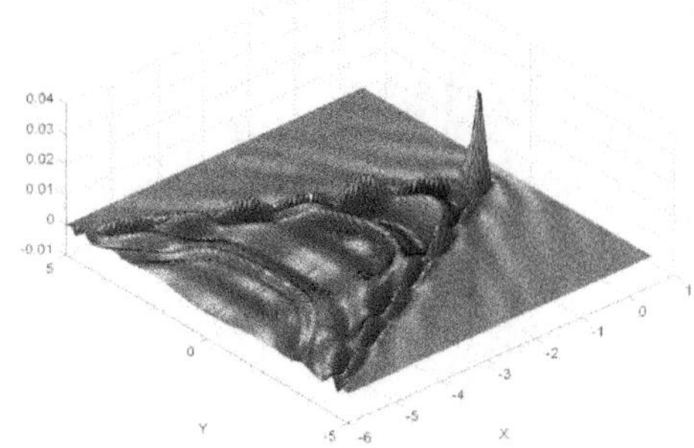

a)

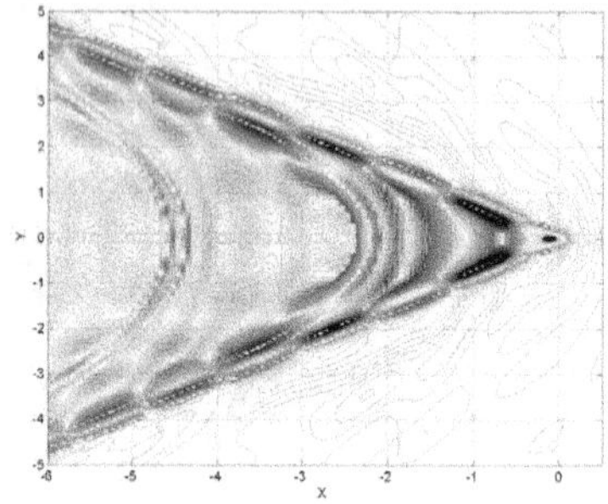

b)

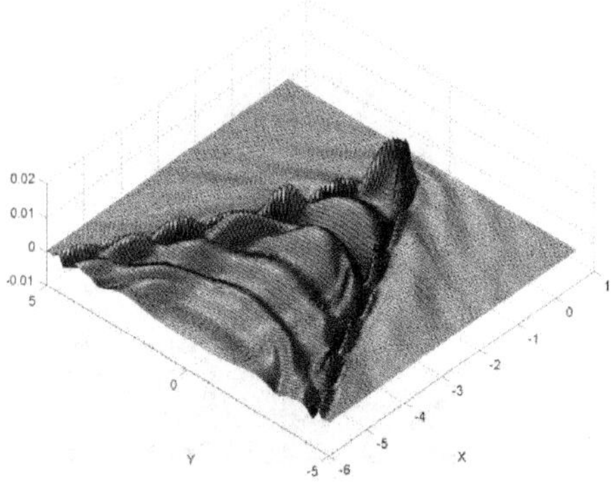

c)

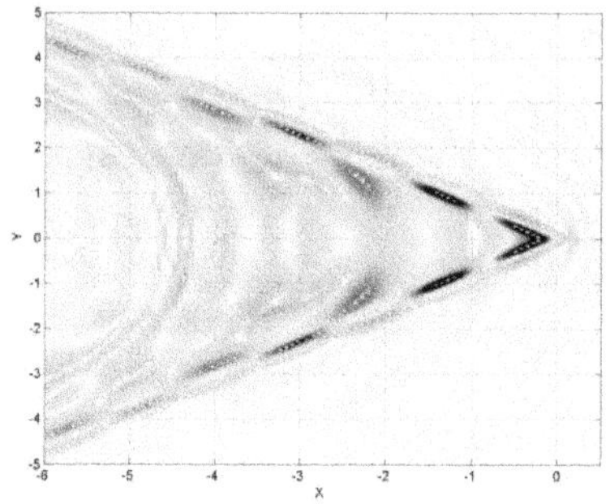

d)

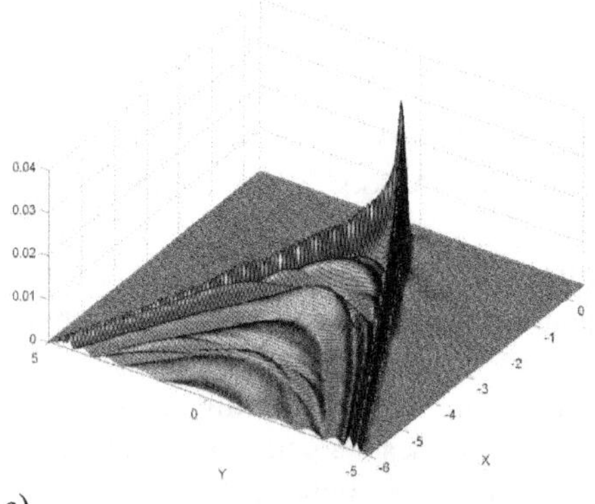

e)

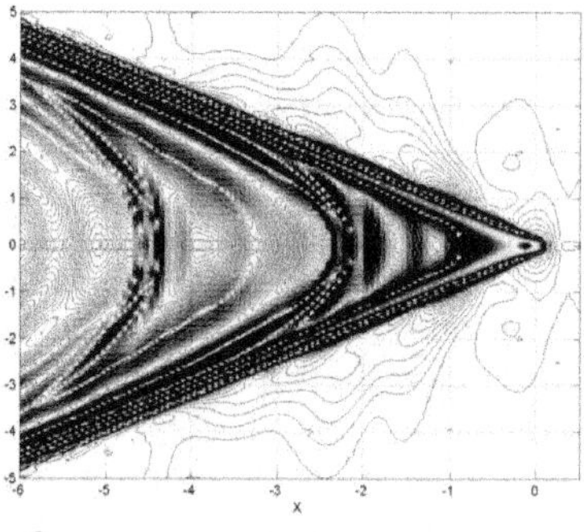

f)

Рис. 4. Действительная часть смещений $\mathrm{Re}\,u_3(\tilde{x},y,v,\omega)\cdot(-1)$ (a,b); мнимая часть смещений $\mathrm{Im}\,u_3(\tilde{x},y,v,\omega)\cdot(-1)$ (c,d); модуль смещений $|u_3(\tilde{x},y,v,\omega)|$ (e,f); скорость $v=1.8=1.5v_s=1.63v_r$, частота $\omega=4$.

Разработанные алгоритмы могут применяться без дополнительных модификаций для случая многослойных изотропных [2;3] и анизотропных сред [5] типа пакета слоев или многослойного полупространства.

Работа выполнена при частичной поддержке гранта РФФИ и администрации Краснодарского края 13-01-96511-р-юг-а, программ Президиума Южного научного центра Российской академии наук.

Литература

1. Pflanz G., Garcia J., Schmid G. Vibrations due to loads moving with sub-critical and super-critical velocities on rigid track // Moving Load - Wave Propagation –Vibration Reduction: Proc. Intern. Workshop WAVE2000. Rotterdam: Balkema, 2000. pp. 131-148.
2. Бабешко В.А., Зинченко Ж.Ф., Глушков Е.В. Динамика неоднородных линейно-упругих сред. – М.: Наука, 1989. – 344 с.
3. Калинчук В.В., Белянкова Т.И. Динамика поверхности неоднородных сред. - М.: Физматлит, 2009. – 240 с.
4. Белоконь А.В., Наседкин А.В. Взаимодействие движущихся штампов с упругими и вязкоупругими телами // Механика контактных взаимодействий. – М.: Физматлит, 2001. – 672 с.
5. A. Karmazin, E. Kirillova, W. Seemann, P. Syromyatnikov. A study of time harmonic guided Lamb waves and their caustics in composite plates // Ultrasonics, Vol. 53, Issue 1, January 2013, pp. 283–293.
6. D01AKF Subroutine. NAG Fortran Library. http://www.nag.co.uk/numeric/FL/FLdescription.asp.
7. Kirillova E., Syromyatnikov P., Didenko A. Wave Fields Generated by an Oscillating Mechanical Source Moving on the Surface of an Elastic Semibounded Medium // IC-SCCE – 6th International Conference from Scientific Computing to Computational Engineering – Proceedings, Athens, Greece, 9 -12 July, 2014, V. 2, pp. 536–544.

Васильченко А.А.,* Никитин Ю.Г., Лапина О.Н.***, Сыромятников П.В.*******
*Кубанский технологический университет, Краснодар, доцент, к.ф.-м.н.
** Кубанский государственный университет, Краснодар, доцент, к.ф.-м.н.
*** Кубанский государственный университет, Краснодар, доцент, к.ф.-м.н.
**** Южный научный центр РАН, Краснодар, зав. лаб, к.ф.-м.н.

МЕТОДЫ ОПТИМИЗАЦИИ РАСЧЕТОВ АНИЗОТРОПНЫХ ТЕРМОУПРУГИХ, ЭЛЕКТРОУПРУГИХ И ПИРОЭЛЕКТРИЧЕСКИХ КОМПОЗИТНЫХ МАТЕРИАЛОВ

В рамках линейной теории термоэлектроупругости рассматриваются связанные пространственные термоупругие, электроупругие и термоэлектроупругие гармонические колебания многослойных композитов, представляющих собой пакеты анизотропных слоев с плоско-параллельными границами раздела. Термоэлектроупругая анизотропия слоев, их пространственная ориентация, толщина, последовательность слоев в пакете может быть произвольной, число слоев - конечное. В ограниченной области на поверхности пакета слоев задаются механические, тепловые и электрические нагрузки, вне области задания нагрузок поверхность механически свободна и термоизолирована, электрическое поле вне пакета слоев не учитывается. Проведена серия расчетов модельных связанных задач термоэлектроупругости.

1.Постановка задачи.

Рассматривается гибридный композит, представляющий собой пакет термоэлектроупругих слоев $\{-\infty \le x_1, x_2 \le \infty, \quad z_{n+1} \le z \le z_n, \quad z_1 = 0, \quad z = x_3, \quad n = 1, \ldots, N\}$, каждый со своими материальными константами $C_{ijnk}^{(n)}, e_{ijk}^{(n)}, \varepsilon_{ij}^{(n)}, \chi_{jk}^{(n)}, v_{jk}^{(n)}, p_j^{(n)}, \rho^{(n)}$.

Гармонические колебания возбуждаются механическими, тепловыми, электрическими нагрузками $\mathbf{q} = \{q_1, q_2, q_3, q_4, q_5\}^T = \{q_1, q_2, q_3, D_3, g_3\}^T$, заданными в ограниченной области Ω на поверхности $z = 0$. Первые три компонента вектора $\mathbf{q} = \{q_1, q_2, q_3\}^T$ соответствуют механическим нагрузкам, $q_4 = D_3$ - электрической нагрузке, $q_5 = g_3$ - тепловой нагрузке. Состояние среды описываются уравнениями (общий множитель $\exp(-i\omega t)$ всюду опущен):

$$\frac{\partial \sigma_{nj}}{\partial x_j} + \rho\omega^2 u_n = 0, \quad \frac{\partial D_j}{\partial x_j} = 0, \quad \frac{\partial g_j}{\partial x_j} - i\omega T_0 \left(\chi_{nm} \frac{\partial u_n}{\partial x_m} - p_n \frac{\partial \varphi}{\partial x_n} + \mu\theta \right) = 0 \qquad (1)$$

$$\sigma_{ji} = C_{ji}^{kn} \frac{\partial u_n}{\partial x_k} - e_{kji} E_k - \chi_{ji}\theta, \quad D_j = e_{jkn} \frac{\partial u_n}{\partial x_k} + \varepsilon_{jk} E_k + p_j \theta,$$

$$E_i = -\frac{\partial \varphi}{\partial x_i}, \quad g_i = -v_{ij}\frac{\partial \theta}{\partial x_j}, \quad (i, j, k, n=1,2,3),$$

Здесь C_{ik}^{nm} – тензор упругих постоянных, e_{jkn} – тензор пьезоэлектрических постоянных, χ_{jk} – тензор температурных коэффициентов механических напряжений, ε_{jk} – тензор диэлектрических проницаемостей, σ_{ij} – тензор напряжений, D_j – вектор электрической индукции, E_i – вектор напряженности электрического поля, φ – электрический потенциал, v_{nm} – тензор коэффициентов теплопроводности, p_j – тензор пироэлектрических коэффициентов, g_j – вектор теплового потока, u_k – вектор механических смещений, $\theta = T - T_0$ – относительная температура, T – абсолютная температура, T_0 – начальная температура, $\mu = \frac{\rho C_\varepsilon}{T_0}$, C_ε – удельная теплоемкость, ρ – плотность, ω – круговая частота.

На границах слоев соблюдаются условия идеального упругого, теплового и электрического контакта. В нижнем основании слоя перемещения, относительная температура и электрический потенциал полагаются нулевыми:

$$u_j = \theta = \varphi \equiv 0 \tag{2}$$

В области Ω задаются механические условия для тензора напряжений:

$$\begin{aligned} &\sigma_{j3}(x,y) = q_j, \ (x,y) \in \Omega, \ j = 1,2,3 \\ &\sigma_{j3}(x,y) \equiv 0, \quad (x,y) \notin \Omega \end{aligned} \tag{3}$$

Электрические условия относительно нормальной компоненты электрической индукции:

$$\begin{aligned} &D_3(x,y) = q_4, \ (x,y) \in \Omega \\ &D_3(x,y) \equiv 0, \quad (x,y) \notin \Omega \end{aligned} \tag{4}$$

Тепловые условия для нормальной компоненты градиента температуры:

$$\begin{aligned} &g_3(x,y) = q_5, \ (x,y) \in \Omega \\ &g_3(x,y) \equiv 0, \quad (x,y) \notin \Omega \end{aligned} \tag{5}$$

2. Методы решения.

В работе используются представления решений краевых задач теории термоэлектроупругости в виде двукратных контурных интегралов Фурье от произведения символов Фурье матриц-функций Грина пятого порядка и расширенного вектора механических, электрических и тепловых нагрузок. Основным инструментом исследования является интегральное представление решения краевой задачи (1)-(5) в виде двойного интеграла Фурье:

$$\mathbf{u}(x,y,z)=\frac{1}{4\pi^2}\int_{\Gamma_1}\int_{\Gamma_2}\mathbf{K}(\alpha_1,\alpha_2,z,\omega)\mathbf{Q}(\alpha_1,\alpha_2)\exp(-i(\alpha_1 x+\alpha_2 y))d\alpha_1 d\alpha_2 \qquad (6)$$

где $\mathbf{u}=\{u_1,u_2,u_3,\varphi,\theta\}^T$, $\mathbf{Q}$ - символ Фурье вектора $\mathbf{q}$, $\mathbf{K}(\alpha_1,\alpha_2,z,\omega)$ - символ Фурье матрицы Грина термоэлектроупругой среды:

$$K_{mn}(\alpha_1,\alpha_2)=F_{x_1x_2}[k_{mn}]=\int_{-\infty}^{\infty}\int_{-\infty}^{\infty}k_{mn}(x_1,x_2)\exp(i(\alpha_1x_1+\alpha_2x_2))dx_1dx_2\ , \qquad (7)$$

$\mathbf{K}=\|K_{mn}\|$, $n,m=1,2,3,4$.

Матрица Грина k_{mn} имеет интегральное представление:

$$k_{mn}(x_1,x_2)=\frac{1}{4\pi^2}\int_{\Gamma_1}\int_{\Gamma_2}K_{mn}(\alpha_1,\alpha_2)exp(-i(\alpha_1x_1+\alpha_2x_2))d\alpha_1d\alpha_2, \qquad (8)$$

Здесь Γ_1,Γ_2 – контуры интегрирования, частично отклоняющиеся от вещественных осей при обходе особенностей K_{mn} в соответствии с принципом предельного поглощения [1]. Методы построения матрицы K подробно описаны в работах [1-5].

В предлагаемой работе разработанные ранее для упругих и термоупругих композитов методы [3-6] ускорения вычислений контурных интегралов и подинтегральных функций были адаптированы и значительно модифицированы для термоэлектроупругого случая. Были модифицированы метод интегрирования вычетов [4], метод прямого вычисления контурных интегралов [5,6], интерполяционные сетки и схемы для аппроксимации матриц-функций в ближней зоне, асимптотические представления матриц-функций в дальней зоне [2], основанные на перечисленных алгоритмах методы расчета и асимптотического уточнения интегралов.

3.Численные примеры.

В модельных расчетах рассматривался пространственный многослойный пакет с общей толщиной $h=1$. На поверхности слоя $z=0$ в области Ω заданы поверхностные механические нагрузки $\mathbf{q}(x,y)=\{q_1,q_2,q_3\}^T$, электрические нагрузки $q_4(x,y)$, тепловые нагрузки $q_5(x,y)$. При $z=0$, $\mathbf{q}(x,y)\big|_{z=0}=\{\sigma_{13},\sigma_{23},\sigma_{33},D_3,g_3\}$, $(x,y)\in\Omega$; вне области Ω нормальные механические напряжения, электрическая индукция и тепловой поток нулевые $\sigma_{j3}=0$, $D_3=0$, $g_3=0$, $(x,y)\notin\Omega$. Для расчетов рассматривался трехслойный композит, каждый слой в котором имеет одинаковую толщину $h^{(j)}=h/3$. Слой (1) и (3) имеет свойства танталата лития ($LiTaO_3$, тригональная сингония, класс 3m), средний слой (2) имеет свойства окиси цинка (ZnO, гексагональная сингония, класс 6mm). Кристаллические слои имеют стандартные ориентации.

В качестве характерных физических величин были использованы следующие значения: $l_0 = 10^{-3}$ м, $t_0 = 10^{-6}$ с, $m_0 = 10^4$ кг, $\theta_0 = 10^7$ К, $T_0 = 300$ К.

С помощью разработанных методов проведена серия модельных и тестовых расчетов связанных механических, тепловых и электрических полей, вызываемых поверхностными гармоническими механическими, тепловыми и электрическими источниками различной конфигурации. Далее на рисунках приведены безразмерные значения всех физических величин.

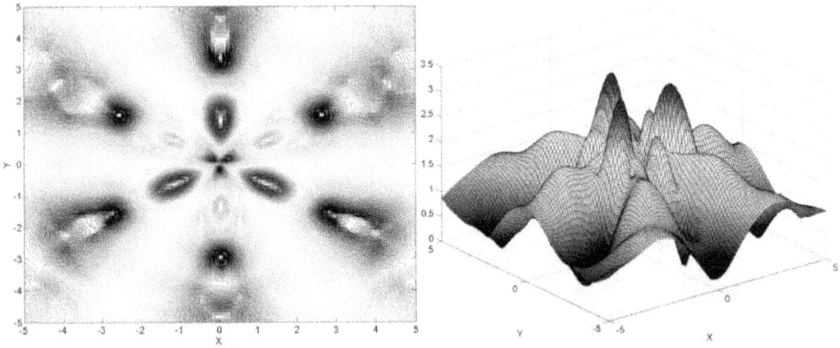

Рис. 1. Вид амплитуды вектора смещений $\|\mathbf{u}(x,y)\|_{z=0} = \max\limits_{0\le t\le 2\pi/\omega} \mathrm{Re}|\mathbf{u}\exp(-i\omega t)|$, вызванных электрическим источником $D_3 = q_4(x,y) = 1$, $\sqrt{x^2+y^2} \le 1$, частота $\omega = 7$.

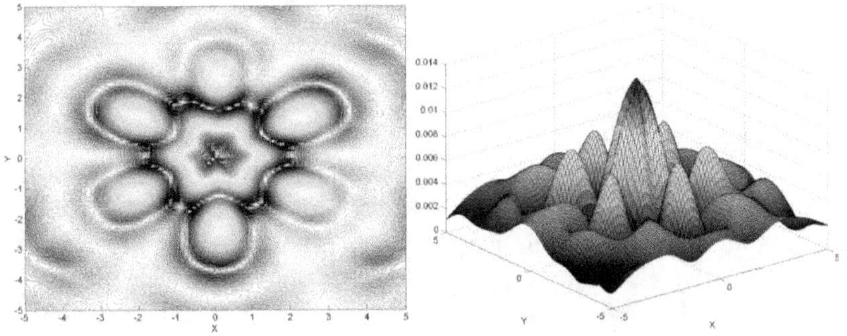

Рис. 2. Вид модуля электрического потенциала $|\varphi(x,y)|_{z=0}$, вызванного электрической гармонической нагрузкой $D_3 = q_4(x,y) = 1$, $\sqrt{x^2+y^2} \le 1$, частота $\omega = 7$.

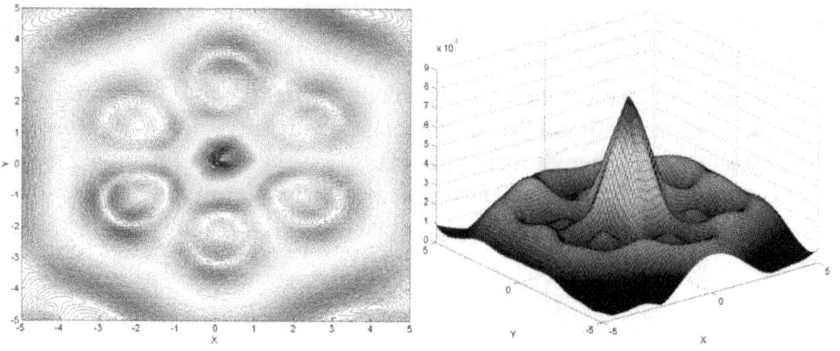

Рис. 3. Вид модуля электрического потенциала $|\varphi(x,y)|_{z=0}$, вызванного тепловой гармонической нагрузкой $g_3 = q_4(x,y) = 1,\ \sqrt{x^2+y^2} \le 1$, частота $\omega = 7$.

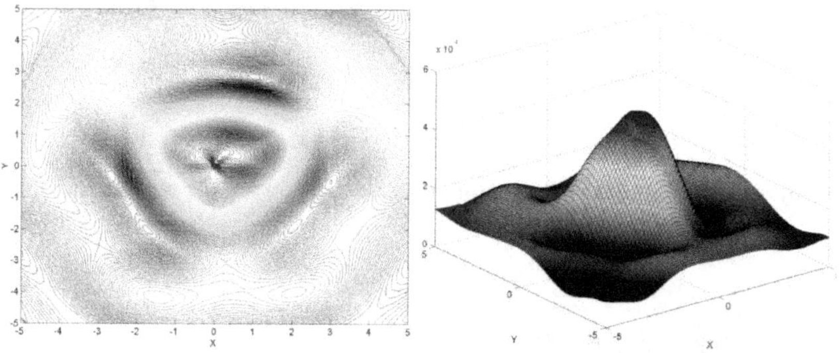

Рис. 4. Вид модуля электрического потенциала $|\varphi(x,y)|_{z=0}$, вызванного механической гармонической нагрузкой $q_3(x,y) = 1,\ \sqrt{x^2+y^2} \le 1$, частота $\omega = 7$.

4. Выводы.

Для оптимизации вычислений краевых задач термоэлектроупругости применимы, в основном, те же методы, что и для чисто упругих и термоупругих задач, однако, увеличение размерности диктует необходимость повышения их эффективности, разработки новых модификаций методов, использующих специфику электроупругих, термоэлектроупругих и пироэлектрических задач в различных постановках.

Для связанных задач термоэлектроупругости основной проблемой является увеличение размерности задачи, что на порядок увеличивает объем и время вычислений. Кроме того, для композитов из различных материалов введение безразмерных параметров требует тщательного подбора характерных единиц физических величин, оптимальных не только для какого-то одного слоя, но и для композита в целом. Разработанные ранее для упругих и термоупругих композитов методы ускорения вычислений контурных интегралов и подинтегральных функций были адаптированы и существенно модифицированы для термоэлектроупругого случая. Были модифицированы метод интегрирования вычетов [4], метод прямого вычисления контурных интегралов [5], интерполяционные сетки и схемы для аппроксимации матриц-функций в ближней зоне, асимптотические представления матриц-функций в дальней зоне [2], основанные на перечисленных алгоритмах методы расчета и асимптотического уточнения интегралов.

Работа выполнена при частичной поддержке гранта РФФИ и администрации Краснодарского края 13-01-96511-р-юг-а, программ Президиума Южного научного центра Российской академии наук.

Литература

1. Бабешко В.А., Глушков Е.В., Зинченко Ж.Ф. Динамика неоднородных линейно–упругих сред. М.: Наука, 1989, 344 с.
2. Ворович И.И., Бабешко В.А., Пряхина О.Д. Динамика массивных тел и резонансные явления в деформируемых средах. М.: Научный мир, 1999, 246 с.
3. A. Karmazin, E. Kirillova, W. Seemann, and P. Syromyatnikov. Investigation of Lamb elastic waves in anisotropic multilayered composites applying the Green's matrix // Ultrasonics, 2011, Vol. 51, issue 1, p. 17-28.
4. A. Karmazin, E.Kirillova, W. Seemann, P. Syromyatnikov. A study of time harmonic guided Lamb waves and their caustics in composite plates. Ultrasonics, Vol. 53, Issue 1, January 2013, P. 283–293.
5. A. Karmazin, E. Kirillova, W. Seemann, P. Syromyatnikov. Modelling of 3D steady-state oscillations of anisotropic multilayered structures applying the Green's functions// Advances in Theoretical and Applied Mechanics, 2010, Vol. 3, № 9, p. 425 - 450.
6. A. Karmazin, E. Kirillova, P. Syromyatnikov and E. Gorshkova. Study of piezo-excited Lamb waves in Laminated composite plates // "Advanced Materials – Physics, Mechanics and Applications", Shun Hsyung-Chang, Ivan A. Parinov, Vitaly Yu.Topolov (Eds.). Springer Proceedings in Physics, V. 152, pp. 149-162. Springer International Publishing AG, Cham, Switzerland. – 2014, XVIII, 350 p.

УДК 539.535

Губская В.В.
к.ф.-м.н., Национальный технический университет Украины «КПИ»
Бабаев А.А.
к.ф.-м.н., доцент, Национальный технический университет Украины «КПИ»
Касяненко А.А.
Национальный транспортный университет

ЗАДАЧА О ВЫХОДЕ СИСТЕМЫ «КОНИЧЕСКИЙ РЕЗЕРВУАР - ЖИДКОСТЬ» НА УСТАНОВИВШИЙСЯ РЕЖИМ КОЛЕБАНИЙ ПОД ДЕЙСТВИЕМ ИМПУЛЬСНОЙ НАГРУЗКИ

Целью работы является построение эффективной математической модели для исследования нелинейной задачи динамики совместного движения системы, состоящей из резервуара в форме усеченного конуса и жидкости со свободной поверхностью, а также исследование характерных режимов развития колебаний системы под действием импульсной нагрузки.

Рассматривается резервуар в форме усеченного конуса. Пусть τ – область, которую занимает жидкость; S_0 і S – свободная поверхность жидкости в ее возмущенном и невозмущенном движении; Σ і Σ_0 – границы контакта жидкости со стенками резервуара в возмущенном и невозмущенном состоянии ($\Delta\Sigma$ – изменение границы контакта жидкости, обусловленная возмущением движения, $\Sigma = \Sigma_0 + \Delta\Sigma$), $\xi(x,y,z,t) = 0$ – уравнение свободной поверхности жидкости. Поступательное движение резервуара описывается вектором перемещений $\vec{\varepsilon}$. Предполагается, что жидкость идеальная, однородная, несжимаемая и в начальный момент времени вихревые движения отсутствуют. В этом случае кинематика жидкости может быть описана потенциалом скоростей. Резервуар является абсолютно твердым телом с абсолютно жесткими стенками.

Постановка задачи [1]:

$$\Delta\varphi = 0 \text{ в } \tau; \quad (1)$$

$$\frac{\partial\varphi}{\partial n} = \dot{\vec{\varepsilon}} \cdot \vec{n} \text{ на } \Sigma; \quad (2)$$

$$\frac{\partial\xi}{\partial t} + \vec{\nabla}\xi \cdot \vec{\nabla}\varphi = \frac{\partial\varphi}{\partial z} \text{ на } S; \quad (3)$$

$$\frac{\partial\varphi}{\partial t} + \frac{1}{2}\left(\vec{\nabla}\varphi\right)^2 - \vec{\nabla}\varphi \cdot \dot{\vec{\varepsilon}} - \vec{g} \cdot \vec{r} = 0 \text{ на } S. \quad (4)$$

Здесь уравнение (1) соответствует требованию неразрывности потока в объеме жидкости τ, (2) – условие неперетекания на твердой границе контакта тело – жидкость Σ, (3) – условие неперетекания на свободной возмущенной поверхности жидкости S, (4) – динамическая граничное условие, которая соответствует равенству давлений на свободной поверхности жидкости и давления атмосферы над ней.

С точки зрения аналитической механики задача состоит из кинематических условий (механических связей) (1) – (3), которые необходимо удовлетворить до применения вариационного принципа, и динамического условия (4), которое является естественным для вариационного принципа Гамильтона-Остроградского.

Для изучения задачи использована модель [1; 3], которая была протестирована на примере переходных процессов для задач динамики резервуаров в форме тел вращения с жидкостью со свободной поверхностью. Математическая модель представлена в амплитудных параметрах колебаний жидкости и движения резервуара $\vec{\varepsilon}$:

$$\sum_{n=1}^{N} p_{rn}(a_k,t)\ddot{a}_n + \sum_{n=N+1}^{N+3} p_{rn}(a_k,t)\ddot{\varepsilon}_{n-N} = q_r(a_k,\dot{a}_l,t), r=\overline{1,N+3} .$$

Исследуется задача выхода на устойчивый режим системы, состоящей из резервуара и жидкости со свободной поверхностью. Рассмотрим совместное движение резервуара и жидкости в горизонтальной плоскости под действием импульсной силы.

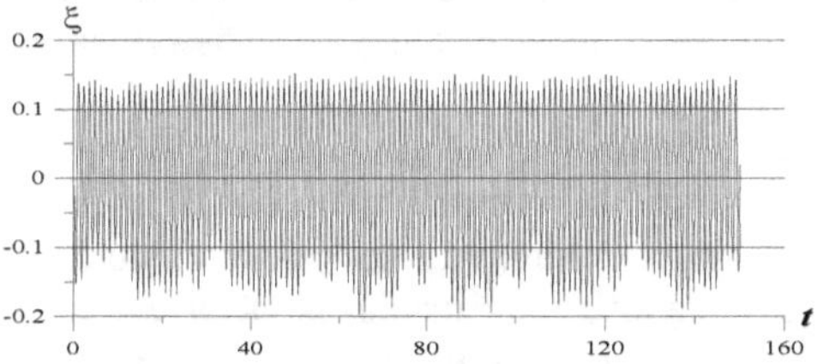

Рис. 1. Изменение амплитуды возмущений жидкости со временем для конуса

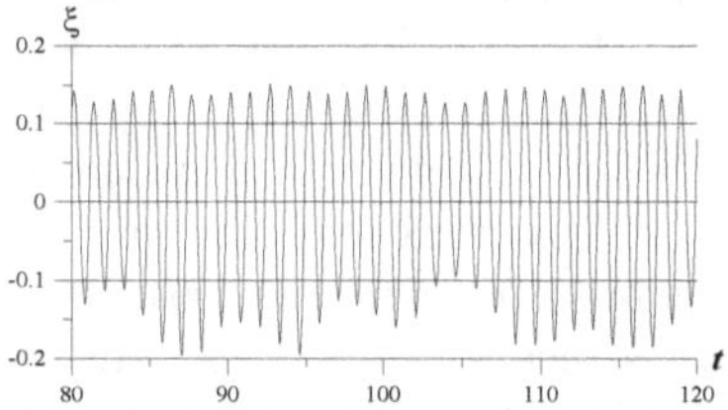

Рис. 1 *а*. Изменение амплитуды возмущений жидкости со временем для конуса, временной промежуток 80-120 с

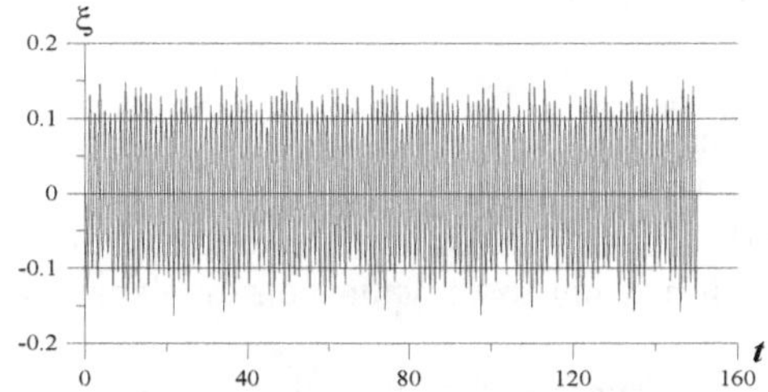

Рис. 4 Изменение амплитуды возмущений жидкости со временем для усеченного конуса с радиусом нижнего основания 0,6 м.

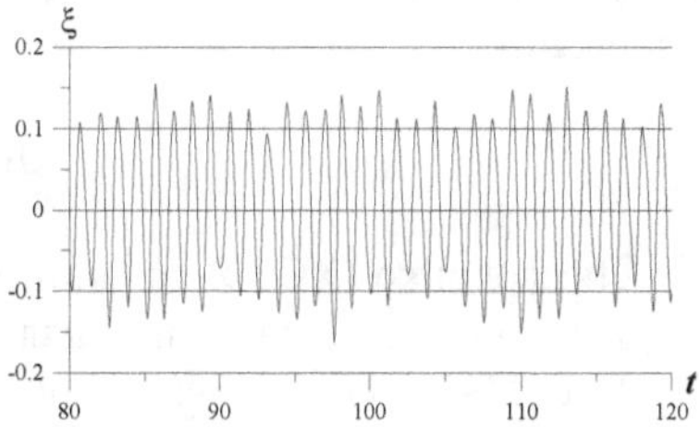

Рис. 4 *а* . Изменение амплитуды возмущений жидкости со временем для усеченного конуса, временной промежуток 80-120 с

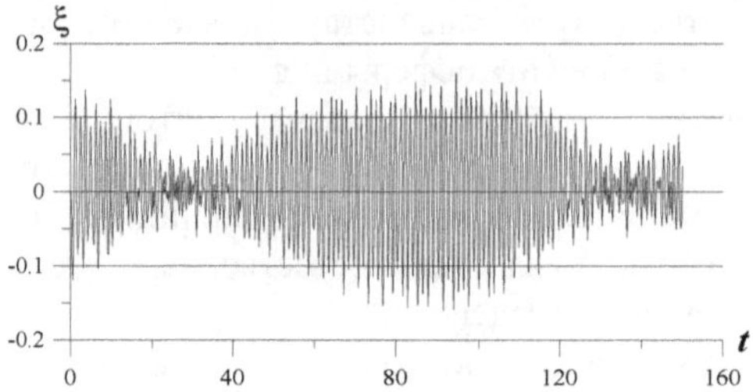

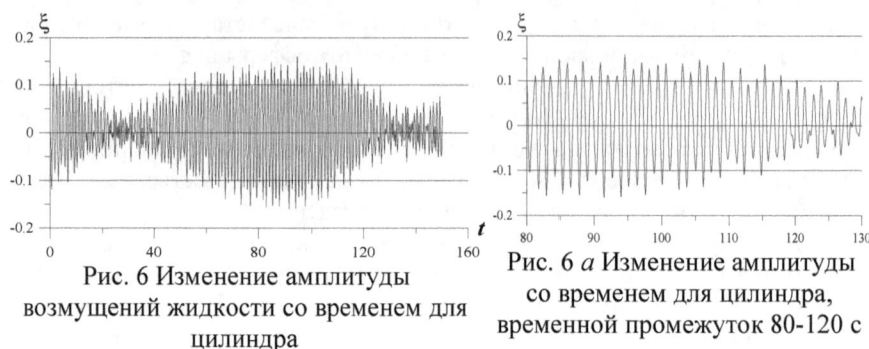

Рис. 6 Изменение амплитуды возмущений жидкости со временем для цилиндра

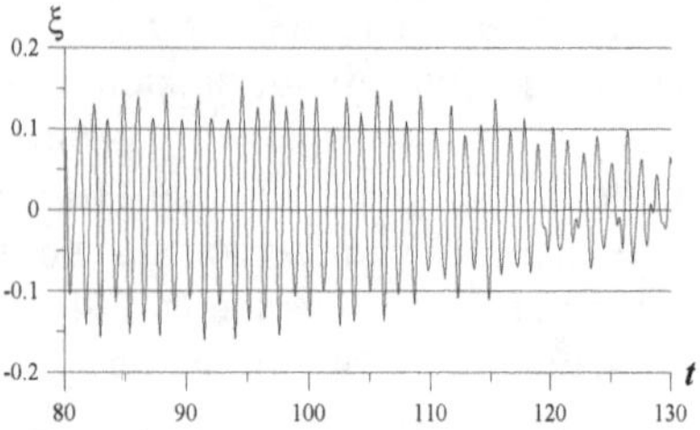

Рис. 6 *а* Изменение амплитуды со временем для цилиндра, временной промежуток 80-120 с

Поведение системы рассматривается на длительном промежутке времени 150 с, соотношение масс резервуара и жидкости $M_p = 0{,}2M_ж$. К резервуару прикладывается импульсная сила величиной 0,7 Н в течении времени 0,5 с. Анализируются амплитуды возмущений жидкости на стенке резервуара во времени для конуса, цилиндра, а также промежуточных случаев в виде усеченного конуса с радиусом нижнего основания 0,2, 0,4, 0,6, 0,8 м. Приведены графики изменения амплитуды возмущений жидкости на стенке резервуара во времени для конуса, цилиндра и усеченного конуса с радиусом нижнего основания 0,6 м.

Для всех случаев не наблюдается изменения среднего значения амплитуды, влияние высших гармоник значительно и проявляется существенно на промежутке времени далеком от начала колебательного процесса (супергармоники и двугорбые пики) и присутствует для всех рассмотренных случаев нижнего основания усеченного конуса. Имеет место модуляция колебаний, период которой увеличивается с увеличением радиуса нижнего основания. Значение максимальной амплитуды колебаний несколько уменьшается с увеличением радиуса нижнего основания.

Литература

1. Лимарченко О.С., Ясинский В.В. Нелинейная динамика конструкций с жидкостью. Киев: Национальный технический унивурситет Украины "КПИ" – 1997. – 348с.
2. Ibrahim R. A. Liquid sloshing dynamics: theory and applications / Cambridge University Press. – 2005. – 950 p.
3. Limarchenko O. S. Peculiarities of application of perturbation techniques in problems of nonlinear oscillations of liquid with a free surface in cavities of non-cylindrical shape, Ukrainian Mathematical Journal, 2007, Vol. 59, No. 1, P. 44-70.

Сопова А.С.
аспирант кафедры истории и правового регулирования массовых коммуникаций, факультет журналистики, Кубанский государственный университет

МНОГОГРАННОСТЬ ДИСКУРСА МЕДИЙНОЙ ПУБЛИЦИСТИКИ А.И. СОЛЖЕНИЦЫНА

Sopova A.S.
post-graduate student of the History of Legal Regulation of Mass Communications Chair, the Faculty of Journalism, Kuban State University
E- mail: anna_s.aquv@mail.ru

DISCOURSE MANYSIDEDNESS OF A.I. SOLZHENITSYN'S MEDIA PUBLICISM

Динамика публицистического текста как объекта медийного пространства выражается в гибком взаимодействии с изменяющимся контекстом и его восприятием читательской аудиторией. Отличительные особенности стиля: разговорность, повторы, поиск законченной, отточенной формулы через ряд уточнений, синонимических связок, индивидуально-авторского этимологического разбора создают эффект сиюминутного рождения идей, приемы «кругов» и «точек» в развитии мысли композиционных «узлов». Тексты обладают сложной синтаксической и смысловой организацией, объединяя в себе упорядоченное множество идеологических и культурологических элементов.

Единство нравственных устоев, христианской веры, убежденности и исторических познаний, математически точного структурного представления текста и его образного видения формируют стилистику и суггестивность текстов А.И. Солженицына, их некую системность. Под системностью медийной публицистики начала XXI века мы понимаем варьирование жанровых форм (манифест, призыв, размышление, обращение), их идейное единство, дискурсивность, выражающую гражданскую позицию, органический сплав композиционно-стилевых элементов.

Публицистический текст создан для общественного использования, поэтому его специфические особенности определяются авторскими намерениями в соответствии с социальной установкой. Таким образом, в процессе мышления автора, создающего текст, участвуют другие субъекты. Это обстоятельство накладывает на него определенные обязанности перед читателями (текст формируется как семантико-синтагматическая структура для идеального реципиента).

Публицистика А.И. Солженицына направлена на мыслительную деятельность людей, на формирование их нравственного и идейного начала, на проповедь духовных основ бытия. В текстах ярко прослеживается их медийность – информационная направленность на воздействие и убеждение. Это не только повествование, фиксация фактов, но и высказывания, эмоционально и идеологически отраженные, способные повлиять на мнение и поведение читателей, побудить их к оценке тех или иных событий действительности (перекрестные вопросы, разноголосые мнения, полифонизм). Для языка солженицынских произведений характерно использование народных оборотов речи, разговорной и архаизированной лексики, которые являются богатейшим средством создания образности. Его публицистика характеризуется единством двух функций – информационной и воздействующей. Информационная в свою очередь определяет такие качества текста, как документальность, официальность, объективность. Воздействующая функция его публицистики связана с формированием оценочности, императивности, выразительности, эмоциональности и полемичности: «Те, кто равнодушны к судьбе Отечества, – они ведь и бесполезны для выздоровления его» [6,122], – утверждает Солженицын.

Автор не только излагает те или иные факты и события, но и дает им свою беспристрастную оценку, анализируя историческую ситуацию. В статье «Размышления над Февральской революцией» А.И. Солженицын пишет: «И вся эта ложь, как хлопья сажи, медленно кружилась и опускалась, и опускалась на народное сознание, наслаивалась на нем…» [1,5]. Проделав кропотливую работу по изучению отзывов людей и отбору необходимых материалов (писем, архивных документов), он ставит перед собой задачу и приступает к формированию собственного дискурса, т. е. к написанию текста, который бы создавал у читательской аудитории непосредственную связь между сообщаемой им информацией и актуальной внетекстовой действительностью.

Солженицын, опираясь на народное мнение, которое он неоднократно слышал во время своих поездок по стране, при общении с жителями регионов, преобразует множество услышанных дискурсов в один единый свой – авторский. Коммуникативные переходы *я-ты-мы* сдвигаются в сторону *«мы»*, автор не отождествляет себя с большинством, но он говорит от его имени. Это подтверждает наличие полифонии в его текстах, фиксирующих различные точки зрения на проблему. Он как настоящий выразитель народных настроений постоянно соотносит свой публицистический текст с объективной действительностью, устанавливает непосредственную связь между медийным материалом и реальностью в собственных суждениях и умозаключениях. Сила его публикаций, интервью, призывов, манифестов последних лет заключается именно в том, что он является носителем многоголосого народного сознания, демонстрирует редкое слияние личных и общих интересов. По мнению критика В. Курбатова: «Теперь наша история уже вовек не исчезнет, потому что пропущена через человеческое сердце и оплачена живым, не отвлеченным человеческим страданием. Нам просто еще некогда было читать. История еще неслась и несется вприпрыжку, пыля и играя в надежде спрятать свой механизм в этой пыли и полете. Раньше ей это удавалось. Теперь, после опыта Солженицына, уже не удастся» [2,28].

На практике существуют прямые и обратные процессы по отношению к оппозиции взаимодействия *текст-действительность*. Примером может служить тот факт, что публицистические произведения советских авторов 1970-х-80-х годов XX века в наши дни потеряли свою актуальность, так как с уходом советской идеологии изменилась ситуация в информационном пространстве страны. Читательская аудитория относится к ним критически, поскольку они являются не просто текстами прошедшей эпохи, но еще и сильно политизированы, поэтому предлагаемые в них выводы и оценки подвергаются опровержению. На этом фоне публицистика А.И. Сол-женицына продолжает оставаться информационно значимой для общества в целом: «Остается урок А.И. Солженицына, великий пример одинокого противостояния и победы над своим страхом и слабостью, а значит и шанс, что огонь одной единственной жизни озарит, а может быть, и преобразит массу человеческих туманностей» [4].

В активный потенциал внутренней организации включены другие грани динамического развития медийного текста. Например, такие аспекты как *контекст* и *подтекст*, заложенные в нем, могут восприниматься аудиторией под различным углом зрения, этот фактор зависит от непосредственного опыта их прочтения и интерпретации. «Но и в другом смысле можно обнаружить у него сокровенную связь Красоты и Правды, эстетики и этики. Велик он тем, что не только сплел вместе, как в жизни, так и в своих писаниях, законы этики и законы эстетики, но и в развитии своего творчества повиновался этому внутреннему голосу» [3] – считает известный исследователь творчества Солженицына Ж. Нива. Однако, возможна оторванность части аудитории во времени от происходящих событий, позволяющих реально представить и расшифровать смыслы, заложенные в текстах.

Правда жизни, описанная А.И. Солженицыным в его публицистических произведениях, злободневна всегда, ибо опирается на живоносные народные силы и в основе своего повествования отражает вечные человеческие истины, нравственные достоинства, добродетели, а также пороки и людские недостатки, исторические и религиозно-нравственные вопросы. В этом случае справедливо мнение М.А. Шахбазян о том, что «самобытная русская культура с ее глубочайшим уважением к традициям предков воспитала такое отношение человека к окружающей действительности, где всегда было место и для государственной власти и для власти церковной. В этом свете правомерным становится вопрос об определении отношений в системе Церковь – государство на данном этапе развития общества» [7,214]. В этом заключается эффект двойного прочтения солженицынских текстов (для *своего времени* и *теперь*), характерный для публицистики 1970-х, актуализированной в 1990-е, или исторические уроки феномена «Февраля 1917» в 90-ю годовщину со дня события.

Лауреат Премии Александра Солженицына 2003 года поэт О. Седакова в статье «Сила, которая нас не оставит» отметила: «Мысли, предложения, отдельные позиции Солженицына-художника, Солженицына-историка, Солженицына – государственного мыслителя можно еще долго обсуждать, спорить с ними или соглашаться. Но это сообщение или, лучше, это невероятное событие «непобедимой победы» всегда будет укреплять человека – и не только в России, о которой он больше всего думал: как вся «святая русская литература», Солженицын говорит со всем миром» [5,30]. Открытость, обращение к каждому согласуется с частной философией А.И. Солженицына, проповедью каждодневных дел и личного участия в общественной жизни.

Публицистический стиль освещает лишь некоторые аспекты дискурсивности текстов, функционирующих в информационном пространстве современных СМИ. Авторская индивидуальность как неповторимое своеобразие личности Солженицына-публициста заключается в онтологическом смысле. Чтобы выполнить свое общественное назначение, медийный текст должен обрести свою самобытность, обладать такими свойствами, как целостность, неповторимость, активность в утверждении авторской позиции, его ценностных установок.

Список литературы

1. Басинский П. Письмо из февраля. Александр Солженицын: Размышления о Февральской революции // Российская газета. 2012. № 22 (5695). 2 февр. С. 1, 5.

2. Курбатов В. Солженицын и будущее: Он еще впереди // Фома, 2008. Дек. № 12(68). С. 28.

3. Нива Ж. О двух подвигах Солженицына // Звезда. № 6. 2009. [Электронный ресурс]. Режим доступа: http://magazines.russ.ru/zvezda/2009/6/ni14-pr.html

4. Сараскина Л. И. Воззвание Солженицына «Жить не по лжи!»: традиция, современный комментарий // Доклад на Международном коллоквиуме «Наш современник Александр Солженицын». Париж, 19–21

марта 2009 г., Колледж Бернардэн. [Электронный ресурс]. Режим доступа: http://www.ludmila-saraskina/info

5. Седакова О. Сила, которая нас не оставит // Солженицын и будущее. Мнение тех, кому он дорог // Фома. 2008. Дек. № 12. С. 30-31.

6. Солженицын А. Православная церковь в это смутное время. Духовный дар: [о смутном времени] // Родина. 2005. № 11. С. 122-123.

7. Шахбазян М.А. Трансформация коммуникативного пространства в религиозно-философской публицистике русского модернизма. Монография. Краснодар: Институт медиаисследований Кубанского гос. ун-та, 2012. 292 с.

Гурьева З.И.
д.ф.н., профессор, КубГУ (Краснодар)
Email: ziguryeva@mail.ru
Петрушова Е.В.
к.ф.н., доцент, КубГУ (Краснодар)

ЯЗЫКОВАЯ КОНЦЕПТУАЛИЗАЦИЯ ПРЕДМЕТНОЙ ОБЛАСТИ «МАРКЕТИНГ»

Бурные перемены в современном мире находят свое актуальное отражение в языке. Проблема языковой концептуализации действительности в определенной степени связана с отмечаемой лингвистами общепознавательной тенденцией – преодолевать разрыв между научным и обыденным знанием.

Маркетинг, будучи философией бизнеса, постепенно становится одной из основополагающих дисциплин для профессиональных деятелей рынка, таких, как розничные торговцы, работники рекламы, исследователи маркетинга, заведующие производством новых и марочных товаров и т.п. Им необходимо знать, как описать рынок и разбить его на сегменты; как оценить нужды, запросы и предпочтения потребителей в рамках целевого рынка; как сконструировать и испытать товар с нужными для этого рынка потребительскими свойствами; как посредством цены донести до потребителя идею ценности товара; как выбрать умелых посредников, чтобы товар оказался широкодоступным, хорошо представленным; как рекламировать и продавать товар, чтобы потребители знали его и хотели приобрести.

Поисковая система «Google» дает 35,4 млн. словосочетаний со словом «marketing» и 1,63 млн. определений термина «маркетинг». Это говорит о том, что сфера применения инструментов маркетинга обширна и разнообразна.

Исходя из практически общепринятого определения, данного известным американским ученым в области маркетинга, Ф. Котлером [1, 41], можно выделить следующие базовые понятия предметной области «Маркетинг»: *социальный и управленческий процесс; нужды, потребности и запросы; товары и услуги; потребительская ценность и удовлетворение; потребители и производители; обмен и некоторые другие, связанные с ними понятия.*

Маркетинг как одна из ветвей экономической науки в целом тесно связана с другими научными дисциплинами, как например, *экономика предприятия, стратегический менеджмент, психология, социология, основы права, бухучет и анализ хозяйственной деятельности, логистика и др.*

На деятельность любой компании влияют факторы маркетинговой среды — совокупность активных субъектов и сил, действующих за пределами фирмы и влияющих на возможности руководства службой маркетинга устанавливать и поддерживать с целевыми клиентами отношения успешного сотрудничества. Маркетинговая среда слагается из микросреды и макросреды. Микросреда представлена силами, имеющими непосредственное отношение к самой фирме и ее возможностям по обслуживанию клиентуры, т.е. поставщиками, маркетинговыми посредниками, клиентами, конкурентами и контактными аудиториями.

Макросреда представлена силами более широкого социального плана, которые оказывают влияние на микросреду такими, как факторы демографического, экономического, технического, политического, социально-культурного характера.

Хотя факторы макро- и микросреды компании постоянно подвергаются изменениям и колебаниям, существуют три основные тенденции в развитии маркетинговой среды, имеющие исключительно важное значение для маркетинга. Имеется в виду развитие Интернета и *электронного маркетинга (e-marketing), глобализация (globalization) и усиление социальной ответственности (social responsibility growth)* компании.

Исходя из анализа составляющих инвариантный комплекс знаний о проблемах науки маркетинга как всеобъемлющей философии бизнеса, можно построить лингвокогнитивную модель предметной области «Маркетинг».

Основными компонентами данной модели выступают такие понятия как *маркетинговая деятельность* (сегментирование рынка, позиционирование товаров на рынке, разработка комплекса маркетинга); *маркетинговая среда* (компания, поставщики, посредники, клиенты, конкуренты, контактная аудитория); *научные дисциплины* (основы рыночной экономики, основы менеджмента, экономика предприятия, социология, бухучет и анализ хозяйственной деятельности, логистика, основы права, технико-экономическое проектирование, психология).

Следует отметить, что в данной модели основным компонентом выступает *маркетинговая деятельность,* являющийся терминологическим ядром предметной области «Маркетинг», так как он, по нашему мнению, является важнейшим для науки о маркетинге в целом.

По результатам, полученным в ходе исследования текстового пространства предметной области «Маркетинг», представляется возможным создать словарь-тезаурус данной предметной области, который включает основные понятия этой сферы человеческой деятельности.

ЛИТЕРАТУРА

1. Котлер Ф. и др. Основы маркетинга, 4-е европейское издание. М., 2007. - 1200с.

Куликович В. И.
и. о. зав. кафедрой редакционно-издательских технологий,
кандидат филологических наук, доцент (nino-1924@mail.ru)
Тарасевич К. Т.
студентка 2 курса
Белорусский государственный технологический университет (г. Минск)

ОСНОВНЫЕ ПУТИ ПОПУЛЯРИЗАЦИИ И ПРОДВИЖЕНИЯ СОВРЕМЕННЫХ БЕЛОРУССКИХ СПЕЦИАЛИЗИРОВАННЫХ ЖУРНАЛОВ

Введение. Современный белорусский рынок периодики на протяжении последних пяти лет характеризуется доминированием журнального сегмента [1, с. 282], ростом тиражей журналов (30%) и снижением наименований и тиражей газет (на 3–5%) [2]. Процессы глобализации повлияли также на специализированные издания, доля которых в общем числе журнальной периодики постепенно увеличивается [3].

В условиях активного роста конкуренции вопросы, как журналу себя подать, с какой стороны подойти к читателю, жизненно важны для главного редактора [4, с. 43]. От того, насколько точно будет выбрано направление развития и популяризации издания, зависит окончательный экономический и общественный успех журнала. В этом и заключается актуальность исследования, задача которого — установить основные пути популяризации и продвижения современных белорусских специализированных журналов на рынке прессы.

Материалом для анализа послужили специализированные журналы «Моя бухгалтерия. Все для годового отчета» (учредитель и издатель — ООО «Издательский дом Гревцова»), успешно существующий на рынке более 10 лет, и «Экстренная медицина» (УП «Профессиональные издания») — издание, сумевшее за три года в пять раз увеличить тираж (с 300 экземпляров в 2012 г. до 1500 — в 2015 г.).

Основная часть. Для учредителя периодического издания первостепенной задачей является налаживание доверительных отношений между редакцией и читателем, особенно если издание еще не укрепилось на рынке. Необходимо дать аудитории возможность участвовать в формировании контента журнала. Наличие в журнале форм обратной связи, телефонных номеров и электронных адресов редакции, анкет и опросов позволит не только поддержать контакт с аудиторией, но и глубже изучить ее интересы, составить «портрет читателя». В журнале «Экстренная медицина» отсутствует коммуникация с читателем через анкетирование, однако в каждом номере размещено несколько телефонных номеров для связи с редакцией. Журнал «Моя бухгалтерия. Все для годового отчета» более активно использует возможности диалога с читателем. На последней странице каждого номера размещена форма «Спросите у редакции», которую можно заполнить и отправить по электронной почте или факсу. В то же время читатель по указанным в журнале телефонам может связаться только с рекламной службой и отделом подписки, что свидетельствует о первостепенной заинтересованности редакции в продвижении своего издания.

Важны для учредителя специализированного журнала и отношения с рекламодателями. Размещение в издании объявлений рекламного характера является выгодным и редакции (поскольку это обеспечивает ей дополнительный доход), и организации-заказчику (напечатанное в специализированном журнале сообщение направлено на конкретную аудиторию, доступно в любое время, не раздражает потребителя [5]), и читателю (реклама качественного сервиса экономит время и повышает доверие к изданию). В анализируемых нами журналах большое внимание уделяется рекламе (как издательств-учредителей, так и других организаций), что говорит о цнности данных изданий для рекламодателей.

Для успешного развития периодического издания необходимо увеличение постоянной читательской аудитории. С этой целью оба издателя практикуют разные способы продвижения своей продукции. Первый — подписка через каталог Белпочты (оба издания); второй — подписка через каталоги стран ближнего и дальнего зарубежья [6] («Экстренная медицина»); третий — подписка непосредственно в редакции («Моя бухгалтерия. Все для годового отчета»).

Популяризации издания способствует разнообразие путей его распространения. Особую роль в век компьютеризации играет Интернет. Вся анализируемая нами периодика существует в электронных версиях. Однако доступ к ним строго ограничен. В Интернете журнал «Моя бухгалтерия. Все для годового отчета» можно почитать только после регистрации на сайте издательства, просмотра демонстрационного экземпляра, заключения соответствующего договора и оплаты электронной подписки. Форма для регистрации требует указания как личных данных (фамилия, имя, адрес электронной почты), так и специфических (УНП организации, должность и др.). Отдельные электронные версии статей журнала «Экстренная медицина» доступны для скачивания, но большинство публикаций можно просмотреть только после регистрации на сайте издательства-учредителя или электронной библиотеки elibrary.ru и внесения определенной денежной суммы.

Заключение. Таким образом, основными путями популяризации и продвижения современных белорусских специализированных журналов на рынке являются:

1. Укрепление доверия к изданию путем размещения на страницах журналов подробных контактных данных редакции, а также приглашений участвовать в создании номеров и обсуждении практических вопросов.

2. Активная работа с рекламодателями, способствующая укреплению материального положения редакции, удешевлению изданий, расширению потенциальной аудитории читателей.

3. Организация традиционной подписки на издание через почтовые каталоги и редакцию. Это в сознании многих потребителей является гарантом выполнения обязательств издающей организации перед читательской аудиторией.

4. Создание электронных версий журналов и усовершенствование доступа к ним в любое время и с любого электронного устройства.

ЛИТЕРАТУРА

1. Силина-Ясинская, Т. Типология современной белорусской журнальной периодики / Т. Силина-Ясинская // Слова ў кантэксце часу: да 85-годдзя прафесара А. І. Наркевіча: зб. навук. прац. — У 2-х т. Т. 1. — Мінск: Выд. цэнтр БДУ, 2014. — с. 282–290.

2. Тиражи журналов в Беларуси растут, газет — снижаются [Электронны рэсурс] // БелТА. — 06.05.2015. — Код доступа: http://www.belta.by/ru/all_news/society/Tirazhi-zhurnalov-v-Belarusi-rastut-gazet---snizhajutsja_i_704480.html. — Дата доступа: 08.07.2015.

3. Система средств массовой информации России: учебное пособие для вузов / под ред. Я. Н. Засурского. — М.: Аспект Пресс, 2001. — Код доступа: http://www.evartist.narod.ru/text/61.htm. — Дата доступа: 12.07.2015.

4. Морриш, Джон. Издание журнала: от идеи до воплощения / Джон Морриш; науч. ред. пер. Е. М. Фотьянова. — М.: Издательский дом «Университетская книга», 2008. — 297 с.: ил. — Доп. тит. л. англ.

5. Денискина, Е. Р. Реклама в специализированных изданиях как способ продвижения продукции организации на рынке B2B / Е. Р. Денискина // Сборник научных статей студентов, магистрантов, аспирантов. Вып. 9: в 3-х т. Т. 2. — Минск: Издательство «Четыре четверти», 2012. — с. 44–45.

6. Экстренная медицина [Электронный ресурс]. — Код доступа: http://www.recipe.by/izdaniya/periodika/medicina/. — Дата доступа: 12.07.2015.

Андрейченко О.И., Харченко Е.В.
кандидат филологических наук, доцент, Федеральное государственное автономное образовательное учреждение высшего образования «Крымский федеральный университет имени В. И. Вернадского» Таврическая академия (структурное подразделение); магистрант, Федеральное государственное автономное образовательное учреждение высшего образования «Крымский федеральный университет имени В. И. Вернадского» Таврическая академия (структурное подразделение)
oksana1_24.ua@mail.ru

РЕПРЕЗЕНТАЦИЯ ПРОСТРАНСТВЕННОГО КОДА В ФРАЗЕОЛОГИИ РУССКОГО ЯЗЫКА

Лингвистика XXI века активно разрабатывает направления, в которых язык рассматривают как культурный код нации, а не только как орудие общения и познания окружающей действительности. Понимание культуры как духовной силы народа было высказано в гипотезе Э. Сэпира – Уорфа: «Культура – это то, что делает и думает определенное общество, а язык – это то, как оно думает» [9, 193]. Главное звено в лингвокультурологическом и этнолингвистическом анализах фразеологизмов занимают коды культуры.

Исследованию кодов культуры посвящены работы Т.Б. Банковой, Д.Б. Гудкова, А.С. Карнима, М.Л. Ковшовой, В.В. Красных, С.Е. Никитиной, В.Н. Телия, С.М. Толстой, Т.В. Цивьян и др.

Код культуры по-разному понимается исследователями. В.В. Красных определяет коды культуры как «сетку», которую культура «набрасывает» на окружающий мир, членит, категоризирует, структурирует и оценивает. [4]. Н.И. Жинкин рассматривает код как «систему материальных сигналов, в которых может быть реализован какой-нибудь определенный язык» [3]. Национальная информация кодируется в форме, способной идентифицировать культуру через совокупность вторичных знаков и символов, наделенных такими смыслами (и их комбинациями), которые могут проявляться в предметах материальной и духовной деятельности человека на уровне семиотического пространства [8]. Однако необходимо учитывать соотношение понятий «код» и «язык». «Фактически подмена термина “язык” термином “код” совсем не так безопасна, как кажется. Код не подразумевает истории. Язык же бессознательно вызывает у нас представление об исторической протяженности существования. Язык – это код плюс его история»[5].

В качестве основы для культурного кода может послужить любой комплекс чувственно воспринимаемых реалий действительности – флора, фауна, явления природы, оружие, орудие труда, одежда и т.д. Так,

В.В. Красных выделяет такие коды культуры – соматический, пространственный, временной, предметный, биоморфный, духовный, но между ними нет четких границ [4]. В монографии «Феномен этнокодов духовной культуры» Л.В. Савченко выделяет два типа кодов – субстанциональные и концептуальные [8, 93].

В системе кодирования культуры выделяют пространственный код, который понимают как «совокупность представлений, связанных с членением пространства и отношением человека к пространственным предметам» [8].

Пространственный код относится к концептуальной группе (по классификации Л. В. Савченко) и поэтому формируется на основании закономерных процессов бытия. Поэтому пространство, прежде всего, категория философская и характеризует протяженность, структурность формы существования материи. Выражение пространства в языке является указанием на расположение объекта относительно говорящего. Предельность, очерченность границ является очень важным признаком человеческого восприятия, поскольку в мифологических представлениях неограниченная протяжённость, которую невозможно познать, упорядочить, беспредельность и отсутствие границ ассоциируется с хаосом [2]. Это отражено в фразеологических единицах (ФЕ), которые можно выделить в фразеосемантическую группу *«вне помещения»*.

Небо изначально считается местом пребывания Бога и ангелов. «Небо / земля» – архаическое космогоническое противопоставление древних народов. Однако ФЕ ***под открытым (голым) небом*** [10, 273] означает пространство *'на улице, вне помещения, без крыши над головой'*: *[Дудукин] Часто по ночам его выталкивали из дому, и ему приходилось ночевать под открытым небом* (Островский, «Без вины виноватые»). ФЕ ***на свежем воздухе*** [10, 75]***, на дворе*** [10, 129]***, на лоне природы*** [10, 233] имеют общее значение *'вне города, жилья; на природе'*.

В русском языке существуют ФЕ, репрезентирующие обозримое пространство: ***поле зрения*** [10, 337]; ***на виду*** [10, 68], ***куда ни кинь глазом*** [10, 197], ***на сколько хватает (достигает) глаз*** [10, 103] и имеющие общее значение *'пространство, доступное для наблюдения, обозрения'*: *Всюду в поле зрения рождались высокие бугры воды и с шумом исчезали* (М.Горький, «Мой супутник»).

В фразеосемантическую группу *«беспорядок в каком-либо месте»* вошли следующие ФЕ: ***вавилонское столпотворение*** [10, 457], ***авгиевы конюшни*** [10, 205], ***пыль столбом*** [10, 373] и др. Например, ФЕ ***как (будто, точно, словно) Мамай прошел*** [10, 237] возникла под влиянием исторического события – опустошительного нашествия на Русь (в XIV в.) татар под предводительством хана Мамая [7] – и имеет значение *'полнейший беспорядок, разгром, страшное опустошение где-либо'*.

[Антоновна:] Как Мамай прошел по дому... поглядите. Разбросано все, растворено... Уйти нельзя (М. Горький, «Дети солнца»).

ФЕ ***Содомы и гоморра*** [10, 445] (в 1 знач.) происходит от названия городов древней Палестины – Содома и Гоморры, которые, по библейской легенде, были разрушены землетрясением и огненным дождем за грехи их жителей [1].

В старину на Руси в курных избах дым из устья печи выходил наружу через «волоковое» окно, открытую дверь или дымоволок, выведенный в сени. В зависимости от погоды дым выходил из избы либо «столбом» – прямо вверх, либо «волоком» – прижимаясь книзу, либо «коромыслом» – выбиваясь клубом и потом переваливаясь дугой [6]. ФЕ ***дым коромыслом [столбом]*** [10, 153] возникла, вероятно, из слияния выражений «дым коромыслом» и «дым столбом» с выражением «пыль столбом». Пыль столбом могла подниматься при драке, свалке и т. д. – отсюда и выражение «дым коромыслом [столбом]» стало употребляться в значении всякого беспорядка, суматохи и т. п.

Фразесемантическая группа *«нет свободного места»* включает такие ФЕ: ***дохнуть (дыхнуть) негде*** [10, 273], ***плюнуть негде*** [10, 281], ***как сельдей в бочке*** [10, 419]. Фразеологизмы этой группы обозначают пространственную характеристику помещения, где очень тесно, людно, мало свободного места, напр.: *Поезд пробный, только что путь уложили. Начальник движения разрешил публике без денег садиться. На даровщину-то всякому в охотку, набилось – дыхнуть негде!* (Серафимович, «Город в степи»). ФЕ ***иголку (палец) негде воткнуть*** [10, 274] имеет значение *'очень много, в большом количестве; очень тесно'*. Компонент *«игла»* издавна считался предметом-оберегом. Символика видится в остроте иголки, малой величине, способности проникать сквозь или внутрь предметов, а также в возможности легко потеряться. Её использовали с целью причинить зло, но в контексте этого фразеологизма компонент *«игла»* рассматривается как нечто узкое, способное проникать даже в очень тесное, пространственно ограниченное место [10, 274] .

Таким образом, фразеосемантические группы *(«вне помещения», «обозримое пространство», «беспорядок в каком-либо месте», «нет свободного места»)* с пространственной семантикой отражают реалии, коннотации, непрерывный процесс развития культуры, аккумулируют во внутренней форме проявления национальной духовности, сохраняют «следы» культуры. В свою очередь, коды культуры образуют систему координат, которая содержит и задает эталоны культуры.

Список литературы

1. Ашукин, Н. С. Крылатые слова: Литературные цитаты, образные выражения / Н. С. Ашукин, М. Г. Ашукина.– изд. 2-е, доп.– М.: Гослитиздат, 1960. – 725 с.

2. Буевич, А. А. Язык сквозь призму культурных кодов / А. А. Буевич // Материалы Международной заочной научно-практической конференции «В мире науки и искусства: вопросы филологии, искусствоведения и культурологии» (Россия, г. Новосибирск, 10 декабря 2012 г.) [Электронный ресурс]. – Режим доступа: http://sibac.info/index.php/2009-07-01-10-21-16/5453-2012-12-18-19-42-17. – (Дата обращения: 29.06.2015).

3. Жинкин, Н. И. О кодовых переходах во внутренней речи / Н. И. Жинкин // Вопросы языкознания. – М., 1964. – № 6. – С. 26–38.

4. Красных, В. В. Коды и эталоны культуры (приглашение к разговору) / В. В. Красных // Язык, сознание, коммуникация: сб. статей / отв. ред. В. В. Красных, А. И. Изотов. – М.: Макс Пресс, 2001. – Вып. 19. – С. 5–19.

5. Лотман, Ю. М. Семиосфера. Культура и взрыв среди мыслящих миров: Статьи. Исследования. Заметки / Ю. М. Лотман. – СПб, 2001.– 704с.

6. Максимов, С. В. Крылатые слова: По толкованию С. Максимова / С. В. Максимов / [Послесл. и примеч. Н. С. Ашукина]. – М.: Гослитиздат, 1955. – 448 с.

7. Михельсон, М. И. Русская мысль и речь: свое и чужое. Опыт русской фразеологии. Сборник образных слов и иносказаний: в 2 т. / М. И. Михельсон. – СПб, 1902. – Т. 1. – 779 с.; М., 1903. – Т. 2. – 930 с.

8. Савченко, Л. В. Феномен етнокодів духовної культури у фразеології української мови: етимологічний та етнолінгвістичний аспекти: монографія / Л. В. Савченко.– Сімферополь: Доля, 2013. – 600 с.

9. Сэпир, Э. Избранные труды по языкознанию и культурологии / Э. Сэпир.– Мю, 1993. – 656 с.

10. Фразеологический словарь русского языка. Свыше 4 000 словарных статей / под ред. А. И. Молоткова. – М.: Сов. энциклопедия, 1968. – 543 с.

Ershova I.V.
assistant professor of Department of theory and history of state and law, PhD of philosophical science, N(A)rFU, Arkhangelsk, Russia

THE HUMAN CAPITAL FORMATION IN THE CONTEXT OF GLOBALIZATION: GENDER DIMENSION

Globalization is an objective process of the modern world development; it affects economic, political and socio-cultural levels. The polar approach to the globalization aspects definition is determined by the complexity of the globalization phenomenon and its contradictory nature. University acts as a dominant factor in the global sphere of education. University changes the traditional concept of learning, which includes transfer of knowledge and skills, into a new one which is based on the independent work of students and the motivation to study throughout their whole life. The new concept is determined by the labor market requirements, as the knowledge of specialists in the information-oriented society must be updated with the introduction of new technologies. It is clear that globalization makes borders open for talented, competent and highly skilled professionals. In the modern world professional skills are valued on the national level. In the context of globalization we can speak about the formation of the society, one of the key constituents of which is the phenomenon of human capital.

The human capital formation takes place in different dimensions. Men and women accumulate their human capital in different ways due to their biological and psychological peculiarities and due to their social roles. Men have more opportunities for self-realization in professional and scientific spheres, for continuous improvement of their skills, whereas women are more concentrated on family and children upbringing, that is why they realize their potential in career to a lesser degree than men. However, this point of view is quite debatable today. United Nations Development Programme proposed the concept of human development index, considering the most important parameters of human welfare.
Human Development Index is a combination of indices of longevity, educational attainment and adjusted income. Such characteristics of development as health and longevity, a state of environment, level of culture and education directly or indirectly are taken into account through the HDI. It is about the human capital, the knowledge and competencies as a fundamentally important source of economic growth, the economic role of education, science and health which long time were considered as consuming and unproductive branches. Accumulation of human capital is not only the development of abilities and skills during the school and subsequent education, the acquisition of knowledge and skills in the course of professional activities, but also preceding and accompanying to them family education. Investments primarily in human

development long considered necessary in countries with developed market economies that allows to compete in high-tech sectors of the economy. Welfare and development of each individual, including women and children is a prerequisite of economic modernization.

Article 19 of the Constitution of the Russian Federation, which refers to the equality of all before the law, the state guarantees of the equality of rights and freedoms of man and citizen, including regardless of gender, applies to all personal rights established by the not only The Russian Constitution, but also branch legislation. According to Part 3 of Article 19 of the Russian Constitution men and women have equal rights and equal opportunities for their realization. Azarova E.G. (leading researcher at the Department of labor legislation and social security IZiSP, Ph.D.) emphasizes that the legal and social equality of the sexes is the equality of different social groups. Therefore, men and women can really be equal when there is not the same, but equal legal status, differing in set of specific rights as well take into account not only the same, but also special (sex-related) vital interests and needs. The notion of equivalence of legal status is consistent with the concept of social equality, not just legal. It is the explanation of the position of the Constitutional Court of the Russian Federation in the evaluation of different retirement age for women and men. According to it, the legislator has applied differences based on physiological and other principles between them, taking into account the special social role of women in society, associated with motherhood, which is under state protection. This differentiation cannot be assessed as discriminatory restriction of constitutional rights of men. It provides the meaning of Article 19 of the Russian Constitution achieving genuine, but not formal equality [2].

In modern conditions there is both a convergence of needs and rights of persons of different sexes, and significant separation of all men and women into two categories not by gender, but on the other criteria, with and without a family burden. In questions of social policy the state should take into account that men and women differ significantly in their life values, particularly in relation to family and children.

Women of all social strata feel uncomfortable due to the deterioration of education opportunities for children. They have to work not only for the satisfaction of their needs in a professional activity, but also for the purpose of obtaining a livelihood for themselves and their children. Due to biological laws a woman is capable to give birth up to 20 children during her lifetime. Obviously, in such cases, women do not have opportunities alongside men to exercise their right to professional employment in social production and have an independent income from work outside the home [2].

There are also significant psychological differences between the sexes. Boys and men as a social group are primarily interested in things and technology, while girls and women in people and relationships. Women usually see themselves successful if they have a happy family and good kids. Men are primarily interested in career and professional success. Psychological differences predetermine the choice of employment. Women are more attracted to the educational, pedagogical, medical activities and work in the trade. They are better than men do the work in the textile and clothing industry. It is known that the payment in female labor is lower, so, the level of social security and pension is lower too. Women's branches of industry remain routine employment zones with large amounts of manual labor. So, most of the women working in the production of light and food industry are medium - and low-skilled workers of 2 - 4 classes [3].

Thus, human capital formation occurs in different directions. And, as we can see, men and women, due to the difference of biological and psychological characteristics and performance of social roles accumulate their human capital differently. Men have more opportunities for self-realization in professional sphere and science, constantly improving their skills, while the women make the emphasis on family and parenting, almost not realizing themselves in career.

References:

1. Constitution of the Russian Federation adopted by popular vote on December 12, 1993 (as amended. Law on amendments to the Constitution of 21.07.2014). (1993, December 25). *Rossiyskaya Gazeta.*
2. Azarova, EG *About gender equality and social security of citizens with children*. Retrieved from http://www.juristlib.ru/book_7838.html.
3. Mansurova, GA *Industrial workers in Russia: adaptation, differentiation, mobility*. Retrieved from http://ecsocman.hse.ru/data/118/552/1216/monusova.pdf .

Власова Т.И.
д. филос.н., проф., зав. каф. филологии и перевода Днепропетровского национального университета железнодорожного транспорта имени академика В.Лазаряна

СЕКСУАЛЬНАЯ ИДЕНТИЧНОСТЬ В НАРРАТИВАХ И ДИСКУРСИВНЫХ ПРАКТИКАХ ПОСТМОДЕРНА

Новый модус отношений между телесностью, полом и властью, актуализируемый теоретиками постмодерна, обращает внимание исследователей на тот факт, что отличительный признак сексуальности в современном мире – это, во-первых, та частота, с которой «сексуальность» сопровождает «проблематичное», а, во-вторых, та частота, с которой «проблематичное» сопровождает наши попытки понять сексуальность Другого [1]. Ученые не подвергают сомнению тезис о том, что в конце XX в. возросшая проблематизация сексуального значительно расширилась за счет усиления проблематизации гендера: в своей взаимной связи и первое, и второе используется для усиления «натурализации» друг друга. Одним из главных источников проблематизации гендера остается, по мнению ученых, непоследовательность изменений в применении гендерных «правил», по сути, по всем социальным акторам и их ролям. Определяя роль гендерной идентичности, Дж. Моуни пишет: «Гендерная идентичность – это частный опыт гендерной роли, а гендерная роль – это публичная манифестация гендерной идентичности. Гендерная идентичность – это подобие, единство и постоянство индивидуальности в качестве мужской, женской или амбивалентной.... Гендерная идентичность включает сексуальное возбуждение и ответную реакцию, но не ограничивается ими» [2].

Внимание к гендерной идентичности в современной теории отнюдь не случайно. В постмодерном обществе проблема трансформации идентичности (личностной, социальной, сексуальной и т.д.) становится актуальной в связи с тем, что общественные кризисы все более отчетливо детерминируют личностные кризисы. В целом, гендерная идентификация претерпевает значительные изменения в период перехода от современного к постсовременному обществу. Как представляется, важным признаком угрозы стабильной гендерной идентичности явились работы ученых, исследующих транссексуальность, например, Дж. Моуни, известного психобиолога, сформулировавшего утверждение: биологических признаков, как правило, недостаточно для определения индивидуальности гендера [3].

Многое из того, что называется гетеросексуальностью, по сути, имеет лишь косвенное отношение к нормативному «пути желания» и сексуальной практики, уверены ученые. В действительности в «стержне» сексуальности очень мало «нормального», «нормальное» – это просто имя, которое мы даем тем вычищенным версиям секса, которые мы хотим одобрить и утвердить во имя социальной стабильности и морального порядка [4, с.74]. В социокультурной действительности постмодерна последнее находит отражение в том факте, что не только категории фемининного и маскулинного подверглись ревизии, но и такие институты, как брак, зашатались, потеряв свою устойчивость. Бесспорно, в академическом мире постмодерна последнее объясняется тем, что «мужчина» и «женщина» – так же как и «маскулинность» и «фемининность», – это культурально конструируемые категории, и, следовательно, нет эссенциального набора характерных черт, особенностей желания или склонностей, определяющих мужчин в оппозиции к женщинам и наоборот [5]. И хотя ученые отмечают явное нарастание количества лиц с признаками гомосексуализма, они, как правило, не приводят конкретных объяснений этого феномена, ограничиваясь его констатацией в рамках изменяющейся культуры. И здесь необходимо отметить: именно Дж. Батлер принадлежит заслуга особого вклада в развитие «квир»-теории как теории идентичности субъектов негетеросексуальной ориентации.

Рассматривая традиционную гендерную идентичность, Дж. Батлер понимает ее как производную от эффектов власти – сил подавления и сопротивления, их стабильности и вариабельности. Поэтому «квир»-дискурс, по ее мнению, функционирует в современной культуре отнюдь не в качестве романтизированного дискурса, но в качестве практики, чьей целью является «устыжение» субъекта через его наименование, то есть производство субъекта посредством практики стыда. Соответственно, «квир»-сексуальность также производится властью, но не через дискурс «нормы», а через дискурс «стыда», который Батлер обозначает как «гомофобный» [6].

Возвращаясь к более широкому дискурсу «постмодернизации» пола и гендера, необходимо заметить: изменения, подвергшие эрозии то, что еще недавно казалось бесспорным в сексуальности индивида, это не просто изменения в мышлении человека, но отражение изменений в качестве и дистрибуции сексуального опыта текущего момента. Р. Барт пишет: «Противопоставление полов не должно быть законом природы. Следовательно, конфронтации и парадигмы должны постепенно исчезнуть… и пол не будет поддаваться типологии. Будут, например, только «гомосексуальности», множественное число которых будет ставить в тупик любой конституированный, центрированный дискурс» [7].

Литература

1. Simon W. Postmodern Sexualities. – London and New York: Routledge, 1997. – 179p.
2. Money J. The conceptual neutering of gender and the criminalization of sex//Archive of Sexual Behaviour. – №14, 1985. – P.3.
3. Fast J. Development in Gender Identity// Gender and Envy. – New York: Routledge, 1998. –P.159-169.
4. Halberstam J. J. Gaga Feminism. Sex, Gender, and the End of Normal. – Boston: Beacon Press, 2013.
5. Власова Т.И., Скиба Э.К. Гендер и феминистская теория в философии постмодерна. – Дн-вск, Изд-во Маковецкий, 2011. – 124с.
6. Batler J. Bodies that Matter. On the Discursive Limits of "Sex". – New York: Routledge, 1993. – 288p.
7. Barthes R. Roland Barthes. – New York: Hill and Wang, 1977. – P.69.

Вороно С.В., Курбатова Л.В.

АНТРОПНЫЕ ИМПЛАНТЫ

Человек как «нечто» («некто») оказался уместен для исследований в различных науках «человеческого направления»: философии, психологии, психиатрии, медицине, социологии, культурологи и др. Каждая из дисциплин находила для себя образ, форму, поверхность – под которой и начиналось «пространство» исследовательских упражнений. До тех пор, пока философия существовала в форме «марксистско-ленинской философии» - титулованным «ученым» было неловко ставить вопрос о существовании этого странного «тела с поверхностью», внутри которого скрываются персональные навыки, истории, культура… и все остальные человеческие богатства.

В чем могли бы заключаться основания для такого пренебрежения? Представляется, что, с одной стороны – жизнь в развитом индустриальном обществе советского типа – требовала от «рабочих» таких качеств, которые бы можно было назвать «универсальными», «повторяемыми», «репродуцируемыми», «проверяемыми» и т.д. То же самое, скорее всего, было характерным и для «аграрных цивилизаций». Е.Гайдар пишет в главе «Традиционное аграрное общество»: «В конце XVIII в. В Китай отправился английский посол лорд Макартни. Он должен был установить с далекой страной дипломатические отношения и проинформировать тамошнюю администрацию о европейских технических достижениях. Вот что отметил в своих записках его секретарь Д. Staунтон: « В этой стран считают, что все и так отлично и любые усовершенствования излишни или вредны.» **[1, 170]**. И только «кризис коммунистической идеологии», «прекращение существования Советского Союза» - поставили вопрос о грядущей границе после-индустриального мира, постиндустриальной цивилизации – относительно которой стали возникать робкие предположения, что персональные качества отдельного человека - скорее могут стать бизнес-активами (пассивами), нежели какие-то привычные «общие дисциплины», «науки», «предметы». Именно обладая таким отличием, индивидуальностью, персональностью – можно надеяться на генерацию «прибавочной стоимости», которая станет отличать вас, или ваш бизнес от множества других. Американские опыты с бизнесами, построенными на обладании интеллектуальной собственностью (ставшими большими по стоимости по сравнению с, например, российскими традиционными промышленными монстрами, занимающимися добычей полезных ископаемых) – показали, что мир вступает в другой период своего развития. Период, когда важно понять – как и откуда, каким образом, внутри человека возникают такие особенности его персональной жизни, которые могут капитализироваться. То, что это движение в верном направлении – показывает профессиональный спорт, искусство и другие сферы жизни, в которых человек может разоформиться, раскрыться, инсталлироваться…, опираясь на гипертрофию одной физической способности. Например – «поднимать тяжести»…

Спрашивается: как произвести «инвентаризацию» персональных активов (пассивов)? Как проникнуть за «границу» персональности? Как идентифицировать то, что там обнаружится? Имеет ли эта «оболочка» - некий одинаковый, похожий вид у всех? Есть ли сходство оболочек по «внешности»?

Мы все последние дня задаем этот вопрос всем встречным. И все встречные - шокированы. Не часто (а то и вовсе НИКОГДА) так вопрос встречным – не ставился. НИКТО встречным его не формулировал. Нет места, где ТАК – можно спросить.

«Научная психология» или «научная антропология» - стремится «прикрепить» нечто обособленное (например, «душевность») – к какому-то из органов, например – к «сердцу». В том числе – следуя известным традициям. «Первое слово – «сердце» - имеет два значения. Первое из них: ткань конусообразной формы… Это сердце есть у животных и даже у мертвых. Употребляя это слово в нашей книге мы не имеем в виду этот немощный кусок ткани. Он принадлежит миру явного и осязаемого, так как помимо людей его воспринимают и животные с помощью зрения. Второе значение этого слова – божественный духовный дар, связанный с этим телесным сердцем Этот дар есть суть человека, постигающее, знающее и осознающее в человеке, оно же беседующее, контролирующее, ускоряющее и требующее; оно связано с телесным сердцем, и для умов большинства людей трудно разобраться, какова же эта связь.» **[2, 140]**

Современные «компьютерные» и «сетевые» («гаджето-зависимые») дети – склонны видеть себя как некий набор («дерево») файлов, пакет контактов. Часто и ведут себя во взаимоотношении с другими – как вроде бы открывая и закрывая людей как файлы, привычно, равнодушно. То есть каждое поколение – имеет свои способы «визуализации», «картографирования» себя? К примеру, Данте – предложил карту «человеческих качеств» - как карту АДА и карту РАЯ, в виде некоего «пособия», пригодного для описания «пути». Иначе говоря – имеется некое множество «топологических забав», которые являются попытками показать, что можно увидеть внутри себя – с широко закрытыми глазами?

Но – топологические забавы – не приносят облегчения, когда возникает вопрос о точках, метках, складках, из которых может и появляется нечто новое. Не отвечают и на вопрос – что нужно сделать, чтобы «нечто» появилось, выросло, расцвело?! Вот эти вопросы – примыкающие к обстоятельствам, которые помогают нам как-то идентифицировать «пространство внутри каждого из нас» - и являются смыслообразующими. Тем более, что невозможно никуда деться от предчувствия гадости «внутри себя». Ведь ЭТА собственная «гадкая» топология – рождает на свет и чудовищ, монстров, нечто негодное, негативное! Рядом с «садом чудес» и «потрясающих ароматов». Есть такие места, там, внутри каждого – в сторону которых не хочется глядеть и видеть. Но: они есть. И: настойчивы! Однако – все пространство внутри – «мое собственное». Как его маркировать, идентифицировать, демаркировать?...

Ночью, продолжая во сне раздумывать о проблемах внутренней топологии и обустройства границ – мы – «потерялись». Там, внутри сна. Кто-то: проснулся... И подумал, что негоже жить, потерявшись внутри себя. Вернулся в сон и стал разбираться: как вернуться? Вернулся, нашел дорогу, выход, дверь – и, с чувством выполненного долга, вышел из сна. Для обсуждения с Другим обстоятельств путешествия. Что это было?... Что происходит в таких ситуациях с тем, что – «свое»?

Проделав это на границе сна и яви, понятно, что там, внутри – в организации «моего внутреннего пространства» – есть не только «образные» «высказывания», «действия», «жесты» и «реплики»…Мои чувства (некие качественные образования), похоже прикреплены к действующим внутри меня персонажам, фигурам, акторам…, которые разыгрывают «спектакль» или решают «задачи», наподобие шахматным.

Как воспринимаются, как воплощаются, инсталлируются «фигуры», которые враждебны, внешни, не органичны? О которых кто-то рассказал любому из нас, а слушатль остался равнодушен – не прикрепил к «информации» эмоцию…

Полагаем, что такого рода образования и могут идентифицироваться как «импланты», как «гости» моего внутреннего мира, как чужие, как «наемники», пожертвовать которыми не особо страшно или жалко…

Было бы не точно – не указать, что антропные импланты – приходят внутрь со «своими землями». Со своим пространством, которое им соответствует. Чужое пространство – как большой корабль – прикрепляется к «мой земле», присоединяется, образуя общую границу, через которую и перебираются на «мою землю» чужаки.

Теперь осталось только определить – как возникает «своя земля». Как возникает мое собственное пространство и топология внутренней жизни? Стоит предположить, что в первые 2-3 года своей жизни, получая снаружи поток эмоций (любых) человек научается их идентифицировать: «мой страх», «моя любовь», «мое удовольствие», «мои желания». Не вещи, объекты, предметы, сущности! Нет! А именно то, что, прежде всего и перед всем – оказывается его, человека, модальными состояниями. Присвоение модальностей: первично, исходно, фундаментально – по отношению к любому другому «содержанию». Даже время – размечено актами предъявления этих модальных состояний. Эмоции – вторичны. Они: после модальностей! Что это значит? Нам представляется, что эмоции – составляют «второй слой» той топологии, той карты, о которой мы разговариваем. Генерация эмоций, умение и навыки – быть разным в своих эмоциях, похоже, составляют карту «своего мира». Причем, обратим внимание, разнообразие эмоций в этот период – делает нашу карту сложнее, изогнутее, сложнее. Что позволяет, видимо, впоследствии – принимать в «свое распоряжение» большее число событий, предметов, состояний, приключений. И своих и чужих.

Однако, самым страшным является вопрос о «собственности»! По отношению к объектам внутреннего мира. Модальная или эмоциональная собственность, , видимо, не представляет проблемы. Не встречали пока человека, который бы сказал, что испытывает чужое желание. Если уж человек хочет, то всегда говорит: «Я – хочу!» Если уж он счастлив, то провозглашает: «Я – счастлив!». То же самое – он повествует о «случившемся с ним», о «своих приключениях», о «своей судьбе». Есть небольшой вопрос о том, «где расположены» все эти истории? Однако, место, на котором ЭТО можно написать – пока не станем считать таинственным… Пусть ЭТО и будет «пустой, белой, изогнутой поверхностью внутри каждого из нас, на которой написаны эти письмена и расставлены знаки. Сложнее дело будет обстоять с такими фрагментами жизни, которые поддаются рационализации, о которых можно написать текст. Мы уже обращали внимание на «человеческие качества» **[3, 4]**. Сегодня мы предлагаем двинуться чуть дальше, сделать еще один шаг в направлении личной топологии. Какой?

Возьмем, к примеру, такое качество. Как «творческий». Можем ли мы его «размножить». Как? Уместно ли будет такое определение, как «не всегда творческий»? Или «временами консервативный»? Или «творческий в архаичной манере»? Или «ультра-творческий»? Или – «анархо-творческий»? Не наше дело теперь излагать ВСЕ возможные определения. Что мы делаем? Мы показываем возможную дорожку по модификации лишь одного качества. Иначе говоря – точка, территория – которая отведена под ЭТО – может «вибрировать», порождая вокруг себя модификации, инобытия основного качества…

Попадание в зону этих модификаций, похоже, и позволяет выяснить – как же обстоит дело с самим базовым качеством. Предположение наше станет выглядеть таким образом: тот, кто готов генерировать модификации основного качества – является его собственником. Анархо-акционист скорее, «творец», чем школьный учитель.

Таким образом, те «человеческие качества», которые не порождают в жизни текстов о существовании их модификаций – скорее всего, являются антропными имплантами, инородными образованиями внутренней жизни человека. И, скорее всего, вменены ему какими-то социальными институтами.

ЛИТЕРАТУРА

1. Гайдар Е. Долгое время. Россия в мире. Очерки экономической истории Академия народного хозяйства при Правительстве Российской Федерации, Москва, изд-во «ДЕЛО», 2005, 655 стр.
2. Абу Хамид ал-Газали Воскрешение наук о вере. Изд-во «НАУКА», Главная редакция восточной литературы, М., 1980, 376 стр.
3. Курбатова Л.В. Экзистенциальная социология. Опыт первый. Вестник Пермского национального исследовательского политехнического университета, Социально-экономические науки №1 (22), 2014, с.26 – 33
4. Курбатова Л.В. Экзистенциальная социология. Опыт второй. О свет времени Вестник Пермского национального исследовательского политехнического университета, Социально-экономические науки №1, 2015, с.43 – 48

Солодухо М.Н.
аспирант кафедры философии
Казанского национального исследовательского технического университета
им. А.Н.Туполева – КАИ, г. Казань
E-mail: margo@mail333.com

ФИЛОСОФСКИЕ АСПЕКТЫ КОНЦЕПТА «СИТУАЦИЯ»

Концепт, как и понятие, служит одной из познавательных форм мышления, и иногда их отождествляют. Однако концепт отличается от понятия. Понятие выражает *объективное* единство различных характеристик определенного класса предметов и строится на основании правил рассудка, а потому оно «не персонально» и не зависит от общения. Оно является ступенью или моментом познания. В отличие от понятия концепт *субъективен,* он формируется в контексте речи, в области душевных, интонационных, энергийно-ритмизированных коммуникационных связей с говорящим.

Концепт индивидуализирован, он постоянно уточняется в процессе обдумывания ответов на вопросы, которые возникают в диспуте с другим субъектом. Свойствами концепта выступают память и воображение, направленные на понимание вещи «здесь» и «теперь». На связь понятия концепта с фундаментальной, философской проблематикой обратил внимание еще в 1928 г. в своей работе «Концепт и слово» философ С.А.Аскольдов, который говорил: «Вопрос о природе общих понятий или концептов – по средневековой терминологии универсалий – старый вопрос, давно стоящий на очереди, но почти не тронутый в своем центральном пункте» [1, 157]. Средневековые философы полагали, что обращенность к другому (слушателю или читателю) всегда сопряжено с обращением к трансцендентному источнику речи – Богу.

В области социально-гуманитарной деятельности на рубеже XX – XXI вв. представления о ситуации стали выдвигаться на передний план [2, 186]. На понимание концептного характера ситуации в рамках современной, неклассической философии нас выводят следующие проблемы, во-первых, динамика любых состояний, и прежде всего – состояний, в которые попадает человек, во-вторых, соотношение конкретного и всеобщего и в-третьих, соотношение действительного и возможного. Об этих философских аспектах ситуации заставляет задуматься статья «Ситуация как философский концепт» [3], в которой указывается, что до недавнего времени проблема «ситуации» в философии обходилась стороной, в лучшем случае «ситуативное» рассматривалось как «эмпирические нюансы», имеющие практический смысл, но не как предмет метафизического мышления. Отношение к этой теме поменялось лишь в

XX веке, когда начался поиск альтернатив спекулятивному мышлению классической философии, прежде всего, в лице Г.Гегеля.

Сама историческая ситуация второй половины XX века заставила задуматься над множественностью ситуаций бытия человека в динамичном мире: это и ситуация «после Освенцима», как ее назвал французский философ, автор книги «Ситуация постмодерна» (1979) Ж.-Ф. Лиотар, и глобальные перемены в мире после II Мировой войны, их динамичный характер. Антропологическое измерение ситуации нашло отражение в развивающих идеях в области психологии и педагогики – в концепциях Льва Выготского и Михаила Бахтина, где нередко само слово «ситуация» наполнялось глубоким философским смыслом. На особый характер антропо-социальной ситуации обратил внимание российский ученый С.Смирнов, говоря: «Можно сказать, сейчас ситуация запредельная, или неклассическая. Ситуация, по поводу которой В. Шаламов сказал: «После ГУЛАГа писать нельзя … Тем самым В. Шаламов фиксирует предельную ситуацию – ситуацию полного кризиса всего предшествующего опыта культуры» [4, 10-11].

Попасть в ситуацию в новой философии означает не просто занять новое состояние и обрести новую сущность, теперь состояние рассматривается как со-стояние, как сопричастность к определенным условиям и взаимодействие с ними, поэтому принять некоторое состояние не есть «статика-стояние», а есть динамика взаимодействия с обстоятельствами. «Полностью статичным, как известно, может быть только одно состояние – смерть, а «помимо» нее все как-либо движется, изменяется, хотя бы и иллюзорно, постоянно возвращаясь к одному и тому же. Другими словами, настоящее со-стояние всегда не абсолютно, имеет смысл в соотнесении, «стоянии» «рядом» с чем-либо. По этой причине оно – всегда переход…» [3].

Неустранимость ситуаций заключается в конкретности и обязательности наличия состояний в появляющихся таким образом ситуациях, когда проявляется всегда имеющийся контекст, то есть соотнесенность с чем-либо. Очевидно, что для человека эта конкретность-ситуативность особенно ярко выражена, поскольку его пребывание «здесь» и «сейчас» его существования погружены в наличное бытие, является не только его действительностью, но и многообразной возможностью. В конечном счете ситуация выступает «единицей», «клеточкой» развития [3]: «Единица развития – такое предметное действие, которое, будучи построенным, само меняет ситуацию, в которой оно строилось. Это действие направлено не на внешние вещи, а на саму ситуацию развития, оно переструктурирует эту ситуацию» [4, 67].

«Выходит, что со-стояние - это всегда, другими словами, ситуация - определенное положение дел, сочетание событий, условий, факторов. Просто в первом случае речь идет о самом выделенном объекте, а во втором – о его соотнесенности со средой. И, характеризуясь состоянием, ситуация, конечно, не есть сущность, вообще не должна рассматриваться в рамках традиционного эссенциально-субстанциального дискурса. Не принадлежа его структурам, она фактична, то есть выражает конкретность – контекстуальность, качественно не сводимые к общему» [3].

С.Смирнов считает, что вообще ситуация выражает главным образом не понятийное, а нарративное описание, то есть отражает динамику состояний, событий, их переходы: «Субъект собой воссоздает пустые ситуации, которые движутся без ориентации на предмет нужды, они самоцельны, самодвижимы… Через эти ситуации перехода, пустоты человек переходит как герой. Это героический переход, ибо ничто в этой ситуации не задано. Субъект собой претерпевает ее, становится героем мифа» [4, 66].

Пример альтернативного философствования, в противоположность привычного сущностно-категориального дискурса, дает Мартин Хайдеггер: он говорит, что глубина бытия постоянно прячется за многообразным конкретным сущим, в котором пребывает человек. Для описания подобной ситуации Хайдеггер вводит понятие Dasein, в переводе с немецкого означающее: «вот-бытие» или «здесь-бытие» (возможны и варианты: «сиюбытность» или «существование здесь», «бытие присутствия»). Применительно к философии Гегеля – это «наличное бытие». Для Хайдеггера Dasein является одним из центральных понятий известного труда «Бытие и время» и ряда других робот. В экзистенциализме Dasein стал выражением экзистенции человека, бытие, которое вопрошает о самом себе. Отсюда человеческое присутствие в бытии всегда носит ситуативный характер, так как это есть бытие «здесь и сейчас». Так, не совсем философское и не совсем понятие, «ситуация» оказывается важным компонентом философского текста.

Еще один момент, связанный с философской проблематикой – скорее конкретность и единичность «ситуации», чем ее всеобщность. Как же так? Ведь классическая философия строится как знание о всеобщем, и характерная черта, отличавшая традиционное, спекулятивное философствование была сопряжена с выявлением всеобщего. Вовлечение единичного в сферу философии с конкретизацией всеобщего начал осуществлять основной предшественник экзистенциализма датский философ Сёрен Кьеркегор. В своей книге «Страх и трепет» он анализирует библейскую притчу об Аврааме с позиции «диалектической лирики», совершая отход от классической диалектики Гегеля, младшим современником которого он был [6, 34].

Единичное в конкретной ситуации, открывает абсолютное, делая Авраама приверженцем веры. Кьеркегор в библейском сюжете увидел предельную ситуацию, особый опыт – ситуацию переживания себя и мира, которая обнаруживает сущность бытия. Примечательно, что современный автор Славой Жижек, оценивая новую диалектику Кьеркегора, заключает, что «всеобщая Истина доступна только с частной вовлеченной субъективной позиции» [5, 53]. «Кьеркегор «открыл» ситуационно-событийное философствование экзистенциального типа. Он философски описал такой глубинный феномен, как неэмпирические метафизические ситуации, в которых человеческое бытие «между», «в зазоре», как недостаточность всего налично существующего доведено до предела» [3].

Диалектика датского философа подводит к единичному и конкретному совсем не так, как это делал представитель немецкой классической философии в «Феноменологии духа» или «Науке логики» – единичное здесь открывается без посредства всеобщего: «единичный индивид в качестве единичного стоит выше всеобщего, а ведь всеобщее – это и есть опосредование» (Кьеркегор) [6, 77].

«Диалектика» Кьеркегора раскрывает неопосредуемое, уникальное – конкретное, поэтому не может быть категориальной: она оперирует концептами, событиями – ситуациями, конкретными феноменами, единичными актами человека, – всем тем, что становится аппаратом экзистенциального философствования. Всеобщее в этом единичном нужно почувствовать, интуативно уловить, а не рассудочно вычленить и познать. Так формируется сам принцип постижения в экзистенциализме, где признается, что становление и реализация человека происходит в конкретных условиях, ситуациях. Но это и еще один подступ к пониманию ситуации в новой философии: ситуация есть концепт, не познаваемый разумом, а воспринимаемый эмоционально-чувственно на уровне духовного опыта, в процессе философского дискурса.

Динамика процесса и конкретность его реализации проявляется еще в одном аспекте, связывающем понимание ситуации с проблемами философии: это отношение «действительность – возможность». В философии выделяются две традиции понимания действительности – более жесткая и более гибкая. Первая традиция – классическая – трактует действительность как совершившуюся необходимость, вытекающую из объективных законов, в которых роль человеческого фактора минимализирована (Спиноза, Декарт, отчасти - Гегель, исключительно материалистически – Маркс). Второй подход, понимающий действительность как «осуществленность», характерен для новой философии, сочетающей материалистические и идеалистические представления, отдающий дань пониманию, субъективирующему действительность. Такой позиции придерживается и Къеркегор, Ясперс, Хайдеггер, Сартр, уделяющие особое внимание свободе выбора.

Второй подход к пониманию действительности трактует ее как постоянную, никогда не прекращающуюся осуществленность. Здесь на первый план выходит временной аспект становящейся действительности, которая постоянно является не завершенной. Обращая внимание на эту особенность, русский философ Семен Франк брал само слово «действительность» в кавычки, поскольку с его точки зрения не существует действительности как чего-то завершенного, определенного, имеющего четко очерченные границы [7, с. 265]. А это и есть выражение ситуативности самой действительности. С позиции темпорально-ситуационного подхода действительность дискретна, постоянно осуществляема и открыта, и она описывается концептами «состояние», «событие», «ситуация».

Такая ситуативная действительность окружена бесконечными возможностями, и есть постоянный переход от возможного к действительному. Ситуация выступает как фундаментальная характеристика действительности, всего существующего, бытия. Представления, характерные для «жесткой, спекулятивной концепции действительности», согласно которой ситуация – лишь второстепенный «невидимый» нюанс или совокупность незначительных, случайных факторов, – здесь отпадают.

Поскольку переход возможности в действительность осуществляется каждое мгновение, в структуре каждого момента становления есть проявление действительности, постоянно окруженного вероятностным полем. Исходя из этого, само постоянное становление и дискретное обновление действительности реализуется через ситуации. «Поэтому, если говорить более точно, собственно наблюдаемая ситуация – это, образно выражаясь, некое вероятностное смысловое поле, погруженное в безграничность возможного» [3].

С точки зрения Семена Франка [7], бесконечно возможное непостижимо (по его выражению «Непостижимое»), а потому непостижима действительность и на понятийно-категориальном языке невыразима ситуация, находящаяся в центре бурлящего процесса вечного становления наличного бытия. Это еще один подход к пониманию ситуации как концепта.

Литература

1. Аскольдов С.А. Концепт и слово //Гносеология: Статьи. – М.: Изд-во Московской патриархии Русской православной Церкви, 2012. – 200 с.
2. Солодухо М.Н., Румянцева М.Г. Познавательная роль понятия «ситуация» в современной науке //Вестник КГТУ им. А.Н.Туполева. – 2014, №1, с. 183-188.
3. Ситуация как философский концепт . - URL: http://cdn.scipeople.com/materials/24276/%D0%A1%D0%B8%D1%82%D1%83%D0%B0%D1%86%D0%B8%D1%8F %D1%81%D1%82. - %D0%B2%D0%98%D0%BD%D1%82%D0%B5%D1%80%D0%BD%D0%B5%D1%82.doc (дата обращения 18.06.2015).

4. Смирнов С.А. Культурный возраст человека: Философское введение в психологию развития. – Новосибирск: ЗАО ИПП «Офсет», 2001. – 261 с.
5. Жижек С. Устройство разрыва. Параллаксное видение. – М.: Издательство «Европа», 2008. – 516 с.
6. Кьеркегор С. Страх и трепет. – М.: Республика, 1993. – 383 с.
7. Франк С.Л. Непостижимое // Франк С.Л. Сочинения. – М.: Правда, 1990. – 607 с.

Kalinina T.L.
PhD in Philosophy, Ass Professor, Financial University
under the Government of the Russian Federation

COGNITIVE PHILOSOPHY: STYLE OF THINKING

In «Prolegomena ...» I. Kant supposes that intellect dictates its laws to nature. It means the nature is real just in empirical sense as phenomena world. If we consider reality as noumena space then nature will be that one what our cognising apriory grounding thinking is creating and filling in. As a result the enthasis [4] determines globally how subject will see the reality supposing he/she looks at the real world (not imaginary one).

That is why we could say that enthasis determines type or style of thinking. I. Kant connects type of thinking with system of «transcendental analytics» and particularly with analytics of concepts. The philosopher is convinced that «thinking is cognition by means of concepts which are...not intuitive but discursive» [2, 3, 165-167]. Thus agora of cogitation as a result of Kant's cognitive theory has the enthasis and is bound on the one hand to discursive thinking (intuition is underestimated) on the other hand to subject's sensual experience (other human cognitive abilities are disregarded).

According to I. Kant the power of concepts extends infinitely and this is the defining feature of thought's space considered above. The philosopher argues the primary source of all kind of connections between natural objects and phenomena we have to look for in the conceptual thinking: «we couldn't imagine objects connected with each other if we didn't connect them in our thinking before» [2, 3, 190-191].

There are some postulates of cognition such as contemplation axioms and analogies of experience. Contemplation axioms postulate discreteness of world and reflect such feature of the human perception as complexity which is corresponding to the discreteness. Analogies of experience determine the cognition of nature laws.

All in all if we imagine the agora of cogitation corresponding to Kant's apriorism the appropriate enthasis will suppose that the natural sciences deal with phenomena ordered by intellect itself. The intellect's aspiration to put in order the multiplicity of the objects and phenomena is the cause of the sciences to emerge.

Kant's theory is an example of one of the really existing agora of cogitation's patterns with appropriate enthasis. However, Kant's conception has some paradox. Namely it is the statement of world discreteness on the one hand and continuity of perception on the other hand.

His contemporary V.Goethe if we are considering him as a philosopher and naturalist argues the opposite postulate of world unity and relevant many-sided perception.

Consider next example of enthasis precisely Goethe's one. We will pay attention to the axioms of cognition and then synthesize enthasis' elements corresponding to Goethe's thinking.

The first Goethe's postulate is the cognition must be free of cognitive prerequisites. It implies the solution of the problem of subjective things and objective ones in the human perception. History of philosophy confirms the division on cognition's subject and object is apriory one. Goethe argues the division is artificial and has some harmful effects: existing of imaginary (not real) nature, cognition of the world by means of natural sciences textbooks (not by means of experience), trust to terms, lost the penetration. He says: «the thought is objective in the same meaning as the thought's objects are natural and the thought is the organ of nature to cognise itself» [3, 99].

The second Goethe's postulate is: «penetration must not be replaced by the knowledge» [3, 99]. The apriory forms of sensitivity and apriory deductive statements, pure intellect concepts and so on are natural cognitive subject's states. These states were induced by last and present generations of naturalists and determined the rules of mind. «Nature in this case goes through 'prism' of preliminary abstractions and the thought comprehends the world not in itself but the world's reflection that will be considered as the world in itself» [3, 95].

The third Goethe's postulate is: if empirical contemplation reached a its boundary and can't be a source of next experience we don't have to seek the help of theoretical discussions but should fill a gap by means of «qualitatively broadening and changing experience» [3, 125].

Obviously, Goethe's «coordinate system» or enthasis could induce a type of thinking which create qualitatively new cognitive experience. The experience would be abnormal not only for contemporary philosophy but for the theory of cogitation as whole. I. Kant named it as «affair of intelligence». Goethe considered it as over-sensitivity of thought. Precisely over-sensitivity of thought is one of the Goethe's enthasis' axes.

Evidently, the discursiveness of reason which played the first cognition part in I. Kant's theory could explain non-organic nature phenomena. And does it quite satisfactorily because «there is complete uniformity in the phenomena's characteristics and specifics of reason in itself» and discursive reason is able to recognize the static decomposed inanimate things best of all [3,132]. If I. Kant's cognition system runs into animated nature then it starts «going mad» whereas Goethe's methodological conception not only prospers but shows prospects for future development and find new cognitive problems to solve.

Thus the over-sensitivity is one of the main axes of Goethe's agora of cogitation or enthasis. It is the ability to go out of sensitive perception boundaries. It is the possibility of «intuitive contemplation» which may be real one because «a man is the highest type of nature inside the nature and there is nothing in the nature that doesn't correspond to human cognitive abilities» [3, 127].

According to what has been just said we could say that over-sensitivity as one of Goethe enthasis' elements supposes denial of any boundaries for cognition besides internal ones creating by the man himself. «Any new object which has been observed discovers a new organ in the observer» [3,133].

Along with over-sensitivity Goethe offers the idea of «precise imagination» [3, 136] which we could state as the next axis of Goethe's enthasis.

The «precise imagination» helps to cognise phenomena hidden from the direct sensitive perception in the organic nature cognitive process. Goethe argues the thought in this case takes its content from itself but not from outside. Precision in turn gives the intuitive imagination («precise imagination») the right to become the scientific concept.

These are the main elements of Goethe's thought space. Goethe as well as I. Kant created individual thinking hierarchy. Their legacy for future generation of thinkers is the «coordinate systems» of their individual enthasises. We might suppose I. Kant would agree when Goethe said about cognition: «As a matter of fact I've examined the nature ... egoistically, namely, to form myself» [3,137].

References:

1. V.N. Kuznetsov. German classic philosophy in the second part of XVIII - the beginning XIX century.- Moscow, 1989.
2. I.Kant Works in 6 volumes. - Moscow, 1963-1966.
3. K.A.Svasyan. Goethe. Moscow, 1989.
4. Kalinina T.L. Schekochihina S.V. Contemporary geometry in cognitive philosophy's area // Science in the modern information society V: Proceedings of the Conference. North Charleston, 26-27.01.2015, Vol.2. — North Charleston, SC, USA:CreateSpace, 2015, p.159-160

Лебедева Е.О.
к.э.н., доцент кафедры бухгалтерского учета, анализа и аудита, ФГБОУ ВО Костромская ГСХА
e-mail: alena_inbox@mail.ru

БРЕНД РЕГИОНА КАК ОТРАЖЕНИЕ СОСТОЯНИЯ ЕГО ЭКОНОМИЧЕСКОЙ БЕЗОПАСНОСТИ

В современном мире конкурентная борьба разворачивается не только на микроуровне, между отдельными предприятиями, но и на мезоуровне, между регионами: за инвестиции, информационные, транспортные и туристические потоки, экологические, экономические, социальные и культурные ресурсы, инновационные проекты, человеческий и интеллектуальный капитал. В условиях жесткой межрегиональной конкуренции возрастает роль позиционирования, позволяющего региону привлекать и наращивать ресурсы для своего развития, поэтому бренд, региона сегодня – это стратегическая необходимость, закрепляющая его положительный имидж и, тем самым, способствующая его экономической безопасности.

В настоящее время существует множество трактовок понятия «бренд», однако самое «узаконенное» определение бренда принадлежит Американской ассоциации маркетинга (American Marketing Association): «имя, термин, знак, символ, или дизайн, или комбинация всего этого, предназначенные для идентификации товаров или услуг одного продавца или группы продавцов, а также для отличия товаров или услуг от товаров или услуг конкурентов» [1]. Это правовое определение, принятое в законодательстве и правоприменении в большинстве стран Америки и Европы.

Анализируя различные определения [1; 2, 106; 3, 8; 4, 11; 5, 48], можно выделить несколько основных особенностей понятия «бренд». Очевидно, что бренд включает в себя две основные составляющие: материальную и нематериальную. При этом материальная состоит из самого продукта, его производителя, продавца, логотипа и других составляющих товарно-марочной политики (символ, мелодия, цветовая гамма). Нематериальная же – мнение, образ, ассоциации и другие всплывающие в памяти у любого потребителя особенности при различном упоминании любого элемента материальной составляющей. Что немаловажно, обе составляющие равноценны.

Мы рассматриваем регион как составляющую экономики нашей страны. Процветание региона, иными словами, его социально-экономическое развитие зависят от его положения в окружающем пространстве: в стране, обществе, мире.

Благодаря бренду, отдельно взятый регион может получить конкурентные преимущества и, обеспечив прирост валового регионального продукта, создать такое состояние экономики, которое сделает ее защищенной от внешних и внутренних угроз, – иными словами, обеспечит или создаст экономическую безопасность.

В формировании бренда региона основная задача – привлечь внимание, повысить узнаваемость, цитируемость и интерес к объекту.

Общеизвестно, что «встречают по одежке, а провожают по уму», – так и здесь привлекаем брендом, а потом уже на деле доказываем, что у нас можно комфортно жить, купить качественные товары и производить, первая задача – создание представлений о регионе, а вторая – его социально-экономическое развитие, естественно, вторая задача требует больших материальных вложений, нежели первая. Важно развивать традиционно сильные стороны, а не браться за построение чего-то с ноля, и бренд принесет свои плюсы региону. Так, помимо улучшения объемов продаж, он может выступить и в качестве весомого аргумента при определении положения региона на рынке: повышается инвестиционная привлекательность региона, а также успешно продается его продукция.

К основным составляющим бренда региона следует отнести:

1) социально-экономическое развитие региона: традиционно сильные отрасли, предприятия, учреждения образования;

2) человеческий потенциал: необычный национальный и половозрастной состав, мощный социально-профессиональный капитал, интеллектуальный капитал;

3) культурно-исторические характеристики: героическую историю, знаменитых уроженцев и почетных жителей, памятники искусства и архитектуры, традиции, культуру региона;

4) природно-климатические характеристики: уникальность ландшафтов, водотоков, флоры, фауны, климата, сети заповедников и национальных парков.

В специальной литературе также большое распространение получил термин «сильный бренд», который ввел Дэвид Аакер в книге «Создание сильных брендов» для того, чтобы отличить большое число претендентов от несомненных брендов [2, 17]. Следуя Аакеру, мы тоже считаем, что сильный бренд отличает целый ряд характеристик, которые не оставляют никому возможности усомниться в его овладении сознанием масс.

Сильным считается бренд региона, который знают и могут отличить от других, в первую очередь, по рейтингу инновационной привлекательности региона. Если бренд знают и различают от 30% до 60% потребителей, то его можно назвать развивающимся брендом. Если бренд отличают среди конкурентов менее 30% потребителей, то он относится к категории слаборазвитых [3 ,77]. Для создания сильного бренда региона, необходимо способствовать продвижению бренда и контролировать реакцию на него регионов-партнеров, инвесторов, исполнительных органов государственной власти, т.е. управлять им. А результатом управления брендом будет становление его сильных сторон.

Позиционирование развития в условиях конкурентной среды – это воссоздание привлекательного образа региона и его товаров или услуг, повышающих его конкурентоспособность. С точки зрения государства, любой регион следует рассматривать как специфический товар, потребителями полезных свойств которого выступают население, инвесторы, предприниматели, исполнительные органы государственной власти, миграционные потоки, туристы и т.д.

Определяя или формируя бренд региона на примере Костромской области, учитывая мировой и российский опыт, для закрепления в общественном сознании образа данного региона можно рекомендовать следующий набор инструментов по приоритетности.

В качестве основы имиджа Костромской области может быть использовано ее социально-экономическое положение. Раскроем это.

Главным достоянием и ресурсом Костромской области является лес. Лесистость Костромской области составляет 74,3 %. Общая площадь лесов на территории области составляет более 4700 тыс. га. Общий запас насаждений – 712,2 млн. км3. Основными лесообразующими породами являются сосна, ель, береза, осина; подлесочными – ольха серая, рябина, черемуха.

Территория области покрыта густой сетью водотоков. Это 3610 малых и больших рек, в т.ч. «великая русская река» – Волга (точнее Горьковское водохранилище); 438 озер, крупнейшие из которых – Галичское и Чухломское; 450 родников, 28 месторождений подземных вод (из которых 10 потенциальных или уже разрабатываемых месторождений минеральных вод).

Наличествует целый ряд исторических городов и поселений (Кострома, Галич, Нерехта, Буй, Судиславль, Кологрив, Красное-на-Волге и др.), жители которых являются носителями традиций, отражающих историю, культуру, жизненный уклад русского народа. Костромская земля признается одним из регионов, являющихся духовным ядром развития русского народа и российской государственности.

Существенную роль в формировании имиджа региона играет образ областного центра:

- глубокие исторические корни, уникальные памятники старины и природные зоны, связь с выдающимися представителями отечественной науки и искусства, уникальность провинциальной культуры, формирующей самобытный менталитет и патриотический дух костромичей;

- национально-историческое признание Костромской земли в качестве родины символа российской государственности – царствовавшей более 300 лет династии Романовых;

- выгодное географическое расположение в центре европейской части России и разветвленная транспортная система, включающая водные артерии Верхневолжья;

- необходимая и развивающаяся научно-образовательная база для обеспечения научного обоснования и реализации различных направлений и проектов, способствующих экономическому развитию;

- наличие целого ряда исторически сложившихся и широко используемых в настоящее время культурно-исторических образов-символов (Иван Сусанин, Снегурочка и т.д.).

Но из множества достоинств необходимо выделить основные – те, которые были присущи только Костромской области; поэтому в последнее время Костромской край позиционируют, как родину Снегурочки, а областной центр – Кострому как ювелирную столицу России. Но все это - внешняя оболочка – «обертка» Костромской области. И посещающие область туристы должны приехать не в экзотическую деревню, а в социально и экономически стабильный регион, поэтому необходимо развивать вторую – материальную – составляющую бренда: социально-экономическое положение области. Целесообразно, используя инновационный подход и привлекая инвесторов, развить уже заложенные на региональном уровне направления и отрасли, сделав их брендовыми (общеизвестными).

Для развития внутри социально-экономической платформы Костромской области, как и любому региону, требуется грамотно разработанная инновационная стратегия социально-экономического развития – она и будет являться тем стержнем, на котором основывается бренд.

Таким образом, формирование и продвижение бренда региона влияет на его конкурентные преимущества и содействует социально-экономическому развитию территории, создавая «точки» роста и развития государства в целом. Только так возможно добиться относительной независимости отдельного региона, и, как следствие, обеспечения его экономической безопасности, а также страны в целом.

Литература (источники):

1. Википедия. Свободная энциклопедия. [Электронный ресурс]. Режим доступа: https://ru.wikipedia.org — Заглавие с экрана.

2. Аакер Д. Создание сильных брендов [Текст] / Дэвид А. Аакер.- М.: Издательский Дом Гребенникова, 2003.- 340 с.

3. BRAND.2.B/BRAND.2.C, или о том, как работают бренды в социокультурном пространстве [Текст] / Под ред. И.Г. Хангельдиевой,

Н.Г. Чаган. —М.: Издательский дом Международного университета в Москве, 2010. — 192 с.

4. Организационные инновации продвижения бренда коммерческой фирмы [Текст] / З.В. Брагина, Г.Л. Шаблова // Экономическая наука - хозяйственной практике: материалы сессий XIV Международной научно-практической конференции, посвященной памяти профессора М. И. Скаржинского. - Кострома, 2012. - С. 11-19.

5. Иванова О.Е. Проблемы экономических терминов, применяемых в российском законодательстве [Текст] / О.Е. Иванова // Молодая наука – XX1 веку: Тезисы докладов международной научной конференции. Иваново, 19-20 апреля 2001 г. Часть 2. Экономика. Круглый стол «Международное сотрудничество и академическая мобильность». Иваново. Иван. гос. ун-т, 2001. – с. 48.

Морозова Н.И.
доктор экономических наук, доцент кафедры государственного и муниципального управления, Волгоградский государственный университет
miss.natalay2012@yandex.ru

ПОВЫШЕНИЕ ЭФФЕКТИВНОСТИ УПРАВЛЕНИЯ МУНИЦИПАЛЬНЫМ ОБРАЗОВАНИЕМ НА ОСНОВЕ ИСПОЛЬЗОВАНИЯ СИСТЕМНОГО ПОДХОДА[1]

Как известно, институт местного самоуправления создает пространство для демократического участия граждан в управлении, гарантирует свободу волеизъявления жителям, содействует процессу установления конструктивного диалога с властью. Это объективный и непрерывный процесс развития гражданского общества [1; 2]. Органы местного самоуправления играют активную роль в решении вопросов социального характера на подведомственной территории (к примеру, в области жилищно-коммунального хозяйства, образования, здравоохранения, культуры, благоустройства и т. д.). Решить столь разнообразные задачи можно при помощи системного анализа, который позволяет высвечивать то общее в объектах и процессах совершенно различной природы, что затемняется деталями и трудно обнаруживается пока не отброшены частности. После снятия частностей знакомый исследователю объект или процесс видится по-новому. У специалистов по управлению кардинально изменится стиль научного мышления. От детерминированных моделей они переходят к использованию моделей с нечёткими целями и ограничениями, к применению математического аппарата нечётких множеств. Происходит синтез знаний из различных наук (математики, логики, теории систем, теории управления и др.). В процесс управления вводится информационное описание системы и проектируется информационная архитектура, позволяющая осуществлять автоматизированный сбор и обработку данных на различных уровнях управления. Только на такой основе можно выработать научнообоснованную экономическую стратегию развития муниципального образования, которая способствовала бы ускорению технического, экономического и социального прогресса, а также оценивала последствия проводимой экономической политики и вносила, по мере необходимости, коррективы.

Однако до сих пор потенциал системного подхода не реализован в полном объеме, особенно применительно к анализу сложных самоорганизующихся социально-экономических систем, в качестве которых выступают муниципальные образования. В связи с этим

[1] Исследование проводилось при финансовой поддержке в виде гранта Российского гуманитарного научного фонда и администрации Волгоградской области (проект № 15-12-34002).

системный подход необходимо рассматривать в качестве основы современного научного анализа [3].

Основополагающим понятием системного анализа является термин «система» (греч. - «составленное из частей», «соединение»), возникший в Древней Греции около 2000 лет назад, но и сегодня данная категория остается многоликой, притягивая внимание исследователей. Одна из причин заключается в том, что изначально в понятии «система» заложена определенная двойственность: с одной стороны оно используется для обозначения объективно существующих явлений или событий, а с другой стороны — это метод изучения, то есть субъективная модель реальности. В связи с этим можно выделить два аспекта в рассматриваемом понятии: как отличить системный объект от несистемного и как построить систему путём выделения её из окружающей среды.

На основе первого подхода даётся дескриптивное (описательное) определение системы, на основе второго — конструктивное. Зачастую данные подходы используются вместе. Главное отличие конструктивных определений состоит в наличии цели существования или изучения системы с точки зрения наблюдателя или исследователя, который при этом явно или неявно вводится в определение [4].

В дальнейшем, опираясь на немного скорректированное понимание И. Кантом системы и, придерживаясь конструктивного подхода, можно определить систему как совокупность объектов и процессов, называемых элементами, взаимосвязанных и взаимодействующих между собой, образующих тотальность — «множество, рассматриваемое как единство», организованных для достижения поставленных целей. Причем единство многообразных элементов обладает свойствами, не присущими ее элементам, взятым в отдельности.

Подчеркнем, что система как единое целое существует именно благодаря наличию связей между ее элементами, которые по характеру взаимосвязи подразделяются на прямые и обратные, причем последним в науке отводится наиболее важная роль. Как известно, обратные связи могут быть как положительными, так и отрицательными. Отрицательные обратные связи позволяют блокировать гибельно-разрушительные последствия системного поведения и таким образом обеспечивают устойчивость и сохранность общества как особой системы, ее гомеостаз. Положительные обратные связи, напротив, усиливают отклонения от исходных состояний.

Таким образом, обратные связи обеспечивают существование системы, в данном случае муниципального образования, как целого и являются инструментом повышения эффективности деятельности органов местного самоуправления.

Существование системы может осуществляться в двух основных режимах: функционирование и развитие (эволюция), которые взаимосвязаны между собой и отражают диалектическое единство основных тенденций социально-экономической системы.

Функционирование – это поддержание жизнедеятельности системы, сохранение её целостности, качественной определённости, сущностных характеристик. Иначе говоря, самосохранение. Для живых систем это очевидно. Что касается социально-экономической системы, в качестве которой выступает муниципальное образование, то сохранение ее целостности в условиях постоянно меняющейся внешней среды можно представить как достижение системой некоего равновесия со средой ее обитания. Это равновесие в общем случае подвижно. Устойчивость подвижного равновесия применительно к любым сложным системам называется законом адаптации, согласно которому реакции системы на внешнее воздействие в первую очередь направлены на то, чтобы уменьшить неблагоприятные последствия этого воздействия и сохраниться в качестве системы. Реализуется это с помощью обратных связей – реакций системы на изменения среды.

Однако возможности обратных связей не безграничны. Рано или поздно наступает состояние, которое в биологии называется срывом адаптации. В результате система либо гибнет, либо вынуждена существенно измениться, чтобы соответствовать новым условиям. Большинство компонентов сохраняются. «Физические потери» могут наблюдаться только на уровне элементов системы (если она гетерогенная), но и это не носит массового характера. Подобная смена состояний называется кризисом.

Таким образом, функционирование социально-экономической системы, в качестве которой выступает муниципальное образование, представляет собой циклический процесс, в результате которого происходит смена состояний системы, сопровождающаяся изменениями ее интегральных показателей, а иногда и структурными перестройками разного масштаба. Но при этом система может сохранить ряд своих наиболее важных характеристик, т.е. она остается целостной и продолжает входить в качестве определенного компонента в ту же систему более высокого уровня, в которую она входила.

Приобретение системой нового качества, укрепляющего её жизнестойкость в условиях изменяющейся внешней среды, называется развитием. Основными признаками развивающихся систем являются:

1. самопроизвольное изменение состояния системы;

2.противодействие (реакция) влиянию окружающей среды (другим системам), приводящее к изменению первоначального состояния среды;

3. постоянный поток ресурсов (постоянная работа по их перетоку "среда-система"), направленный против уравновешивания их потока с окружающей средой.

Применительно к муниципальному образованию с точки зрения системного подхода в качестве результата развития выступает переход системы на качественно новый уровень социально-экономического состояния и создание нового потенциала, способствующего дальнейшему развитию экономики муниципального образования и региона в целом. Это возможно, например, за счет более эффективного использования ресурсов.

В качестве критериев экономического развития можно рассматривать:

- накопление в обществе элементов справедливости и равенства (этот вопрос разрабатывался Т.Мором, Т.Кампанеллой, К.Марксом и др.),
- рост индивидуальной свободы в совокупности с развитием морали (эта проблема в центре внимания И.Канта, Э.Дюркгейма и др.).

Выделенные критерии помогают сопоставить направление общественного развития с идеальным общественным устройством. Ведь в конечном итоге социально-экономическое развитие должно идти в направлении гармонизации интересов общества и интересов индивида, увеличения в обществе счастья и добра. Поскольку не может быть прогрессивной экономической системы, подавляющей интересы людей, не позволяющей реализовывать их духовные способности. Однако история знала и обратные примеры.

Таким образом, использование системного подхода позволит органам местного самоуправления построить такую систему управления, которая бы определяла оптимальный вектор развития муниципального образования с учетом сложившейся ситуации, оперативно сигнализировала о наступлении возможных неблагоприятных событий, чтобы можно было предпринять упреждающие действия, и была нацелена на повышение качества жизни населения.

Литература:

1. Морозова Н.И. Местное самоуправление в решении вопросов социальной сферы и повышении качества жизни населения: компаративный межстрановый анализ // Современная экономика: проблемы и решения. 2013. № 10 (46). С. 58-67.

2. Морозова Н.И. Институциональная роль местного самоуправления в современной России // Вестник Волгоградского государственного университета. Серия 3: Экономика. Экология. 2010. Т. 3. № 2. С. 77-83.

3. Морозова Н.И. Особенности муниципального образования как сложной саморазвивающейся социально-экономической системы // Современная экономика: проблемы и решения. 2014. № 5. С. 148 - 154

4. Кориков А.М., Павлов С.Н. Теория систем и системный анализ: учеб. пособие. — 2. — Томск: Томс. гос. ун-т систем управления и радиоэлектроники, 2008. — 264 с.

Фадейчева Г.В.
доцент, к.э.н., профессор АНО ВПО "Владимирский институт бизнеса"
fadeycheva@mail.ru

ВЫЗОВЫ ИНФОРМАЦИОННОГО ОБЩЕСТВА И РОССИЙСКАЯ ОБЩЕСТВОВЕДЧЕСКАЯ МЫСЛЬ

Становление информационного общества есть реализация общественной потребности развития и оно сопровождается не только изменениями технической стороны процесса общественного воспроизводства, но и трансформацией всего социо - хозяйственного пространства. В российской обществоведческой мысли появился даже термин "интеллект - революция". В декабре 2011 года на экономическом факультете МГУ им. М.В.Ломоносова Центром общественных наук (ЦОН МГУ им. М.В.Ломоносова) и лабораторией философии хозяйства экономического факультета была проведена Международная научная конференция "Интеллект- революция: свершения и ожидания. К 300-летию со дня рождения М.В.Ломоносова", в центре внимания которой было осмысление вызовов информационного общества и феномена интеллект - революции. По итогам конференции опубликована коллективная монография "XXI век: интеллект-революция". В данную монографию включена и наша статья " Интеллект-революция в контексте общественной потребности развития" [1 ,72-77]

При всех многочисленных плюсах становления информационного общества, развернувшаяся в передовых странах интеллект - революция несет в себе противоречие, которое, на наш взгляд, можно классифицировать как основное противоречие данной интеллект - революции: между все более технически и информационно усложняющимся миром и гуманистической составляющей данных преобразований.

Информационное общество дает человечеству новые возможности, воздействует на весь процесс общественного воспроизводства и систему общественных потребностей, меняет характер труда. Но возникает и целый ряд актуальных проблем и противоречий. Например, применение новых технологий, в том числе - информационных, позволяет облегчить условия труда, увеличить свободное время за счет постепенного сокращения рабочего времени. Однако величайшее благо - свободное время, борьба за которое в рамках борьбы трудящихся за сокращение рабочего дня имеет непростую и порой очень драматическую историю как в отдельных странах, так и в мировом масштабе, в условиях информационного общества становится не источником для саморазвития и самосовершенствования личности, а - объектом конкурентной борьбы различных отраслей развлечений. Некоторые отрасли сферы развлечений напрямую работают на обесчеловечевание человека, формируют псевдообщественные потребности, а инфраструктура информационного общества тиражирует и закрепляет в общественном сознании негативные (обесчеловечивающие) модели поведения, создает новые модели потребительского поведения и новые формы удовлетворения соответствующих потребностей.

Одной из актуальных проблем информационного общества следует, на наш взгляд, признать широкие возможности манипуляции общественным сознанием, которая охватывает все сферы общественного бытия. В качестве одного из примеров манипуляции общественным сознанием приведем изменение в отношении к труду и к его результатам в пореформенной России. Благодаря штампам средств массовой информации и постоянном тиражировании различной бизнес - информации в общественном сознании по - существу произошла подмена смыслов при использовании терминов, относящихся к процессу труда. Так, присвоение части стоимости, созданной другими в прибавочное время именуется заработной платой ("олигарх такой-то заработал столько-то), а результативность любого процесса труда измеряется финансовым успехом. Соответственно при оценке нового фильма или произведения искусства во главу угла ставятся не их художественная ценность, воздействие на зрителя, а стоимость спецэффектов и сбор в прокате(для фильма) и оценка на аукционе (для произведения искусства).

Информационное общество основывается на новых возможностях, которые предоставляет ему современный этап развития всеобщих производительных сил и на огромном накопленном интеллектуальном потенциале социума. Для него характерно:

- активное внедрение в повседневную жизнь достижений технического прогресса и формирование соответствующей модели потребительского поведения;
- моделирование социально-экономических процессов и явлений на основе использования современных информационных технологий;
- активное применение в различных сферах хозяйственной деятельности искусственного интеллекта;
- формирование определенных общественных потребностей и воздействие на общественную потребность развития.

Важнейшей чертой информационного общества и современной интеллект - революции, на наш взгляд, следует признать процесс программирования различных сфер человеческой деятельности, в результате чего происходит воздействие на процесс формирования общественных потребностей, создание новых форм удовлетворения потребностей и новых разновидностей общественных потребностей, а также - манипуляция общественным сознанием.

Воздействие интеллект - революции на процесс формирования системы общественных потребностей идет по различным направлениям и включает:

- изменение структуры общественного воспроизводства, и, соответственно - изменение системы общественных потребностей;
- создание новых форм удовлетворения потребностей;
- формирование "технической и интернет- зависимости" и соответствующей модели поведения;
- образование новых институтов гражданского общества и программирование новых форм гражданского самовыражения в социуме.

Парадоксом современного информационного общества становится тот факт, что человек в качестве потребителя различных сложных в техническом отношении благ становится все более и более примитивным и, пользуясь функциями технических средств, обычно имеет смутные представления об их устройстве. Как уже отмечалось, технические блага информационного общества, безусловно, упрощают жизнь, высвобождают время, но зачастую появившееся свободное время тратится не на саморазвитие, а на деградацию личности (бесцельное времяпрепровождение в сомнительных социальных сетях, игромания, шоу-зависимость и т.д.).

Главным вызовом, брошенным информационным обществом обществоведческой мысли, на наш взгляд, следует признать тот факт, что оно, при всем его техническом превосходстве над предшествующими эпохами человеческой истории и при всем том комфорте, который оно дает простому потребителю, не ставит и не реализует гуманистических целей, в том числе им не ставится цель формирования гармонично развитого человека. А это важнейшая общественная проблема и над ней концептуально трудится российская обществоведческая мысль, прежде всего в рамках школы философии хозяйства, возглавляемой профессором МГУ им. М.В.Ломоносова Юрием Михайловичем Осиповым.

Концептуально важным, на наш взгляд, является поиск ответа на вопрос, ради чего ведутся технические преобразования в современном развитом обществе, какую цель они преследуют. Налицо противоречие, которое, на наш взгляд, следует считать основным противоречием современного развития: между все более технически и информационно усложняющимся миром и гуманистической составляющей данных преобразований.

Литература:

1. XXI век: интеллект-революция: монография/ Под ред. Ю.М.Осипова, Е.С.Зотовой. - М.; Киев: Издательско-информационный центр Национального университета государственной налоговой службы Украины, 2012. - 454 с.

Самылина В. Г. - к. э. н., доцент
Гительман Е. Б. - к. т. н., доцент
ФГБОУ ВПО «Вологодский государственный университет»,
г. Вологда, Россия,
v.samilina2011@yandex.ru

О ТЕНДЕНЦИЯХ ИЗМЕНЕНИЯ СОСТОЯНИЯ ОКРУЖАЮЩЕЙ ПРИРОДНОЙ СРЕДЫ НА ЕВРОПЕЙСКОМ СЕВЕРЕ РОССИИ

Качество жизни людей складывается из многих факторов. И один из важнейших - окружающая природная среда, экологическое благополучие. Это чистота атмосферного воздуха, которым мы дышим, чистота воды, которую мы пьем, образование, использование и обезвреживание отходов производства и потребления. В современных условиях на первый план выходят вопросы, связанные с рациональным использованием элементов производительных сил - рабочей силы, природных ресурсов, производственных фондов, оптимизация их использования. Угроза природным системам исходит из множества накапливающихся локальных воздействий человека. В свою очередь их защита и сохранение требуют понимания прямых и косвенных последствий антропогенной деятельности за длительные периоды времени и на больших территориях.

Как и другие составляющие качества жизни, экологическое благополучие в наши дни не обеспечивается само по себе - слишком велико влияние человека на окружающую природную среду, и оно уже не станет меньше. Но противодействовать негативным последствиям этого влияния можно и нужно. Необходима целенаправленная государственная политика, чтобы добиться желаемого результата не только для нынешнего, но и для будущих поколений.

Именно государство, реализуя интересы граждан, обязано задавать стандарты, обеспечивать экологический контроль, создавать стимулирующие, для окружающей среды условия. В том числе условия, определяющие деятельность бизнеса, превращающие ее в экологически ответственную деятельность. Выработка такой политики, единой общегосударственной стратегии крайне актуальна для современной России. Сегодня целесообразно найти подходы, которые, не препятствуя развитию экономики, одновременно позволяли бы на практике решать экологические проблемы. Современная Россия располагает всеми требуемыми для этого ресурсами: денежными средствами, технологиями, политической волей. Ясны и направления, по которым необходимо двигаться [1, с. 251].

Нами была проанализирована эколого-экономическая ситуация на территории Европейского Севера России. В таблице 1 приведены статистические данные, отражающие экологическую обстановку в областях и республиках Европейского Севера за 2011 - 2014 годы [2, 490].

Таблица 1

Основные показатели, характеризующие влияние хозяйственной деятельности на окружающую среду субъектов Европейского Севера России за 2011 - 2014 годы

Наименование показателей	Годы	Архангельская область включая Ненецкий автономный округ	Вологодская область	Республика Карелия	Республика Коми	Мурманская область
Потребление свежей воды, млн. $м^3$/год	2011	670,0	537,0	196,0	495,0	1586,0
	2012	651,0	467,0	188,0	486,0	1472,0
	2013	634,0	481,0	191,0	456,0	1593,0
	2014	590,1	481,5	193,8	462,5	1558,5
Сброс сточных вод в поверхностные водные объекты, млн. $м^3$/год	2011	375,0	157,0	175,0	129,0	334,0
	2012	364,0	154,0	177,0	120,0	376,0
	2013	341,0	148,0	220,0	106,0	334,0
	2014	335,9	137,4	222,4	107,6	330,5
Выбросы вредных веществ в атмосферу от стационарных источников, тыс. т/год	2011	373,0	469,0	96,0	712,0	263,0
	2012	271,0	473,0	107,0	688,0	259,0
	2013	245,0	499,0	119,0	774,0	270,0
	2014	262,0	491,0	94,9	707,0	276,4
Инвестиции на охрану и рациональное использование природных ресурсов, млн. руб.	2011	1282,8	2273,7	950,3	383,6	935,0
	2012	385,2	1718,8	137,6	2716,9	475,3
	2013	1036,1	3370,7	100,4	6962,7	541,6
	2014	832,2	3372,2	223,2	6844,0	1449,9
Платежи за негативное воздействие на окружающую природную среду, млн. руб.	2011	291,0	2850,8	222,4	248,5	506,9
	2012	235,9	3345,6	242,0	485,1	516,6
	2013	277,5	3498,3	206,0	883,1	693,5
	2014	268,1	3231,6	223,5	538,9	572,3

Анализ содержащихся в таблице 1 данных показывает, что за период с 2011 по 2014 год потребление свежей воды в Республике Карелия уменьшилось на 0,1%, в Мурманской области сократилось на 1,7%, в Республике Коми - на 6,6%, в Вологодской области - на 10,3%, а в Архангельской области - на 11,9%. За указанный период сбросы сточных вод в поверхностные водные объекты в Республике Коми уменьшились на 16,4%, в Вологодской области - на 12,5%, в Архангельской области - на 10,4%, в Мурманской области - на 1,0%. В республике Карелия в 2014 году сбросы сточных вод в водные объекты увеличились на 27,1% по сравнению с уровнем 2011 года. За рассматриваемый период выбросы в атмосферу от стационарных источников в Мурманской области увеличились на 5,1%, в Вологодской области - на 4,7%, в Архангельской области снизились на 29,8%, в Республике Карелия - на 24%, в Республике Коми - на 0,7%. Инвестиции на охрану и рациональное использование природных ресурсов в течение анализируемого периода в Республике Карелия сократились в 4,26 раза, в Архангельской области - на 35,1%, в Республике Коми возросли в 17,8 раза, в Мурманской области - на 55,0%, а в Вологодской области - на 48,3%. Платежи за негативное воздействие на окружающую природную среду за период с 2011 по 2014 год в Архангельской области уменьшились на 7,9%, в Республике Карелия возросли на 0,5%, в Мурманской области - на 12,9%, в Вологодской области - на 13,4%, а в Республике Коми - в 2,17 раза.

В таблице 2 представлены сравнительные значения удельных показателей, характеризующих экологическую обстановку в субъектах Европейского Севера России, за 2011 - 2014 годы [3, с. 44].

Таблица 2

Удельные показатели по экологической обстановке в субъектах Европейского Севера за 2011 - 2014 годы

Наименование удельных показателей	Годы	Архангельская область включая Ненецкий автономный округ	Вологодская область	Республика Карелия	Республика Коми	Мурманская область
Потребление свежей воды, $м^3$/чел. в сутки	2011	1,60	1,23	0,84	1,51	5,47
	2012	1,47	1,07	0,80	1,50	5,08
	2013	1,46	1,10	0,83	1,50	5,63
	2014	1,36	1,11	0,84	1,45	5,54
Сброс сточных вод в поверхностные водные объекты, $м^3$/чел. в сутки	2011	0,84	0,37	0,75	0,39	1,52
	2012	0,82	0,35	0,76	0,37	1,31
	2013	0,78	0,34	0,95	0,34	1,19
	2014	0,77	0,32	0,96	0,34	1,17
Плотность выбросов В атмосферный воздух: - на душу населения, кг/чел. в год	2011	306,0	391,0	263,0	920,0	424,0
	2012	224,0	395,0	276,0	893,0	403,0
	2013	205,0	418,0	311,0	976,0	438,0
	2014	255,0	411,0	275,0	908,0	432,0
- на единицу площади, $т/км^2$ в год	2011	0,81	3,25	0,93	1,92	2,26
	2012	0,64	3,27	0,97	1,87	2,14
	2013	0,62	3,45	1,09	2,04	2,33
	2014	0,65	3,40	0,97	1,90	2,30
Инвестиции на охрану и рациональное использование природных ресурсов, руб./чел. в год	2011	1117,0	1905,0	1498,0	440,0	1213,0
	2012	323,0	1440,0	217,0	3116,0	616,0
	2013	902,0	2824,0	158,0	7985,0	702,0
	2014	724,0	2935,0	352,0	7849,0	1880,0
Платежи за загрязнение окружающей природной среды, руб./ чел. в год	2011	253,0	2389,0	351,0	285,0	657,0
	2012	205,0	2803,0	381,0	556,0	670,0
	2013	242,0	2931,0	325,0	1013,0	899,0
	2014	225,0	2708,0	352,0	618,0	742,0

Анализ данных, содержащихся в таблице 2, показывает, что за период с 2011 по 2014 год потребление свежей воды, м^3/чел. в сутки, в Архангельской области сократилось на 1,9%, в Вологодской области - на 10,8%, в Республике Коми - на 4,0%, а в Мурманской области возросло на 1,2%. В Республике Карелия в 2014 году потребление свежей воды осталось на уровне 2011 года. Вместе с тем необходимо отметить, что за рассматриваемый период среднее удельное потребление свежей воды в течение года в Мурманской области превышает значение в Вологодской области в 4,8 раза и в 3,6 раза по сравнению с аналогичными показателями в Архангельской области и Республике Карелия. Это, по нашему мнению, связано с работой на территории Мурманской области крупных предприятий минерально-сырьевой базы России, использующих воду на производственные и бытовые нужды.

Удельные сбросы сточных вод в поверхностные водные объекты в течение указанного выше периода, м^3/чел. в сутки, в Мурманской области уменьшились на 23,0%, в Вологодской области - на 13,5%, в Архангельской области - на 8,3%, а в Республике Карелия увеличились на 28%. При этом среднегодовые удельные сбросы сточных вод на 1 чел. в сутки в Мурманской области превышали соответствующие значения в Вологодской области в 3,8 раза, в Республике Коми в - 3,6 раза, в Архангельской области - в 1,6 раза и в Республике Карелия - в 1,5 раза.

Удельная плотность выбросов в атмосферный воздух от стационарных источников на душу населения за рассматриваемый период, кг/чел. в год, в Вологодской области возросла на 5,1%, в Республике Карелия - на 4,6%, в Мурманской области - на 1,9%, в Архангельской области и в Республике Коми уменьшилась соответственно на 16,7% и на 1,9%. В то же время среднегодовые выбросы на 1 чел. в Республике Коми превышали аналогичные параметры в Архангельской области в 3,7 раза, в республике Карелия - в 3,3 раза, в Вологодской области - в 2,3 раза, в Мурманской области - в 2,14 раза.

Удельная плотность выбросов в атмосферу от стационарных источников на единицу площади, т/км^2 в год в Вологодской области увеличилась на 4,6%, в Республике Карелия - на 4,3%, в Мурманской области - на1,8%, в Республике Коми уменьшилась на 1,0%, в Архангельской области - на 19,7%. Наибольшая удельная плотность выбросов на единицу площади наблюдалась в Вологодской и в Мурманской областях.

Удельные инвестиции на охрану и рациональное использование природных ресурсов, руб./ чел. в год в указанный период в Архангельской области снизились на 35,2%, в Республике Карелия - в 4,3 раза и увеличились на 54,1% в Вологодской области, на 55,0% - в Мурманской области и в 17,8 раз в Республике Коми. Наибольшие удельные инвестиции наблюдались в Республике Коми, которые в 2,1 раза превышали соответствующие значения в Вологодской области, в 4,4 раза - в Мурманской области, в 6,3 раза - в Архангельской области и в 8,7 раза - в Республике Карелия.

Удельные платежи за загрязнение окружающей природной среды, руб./чел. в год, в Вологодской области больше аналогичных значений: в Архангельской области в 11,7 раз, в Республике Карелия - в 7,7 раз, в Республике Коми - в 4,4 раза, в Мурманской области - в 3,7раз. Вместе с тем необходимо отметить, что финансовые усилия, направляемые в субъектах Европейского Севера на восстановление окружающей природной среды, не отвечают остроте проблемы.

Экологическая обстановка в субъектах Европейского Севера России в 2014 году представлена в данных таблицы 3 [4, с. 38; 5, с. 40].

Таблица 3

Экологическая обстановка в субъектах Европейского Севера России в 2014 году

Наименование субъектов Европейского Севера России	Валовой региональный продукт на душу населения за 2013 г.	Загрязняющие атмосферу вредные вещества от стационарных источников			Удельное использование свежей воды	Объем оборотной воды	Образование опасных отходов
		выбросы	уловлено и обезврежено	степень очистки выбросов			
	тыс. руб. / чел.	тыс. т	тыс. т	%	м^3 / чел. в год	млн. м^3	млн. т
Архангельская область включая Ненецкий автономный округ	429,9	262,0	452,2	63,3	495,1	854,3	63,7
Вологодская область	285,5	491,0	1110,9	69,4	403,5	3686,9	15,7
Республика Карелия	276,8	94,9	80,2	45,8	305,5	978,5	135,8
Республика Коми	560,0	707,0	379,1	34,9	530,4	1497,2	6,8
Мурманская область	396,3	276,4	1804,2	86,7	2021,1	904,2	240,9
ИТОГО Европейский Север	392,0	1831,3	3826,6	67,6	704,8	7921,1	462,9

Данные таблицы 3 свидетельствуют о том, что величина произведенного валового в 2013 году регионального продукта на душу населения в денежном выражении, тыс. руб./чел, в Республике Коми превышает соответствующие значения: в 2,02 раза в Республике Карелия, в 1,96 раза - в Вологодской области, в 1,4 раза - в Мурманской области, в 1,3 раза - в Архангельской области. Наиболее высокая степень очистки выбросов в атмосферу обеспечивается на предприятиях Мурманской, Вологодской и Архангельской областей. Целесообразно увеличение степени очистки выбросов на предприятиях Республики Карелия и Республики Коми. Наибольшим объемом оборотной воды характеризуются системы производственного водоснабжения Вологодской области, который в 2,5 раза превышает данный объем в системах Республики Коми, в 3,8 раза – в Республике Карелия, в 4,1 раза - в Мурманской области и в 4,3 раза - в Архангельской области. Объем используемой свежей воды, $м^3$/чел в год, в Мурманской области в 3,8 раза превышает данное значение в Республике Коми, в 4,1 раза - в Архангельской области, в 5,0 раз - в Вологодской области, в 6,5 раза - в Республике Карелия. Самые большие объемы отходов образуются на предприятиях Мурманской области, Республики Карелия и Архангельской области.

В целом состояние окружающей среды на Европейском Севере России можно оценить как удовлетворительное и стабильное. Однако имеется ряд острых проблем, требующих для разрешения значительных средств и постоянных усилий. За последние годы выросла «загрязненность» производства, оборудование устарело и вовремя не ремонтируется, сырье приобретается подешевле, поэтому часто содержит повышенное количество вредных веществ. И системы водо- и газоочистки находятся в кризисе: те же проблемы с оборудованием, закупкой необходимых реактивов для очистки.

Несмотря на некоторый рост промышленного производства, в последние годы уровень загрязнения окружающей природной среды находится практически на одинаковом и стабильном уровне. При этом значительное воздействие на все составляющие природы оказывается только вблизи крупных городов и промышленных центров. В указанных населенных пунктах региона растут выбросы в атмосферу от автотранспорта не только из-за роста численности машин, но из-за ограниченности пропускной способности дорог.

На территориях лесов и болот региона уровень загрязненности низок, здесь практически происходит восстановление экологического баланса природных систем. Сельскохозяйственная продукция считается экологически чистой.

Основным фактором облучения населения Европейского Севера являются природные источники. Средняя индивидуальная годовая эффективная доза облучения на одного жителя по данным радиационно-гигиенических паспортов территорий за 2013 год за счет всех природных источников излучения составляла: в Архангельской области 3,27 мЗв/год, в Республике Карелия 3,963 мЗв/год, в Республике Коми 3,09 мЗв/год, в Мурманской области 3,27 мЗв/год, что практически не превышает регламентируемых нормальных фоновых значений в целом по России (3,90 мЗв/год). Уровни загрязнения объектов окружающей среды техногенными радионуклидами в Вологодской области не представляли опасности для здоровья населения.

На предприятиях горной, металлургической и химической промышленности Европейского Севера добыча и переработка полезных ископаемых сопровождается накоплением в отвалах и на специальных полигонах значительных объемов вскрышных пород, отходов производства. Образующиеся на крупнейшем предприятии металлургической промышленности России ПАО «Северсталь» в г. Череповце чугуноплавильные и сталеплавильные шлаки используются в дорожном строительстве.

Сокращение количества вносимых минеральных удобрений и прекращение мелиоративных работ привело к ухудшению ценности сельскохозяйственных угодий. Усиливается загрязнение почв региона промышленными и бытовыми отходами, содержащими тяжелые металлы и патогенные микроорганизмы.

Эффективность управления развитием региона можно оценивать по уровню мотивации субъектов управления на сохранение экологической устойчивости для всего общества. Управленческие решения должны обязательно опираться на знание фактической ситуации и моделирование последствий реализации решений, т.е. на данные мониторинга окружающей природной среды и научные исследования.

Литература

1. Бобылев, С.Н. Экономика природопользования: учебник / С.Н. Бобылев, А.Ш. Ходжаев. Москва: ИНФРА-М, 2007. - 501 с.
2. Регионы России. Социально - экономические показатели. 2014: стат. сб. / Росстат. – Москва, 2014. - 990 с.
3. Основные показатели охраны окружающей среды: стат. бюллетень / Росстат. - Москва, 2015.- 88 с.
4. Охрана окружающей среды в России. 2012: стат. сб. / Росстат. - Москва, 2012. - 76 с.
5. Охрана окружающей среды в России. 2014: стат. сб. / Росстат. - Москва, 2014. - 78 с.

Старова О.В.
доцент кафедры «ТОЭ» ИУБПЭ СФУ, к.э.н., доцент;
Ашихина Т.Ю.
доцент кафедры «ТОЭ» ИУБПЭ СФУ, к.ф.н.;
Малахова А.А.
доцент кафедры «ТОЭ» ИУБПЭ СФУ, к.э.н

ПРИЧИНЫ ИНВЕСТИЦИОННОЙ НЕГРАМОТНОСТИ НАСЕЛЕНИЯ

В последнее время, появляется множество предложений об осуществлении инвестиций, сбережений частным лицам. Однако, при этом многие люди, можно даже сказать большинство, имеют крайне слабое представление о самой сути этих процессов. При упоминании в разговоре слова «инвестиции» люди обычно отвечают: «Форекс?», ввиду агрессивной рекламной компании этого бизнеса. Причем, невозможно отследить какую-либо связь с возрастом, местом проживания или уровнем дохода. Если говорить о людях, возраст которых превышает 40 лет, можно сослаться на то, что в советское время ввиду совершенно другой политической системы, подобные знания были неактуальны. Но почему тогда люди в возрасте около 20-25 не имеют подобных знаний? Что касается места проживание, ситуация аналогичная. Рассуждая логически, люди, живущие в крупных городах должны быть более осведомленными в финансовой системе, но и здесь нет четкой закономерности. А если говорить об уровне дохода? Наверняка, люди, имеющие крупный доход должны иметь представление о том, как сохранить свои деньги. К сожалению, это не так. В большинстве случаев знания этих людей ограничиваются на банковских депозитах и недвижимости.

Можно предположить ряд возможных причин. К сожалению, многие люди очень инертны к получению новых знаний, и мало кто может «идти в ногу с прогрессом». Система образования давно устарела и требует оздоровления, причем иногда это касается даже лучших ВУЗов страны. Финансирование малых городов и деревень оставляет желать лучшего, что также влияет на образование. А насчет уровня доходов… Во-первых, в целом он крайне мал, во-вторых, многие крупные капиталы были получены незаконным путем, во времена политической и социальной нестабильности. Если человек заработал крупную сумму своим законным трудом, он непременно захочет сохранить ее, если же незаконным...

Также, одна из важных причин – недоверие к инвестициям в целом. Можно выявить несколько факторов. Первый – склонность людей использовать чужое мнение, а не собственный анализ. Люди склонны доверять СМИ, общественному мнение, личным эмоциям, но никак ни профессиональным управляющим, или, как минимум, здравому смыслу.

Используя подобные факторы, как метод принятия решений, многие люди несли большие убытки. В качестве примеров, вспоминается несколько ситуаций. Знаменитая фраза господина Ельцина, бывшего президента, - «Девальвации не будет», через три дня после которой произошел технический дефолт [2]. Примерно за полгода до этого события начал падать фондовый рынок, а ставка по ГКО увеличилась до 50%, усилился отток капитала. Далее, относительно недавняя ситуации, когда госпожа Набиуллина, как глава Центробанка РФ, отказалась выполнять свою функцию, описанную в конституции РФ, а именно «защита и обеспечение устойчивости рубля», в условиях стагнации экономики и огромного оттока капитала, после чего доллар показал пик в 80 рублей, при средней цене за прошлые годы около 30. Или фраза госпожи Цепляевой, директора центра макроэкономических исследований Сбербанка, – «Мне очень жалко людей, которые покупают доллар по 35 рублей! Они просто потеряют свои деньги!»[1]. Также необходимо упомянуть, что бюджет РФ на 2015-2017 год сверстан при среднегодовой цене нефти марки «Urals», которая торгуется с дисконтом около 3 долларов к нефти марки «Brent», в 100 долларов за баррель. Требуется отметить, что на момент подписания бюджета президентом, Brent торговалась на основной ее торговой площадке – бирже Intercontinental Exchange (ICE) по цене 70 долларов, а на момент написания статьи – 49.51 долларов. Когда люди опирались в своих решениях на подобные факторы и теряли деньги, многие начинали считать инвестиции обманом. Второй фактор – большое количество компаний мошенников, в частности, так называемых «форекс кухонь», из-за слабого правового регулирования. Что такое «форекс кухня»? Форекс кухня - это компания, которая не выводит сделки клиентов на реальный рынок, а исполняет поручения клиентов внутри себя, так называемый внутренний клиринг. Основной заработок брокера – комиссия со сделок клиентов. В форекс кухне ситуация иная. Так как сделки выполняются внутри кухни, контрагентом клиента выступает сама кухня, и она зарабатывает деньги только, если клиент их теряет, а учитываю, что торгуют в кухне неопытные люди с маленькими суммами, заработок на комиссии невозможен. Форекс кухня может менять график цены и котировки в любое время, для того чтобы клиент закрыл свою позицию с убытком, а кухня получила прибыль. Вывести деньги из форекс кухни крайне затруднительно, компания-мошенник будет придумывать бесконечный причины и тянуть время, в надежде, что клиент устанет пытаться это сделать, и окончательно «сольет» свой депозит. Предъявлять претензии таким компаниям не имеет смысла, так как многие из них зарегистрированы в оффшорных зонах или имеют лицензию букмекера, и на любую правомерную претензию будут отвечать тем, что «Вы играете нечестно». Также, присутствует много нечестных управляющих, которым клиенты доверяли деньги в управление, без подписания каких-либо документов, после чего эти управляющие скрывались с деньгами. Хоть эти причины и являются следствием отсутствия инвестиционной грамотности, но они ведут к тому, что люди навсегда перестают заниматься инвестициями. Как итог присутствия описанных выше факторов, мы имеем статистику участия населения в рынке акций собственных стран:

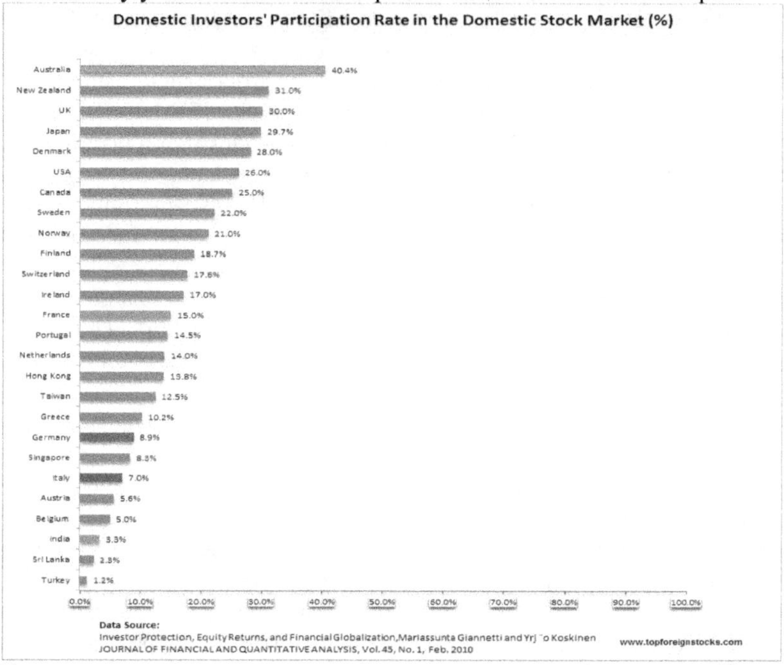

Как видно по статистике, в таких странах, как Австралия, Новая Зеландия, Великобритания, Япония, Германия, США и Канада, участие составляет более 25%, а в странах СНГ – менее 1%.

Тем не менее, независимо от причин, ситуация требует решения. Очевидно, что для повышения общей инвестиционной грамотности населения, требуется ввести нужные образовательные предметы в школу. Например, в некоторых школах за рубежом, в США в частности, ученики начинают изучать финансовые рынки уже в шестом классе, в возрасте 10-11 лет. Они изучают базовые знания, такие, как покупка акций, облигаций, а также, участников рынка. Правительству требуется более внимательно относиться к риторике выступлений официальных лиц, ведь ничего не имеющие с действительностью прогнозы порождают недоверие. А также, к регулированию деятельности компаний финансового сектора, для того, чтобы «форекс кухни» и подобные нечестные компании вообще не попадали на рынок. Многие люди за рубежом уже после окончания колледжа задумываются о сбережениях для жизни на пенсии. На постсоветском пространстве, это огромная редкость.

Список использованной литературы:

1. Банкир. ру–электронный ресурс. Режим доступа: http://mobile.bankir.ru.
2. «Черный понедельник»: как это было.– Электронный ресурс. Режим доступа: smena.ru/news/2013/08/12/22385

Polevaya M.V.
PhD in Psychology, Doctor of Economics
Financial University under the Government of the Russian Federation
m-v-p@list.ru

TRAINING PROBLEMS FOR THE TOURISM INDUSTRY IN RUSSIA

The tourism industry is making a significant contribution to the gross domestic product, increasing the balance of payments of the countries, creating more work places, providing the employment and improving the quality of life. In Russia, the share of tourism in GDP makes up 2,5%, including 6,3% of the multiplier effect. By 2020, Russia could enter the top ten countries in the world, are considered the most popular trends of the international tourism. The interest of the general public in an effective system of personnel training for the tourism industry determines its role and place in the state policy in the field of human resource development with the actual current situation in the labor market, increasing needs of the tourism industry.

Now personnel training for the tourism industry includes such levels of professional education, such as: pre-university (school profile), primary, secondary, higher, post-graduate education (postgraduate study, institution of doctoral candidacy) and additional (advanced training and professional retraining of all qualification levels) . The structure of the personnel training for the tourism industry in the Russian Federation was formed spontaneously, based on the needs of the industry in the period of transition to a market economy. [3, 74]. At the present time in Moscow, provide skills training at various levels of education for tourism and hotel complex over a hundred educational institutions. The current system of the personnel training does not meet the requirements of the labor market neither quantitative (its ability to provide up to 30% without upgrading courses and retraining) nor qualitative staff, which leads to the disbalancement and discrediting of the education.

Generally, the pre-university training is career-oriented definite and involve the formation of specialized classes. Its purpose to form the orientation on professional activity and identify the schoolchildren's liability to select the profession. Today, only 14 schools in Moscow (0,78% of the total number) have specialized classes focused on graduates further professional education in the field of tourism. The low share in the specialized classes in the total number of the Moscow schools shows that pre-university training in the tourism industry reach less than 0,52% of high school graduates of Moscow. In other regions of the Russian Federation it's lower. Considering the significant share in profit from the tourism industry in the budget of Moscow (7%) it's not enough.

About 20 public and private educational institutions of Moscow provide training of primary education for the tourism industry of the capital by the programs of primary education in professions "Administrator", "Chambermaid",

"Waiter, Bartender," "Cook", etc. Analysis of the dynamics of release of these institutions has shown that the number of graduates is about 40% of the demand of the labor market [1, 102; 4, 98; 7, 125].

Analyzing the specialists' training of primary education can be concluded about the insufficient number of schools and low training. Significant turnover of young professionals, conditioned by the fact that employers are getting rid from low qualified workers, rather than to improve their levels of proficiency, using training courses.

According to our survey, the number of graduates of secondary professional education, the quality of which does not satisfy the employer, is around 25-30% every year. About 25% of professionals perform work that doesn't require secondary professional education.

Training of higher education personnel's for the tourism industry performed more than 100 universities in more than 10 specialties, in this case, as shown our analysis, only 20% of these institutes of higher education is a branch-wise that undoubtedly influence on the quality of the graduates and their further employment. According to the employment authorities of Moscow 15% of job opportunity in the tourism industry refer to persons with higher education. At the present time formed an imbalance between the required number of graduates with higher education and the demand of the labor market: only 80% of graduates are required for industry, therefore a significant number leave the industry or working in job position that do not require higher education [2, 107].

The analysis shows that a significant number of job position (around 65%) in the tourism industry held by people with a nonspecialized education. This makes an important of more supplementary professional training.

Postgraduate training includes postgraduate and doctoral candidacy studies. The analysis showed that the number of theses, in 2010 in Russia was 24789 thesis for the Phd and DSc degrees, from them on the subject of tourism have been defended 51 candidate (in the field of pedagogy, economics, geography, history, sociology, psychology) is 0,2% and three doctoral theses. Subject to the more than 250 universities of Russia, which is training specialists for the tourism industry, this increase of the highly qualified specialist academics is insufficient. Results of accreditation of educational institutions of Moscow shows that the percentage of teachers at professionally oriented departments is less than 30% [5, 13]. A considerable part of specialists are not dedicated professional in the tourism industry. A dedicated training of PhD and DSc with experience in the tourism industry for the preparation of highly qualified teaching staff of educational institutions and training for research units is required.

Our analysis shows that in 2011 the difference between the need for additional professional training and its capacity was about 70%. The current system of additional professional training does not meet the requirements of retraining neither quantitative nor qualitative composition.

Training of graduates of different levels of education is low, does not meet the requirements of employers and mismatch to the international standards. Analysis of the domestic educational plans such as BPE, SPE and HPE showed that the practical training make from 10 to 20% of academic time. To all the educational institutions of Moscow, which trains professionals for the tourism industry, there is one training hotel while sectoral enterprises are not willing to take students to practice.

Identified problems lead to the conclusion that at the present time in Russia there is no effective system of uninterrupted training for the tourism industry. [6, 224].

As of today, it is require a number of events dedicated to the development and discussion of comprehensive, integrated training program for tourism. Implementation, which will require a lot of work from all interested parts: government and educational institutions, enterprises and organizations of the tourism industry, etc. The work is coming great and laborious. However, it would allow offering qualified tourism personnel to the labor market that adapted as much as possible to actual needs and technology services.

Список литературы:

1. Анненкова Н.В., Камнева Е.В. Специфика Российского менталитета в период нестабильности. Научный вестник МГИИТ. 2011. №2. с.101-115.

2. Анненкова Н.В., Камнева Е.В., Полевая М.В. Актуальные вопросы профессиональной подготовки кадров для инновационной экономики. Гуманитарные науки. Вестник Финансового университета. 2012. №2(6). с.106-109.

3. Коробанова Ж.В. Психологические проблемы высшего образования и подготовки кадров как барьер модернизации Российской экономики. Актуальные проблемы и перспективы развития современной психологии. 2013. №1. с.73-82.

4. Полевая М.В. Анализ современного состояния подготовки кадров для индустрии туризма. Вестник Российского государственного торгово-экономического университета (РГТЭУ). 2010. №7-8. с. 97-103.

5. Полевая М.В. Модернизация системы подготовки кадров для индустрии туризма. Автореферат диссертации на соискание ученой степени доктора экономических наук. / Российская экономическая академия им. Г.В.Плеханова, Москва, 2011.

6. Полевая М.В. Приоритетные направления модернизации отраслевой системы подготовки кадров для индустрии туризма. Путеводитель предпринимателя. 2011. № 10. с.223-229.

7. Полевая М.В., Анненкова Н.В. Особенности развития компетенций специалистов индустрии туризма в рамках профессиональной подготовки кадров. Транспортное дело России. 2009. №9. с.154-155.

Гунин В.К.
магистрант, Волгоградский филиал Российского экономического университета им. Г.В.Плеханова
guninvk@gmail.com

ИННОВАЦИОННЫЙ МЕТОД УПРЕЖДАЮЩЕГО АДАПТИВНОГО ПРОЕКТНОГО УПРАВЛЕНИЯ ПЕРСОНАЛОМ

В условиях финансово-экономического кризиса, основной целью управления становится своевременное фиксирование ошибочных действий и возможность их исправления до наступления «точки невозврата» на пути достижения стратегической цели деятельности организации. В период изменчивости факторов, формирующих структуру процесса управления персоналом, требуется научный анализ и совершенствование существующих инструментов кадровой политики [1, 2].

На наш взгляд, концептуальную основу кадровой политики организации необходимо рассматривать не как самостоятельную функцию, выполняемую различными подразделениями и должностными лицами в организации, а как межфункциональный процесс, объединяющий отдельные функции в общие потоки, нацеленные на достижение конечного результата деятельности организации. Персонал же необходимо рассматривать как совокупность определенных количественных и качественных характеристик и параметров, отражающих многоаспектный характер категории. В условиях такой динамической сложности традиционные методы прогнозирования, планирования и анализа управления персонала неэффективны.

Важнейшей задачей в сложившейся ситуации становится проникновение компьютерных технологий в новые экономические обстоятельства. Развитие компьютерных технологий приводит к кардинальной перестройке организации систем управления, создавая объективные возможности для формирования и развития квалиметрических методов управления персоналом, включаясь в единую виртуальную структуру управления организацией, основанных на принципах кооперации отдельных процессов и осуществляющих свой жизненный цикл в интегрированном компьютерном пространстве [3. 4].

Появляется возможность создания варианта компьютеризированной системы поддержки принятия решений, базирующийся на оптимизационно-квалиметрическом моделировании и отличающийся от других способностью реализовывать упреждающие действия при управлении организацией в виртуальном режиме. Именно ресурс программного компьютерного обеспечения должен стать краеугольным камнем, который соединит все потенциалы, используемые в инновационных процессах: ресурсный, финансовый, научно-технический и человеческий.

Математической основой модели выступает классическая задача линейного программирования. Научная новизна модели состоит в том, что по сравнению с другими известными методами, модель позволяет решать задачи по исследованию качества работы как производственных, так и управленческих структурных подразделений, а также реализовать принципы соответствия, перспективности и сменяемости персонала. Практическая ценность предлагаемой модели заключается в возможности ее применения для выбора решений по повышению качества работы организации за счет оптимизации подбора и расстановки персонала при определении состава и деятельности структурных подразделений. Обоснованность и достоверность модели обеспечивается возможностью учета влияния изменения условий производства, ее динамическими свойствами, корректным применением апробированных методов теории квалиметрии и линейной оптимизации при проектировании процесса управления персоналом.

Таким образом, предлагаемую оптимизационно-квалиметрическую модель можно представить как систему математических соотношений, отражающих цель управления процессом, заключающуюся в оптимизации затрат на достижение их требуемого качества, обеспечивающего удовлетворение спроса при ограничениях на используемые ресурсы. Разработка оптимизационно-квалиметрической модели управления персоналом позволяет решать задачи по моделированию качества работы как производственных, так и управленческих структурных подразделений. Если представить работу модели в виде циклического процесса, то начальным этапом будет прогнозирование вектора развития предприятия, базирующееся как на прошлом опыте, так и учитывающее позитивные и негативные тенденции, возможные в будущем, которые могут повлиять на выбранное направление.

Система управления персоналом, базирующаяся на компьютерных технологиях, позволит снять ряд негативных явлений, связанных с достоверностью оценки, трудоемкостью обработки информации, и обеспечивающей руководителей всех уровней объективной, достоверной, надежной и своевременной информацией для принятия научно обоснованных управленческих решений.

Технология программной обработки информации обеспечивает четкое функционирование и предусматривает определение всех процедур сбора, преобразования, хранения, передачи и представления информации, начиная с ее поступления в информационную систему и заканчивая представлением ее субъекту управления. Такой подход обеспечивает возможность вариативности реального управления в условиях неопределенности в отношении достижения такого качества работ, которые востребованы рынком при неустранимой вариации качества сырья, технологий, оборудования, персонала и других ресурсов. Предлагаемый подход обеспечивает реальную возможность стандартизации методов управления кадрами с определенной наперед заданной достоверностью. Разработка таких стандартов и технических регламентов позволят значительно снизить риски сбоев в управлении кадрами.

В модель включается технология возможности расчета по любым показателям интересующего среза. Это заложено в формулах расчета интегральных показателей эффективности управления персоналом по каждой функции. Дальнейший расчет вплоть до итогового показателя эффективности управления производится заданным алгоритмом. Получаемые результаты отражают вектор динамики общих процессов и явлений.

Таким образом, предложен метод и инструменты упреждающего адаптивного проектного управления персоналом в организации на основе оптимизационно-квалиметрического моделирования, в том числе, с использованием технических средств. Модель включает в себя цели упреждающего управления, модификацию процедур на этапах проектного управления, разработку концептуальной модели упреждающего проектного управления и создание варианта компьютерной системы имитационного моделирования. Научная новизна метода состоит в том, что он, по сравнению с имеющимися, позволяет оценить качество работы до момента ее выполнения.

Литература:

1. Морозова Н.И. Качество жизни населения как необходимый критерий оценки общенациональных и территориальной системы планирования //Век качества. – 2011. – № 4. – С. 21-25.

2. Морозова Н.И. Анализ качества жизни населения России: региональный разрез // Бизнес. Образование. Право. Вестник Волгоградского института бизнеса. – 2011. – № 3 (16). – С. 108–113.

3. Михайлов П. К Мониторинг персонала в корпоративном окружении: программные решения компании Mipko [Электронный ресурс]. – Режим доступа: http://www.mipko.ru/monitoring-personala.html.

4. Татарников А. Управление кадрами в корпорациях США, Японии, Германии. – М., 2012. – 481с.

Платонова Ю.Ю.
кандидат экономических наук, доцент,
ФГБОУ ВПО «Кубанский государственный университет»
9615838050@mail.ru

ПРОБЛЕМЫ И ПЕРСПЕКТИВЫ РАЗВИТИЯ КРЕДИТОВАНИЯ МАЛОГО И СРЕДНЕГО БИЗНЕСА

Развитие малого и среднего предпринимательства и возможность реализации частной предпринимательской инициативы являются необходимыми условиями успешного развития страны.

Анализ основных показателей развития малого и среднего предпринимательства в Российской Федерации позволяет сделать следующие выводы:

1. Несмотря на относительно высокий вклад в обеспечение занятости населения, по другим показателям малое и среднее предпринимательство играет незначительную роль в экономических процессах. Более того, сравнение уровня развития МСБ в России с другими странами показывает заметное отставание по ряду показателей [4].

2. Малое и среднее предпринимательство в России — это, в первую очередь, микробизнес. Сектор малого и среднего предпринимательства в России представлен в основном индивидуальными предпринимателями (62,8% от общего количества субъектов малого и среднего предпринимательства) и микропредприятиями (32,7%) [3].

3. Рассматривая отраслевую структуру сектора малого и среднего предпринимательства, следует отметить, что по мере роста размера компании ее специализация меняется в сторону более сложных видов деятельности.

Сектор малого предпринимательства, включающий в себя индивидуальных предпринимателей, а также микропредприятия и малые предприятия — юридические лица, сосредоточен в сферах торговли и предоставления услуг населению.

Средние предприятия в большей степени представлены в сферах с более высокой добавленной стоимостью — обрабатывающая промышленность, строительство, сельское хозяйство.

Портфель кредитов МСБ впервые за последние 9 лет показал отрицательную динамику: сокращение по итогам 2014 года составило 1%. Отрицательная динамика портфеля МСБ была обусловлена ухудшением финансового состояния и снижением платежной дисциплины субъектов МСБ, вследствие чего банки ужесточали требования к своим заемщикам на протяжении всего 2014 года [2].

В 2014 году акценты в кредитовании малого и среднего бизнеса смещались с экстенсивного роста продаж и применения скоринговых моделей «кредитных фабрик» на интенсификацию работы с действующей базой и индивидуальную оценку рисков.

Стагнация в экономике, внешнеполитическая нестабильность и ослабление курса рубля нанесли ощутимый удар по платежеспособности МСБ, а банкам пришлось в спешном порядке сокращать беззалоговое кредитование для предотвращения неконтролируемого роста просрочки. Доля просроченной задолженности по кредитам МСБ росла как у крупных банков (ТОП-30 по активам), так и у банков вне ТОП-30[2].

Главным локомотивом роста кредитования МСБ выступает Москва. Кроме Москвы выше среднероссийского показателя (10%) рос только Дальневосточный федеральный округ, остальные регионы продемонстрировали рост ниже рынка. В региональной структуре кредитного портфеля МСБ лидирует г.Москва [1].

В среднем банками отклонялась каждая третья заявка на кредит от субъектов МСП (34%). Чаще всего причиной отказа было неудовлетворительное финансовое состояние заемщика, отсутствие (или нехватка) у него ликвидного залогового обеспечения или значительная финансовая нагрузка. Средневзвешенное рыночное значение ставки по выдачам для МСП составило в 2014 году 20-21% годовых. Средний срок займа составил 1-2 года [5].

В качестве основных факторов, которые будут определять динамику спроса МСП на кредитные услуги в будущем, по нашему мнению, следующие:

- уровень ключевой ставки Банка России;
- сокращение предложения со стороны банков и изменение условий кредитования (в том числе сроки и суммы займов);
- динамика спроса на товары и услуги, реализуемые МСП;
- общая экономическая ситуация (инфляция, снижение курса рубля, снижение уровня доходов населения).

Для банков приоритетным должно стать сохранение приемлемого качества кредитного портфеля. Для этого следует значительно сократить скоринговые программы, а так же произвести замещение классического кредитования на менее рисковые гарантийные операции и овердрафты.

Для стимулирования интереса банков к финансированию сегмента МСБ необходимо снижение стоимости фондирования и нагрузки на капитал. Развитие механизма рефинансирования кредитов ЦБ на портфельной основе и секьюритизация портфелей кредитов МСБ будет востребовано рынком при возможности заклада бумаг, что поспособствует более дешевому фондированию для банков, кредитующих сегмент МСБ. Другой проблемой остается нагрузка на капитал. В западных странах, с учетом важности МСБ для экономического роста и восстановления экономики, кредиты МСБ взвешиваются с пониженным коэффициентом.

Применение подобного инструмента в российской практике, а также дополнительное снижение нагрузки на капитал при использовании гарантий институтов развития позволит повысить желание банков к финансированию малых и средних предприятий и обеспечить устойчивое восстановление рынка.

В развитых странах главным основанием для кредитования, помимо отчетности, являются контракты, и основным видом кредитования для всех клиентов является так называемое «торговое финансирование». Если даже самый маленький клиент банка принес контракт на поставку его продукции, подписанный с публичной или известной банку компанией, то он получит кредит под этот контракт.

Российским банкам необходимо перенимать западную практику и осуществлять текущее кредитование под договора, конечно, при условии, что договора составлены должным образом и подписаны с компаниями, известными банку или публичными. Фондам содействия кредитованию МСБ следует принимать в качестве обеспечения по кредитам стоимостные объемы портфелей контрактов с известными и значимыми партнерами-покупателями.

Помимо совершенствования кредитного механизма имеются и другие возможности для обеспечения оптимального кредитования МСБ, например, получение синергетического эффекта от объединения активов участников МСБ. Это особенно важно для однородных или технологически связанных предприятий, например, в сельскохозяйственной отрасли.

Банкам не интересны малые клиенты с их маленькими кредитами, поэтому значительным фактором ускорения кредитования МСБ может быть консолидация или централизация таких клиентов и создание различных объединений в различных формах для объединения их активов и солидарной ответственности по погашению кредитов. Для этого нужно более активно привлекать активы и возможности партнеров для достижения кредитных целей: создавать совместные предприятия, различные объединения и кооперации [5].

Рост банковского бизнеса путем программ нефинансовых услуг для малого и среднего бизнеса – это, по нашему мнению, одно из перспективных направлений развития рынка кредитования малого и среднего бизнеса.

Литература

1. ОАО «МСП Банк» http://www.mspbank.ru/.

2. Рейтинговое агентство «Эксперт РА» http://raexpert.ru/.

3.Ресурсный центр малого предпринимательства http://www.rcsme.ru/ru/.

4.Федеральная служба государственной статистики (Росстат) http://www.gks.ru/.

5.Федеральный портал малого и среднего предпринимательства http://smb.gov.ru/.

Borisova N.
postgraduate
Cherkasy State Technological University

RESEARCH ALTERNATIVE ENERGY PROJECT RISKS USING COGNITIVE MODELING METHODS

Introduction. Today in Ukraine there is growing interest in alternative energy on the part of large holdings of domestic and foreign investors. The list of the most pressing issues for companies engaged in the implementation of renewable energy projects, remains almost unchanged since the adoption of the law on "green tariff".

Analysis of recent research. Here are risky moments, one of the main features of alternative energy projects (AEP). They are associated with the guarantees of "green tariff" in the long term and under its receipt (today a stage commissioning is not always satisfied investors): the use of "local content" and a clear procedure for determining the percentage of the total cost project; connection procedure and compensation related costs; long and bureaucratic procedure for obtaining permits and licenses; use of agricultural land and so on. [1].

Thus appropriate to note that the development of alternative energy requires solving complex problems in dealing with which is necessary to use project-based approach [2]. Speaking about the industry, we can confidently say that because of its specificity in the near future, it will remain the production with high risks.

The purpose of the article. The article is the use of cognitive modeling to build cognitive model of AEP risks to analyze its impacts.

Formulation of the problem. Risks that arise when implementing alternative energy projects, varies depending on the type and size of the project, as well as on regional and economic conditions. Consequently, there is no golden rule or standard set for projects in alternative energy, but each requires its own separate project specific, adequately combined methods and conditions [3].

AEP risk management – it's processes related to identification, risk analysis and decision making, which include maximizing the positive and minimizing the negative consequences of risk events occurrence.

One of the ways to solve such problems is to build a system of decision-making support based on cognitive modeling.

Cognitive modeling designed for structuring, analysis and decision making in complex and uncertain situations in the absence of a quantitative or statistical information about the processes that occur in these situations.

Cognitive structuring – it's a identification of future targets and unwanted state of control object and the most significant (basic) factors of management and the environment affecting the transition object in these conditions, as well establish a qualitative level causal relationships between them, taking into account the mutual influence of factors on each other [4].

Results. In previous works the author used the cognitive approach to determine the impact of holistic indicator of AEP values at each other [5]. There is offering to apply cognitive modeling for AEP risk management and identifining their mutual influences.

Classification of AEP risks is a necessary condition for determine the effectiveness of risk management organization [6]. There has been a risk classification by type of renewable energy [7] and made quantitative risk analysis of AEP [8].

As a tool for cognitive modeling used software "Canvas". Building a cognitive model for the study of the mutual risk influence starts with forming the list of factors. It is proposed to consider the following AEP risk groups: strategic, operational, technological, technical, investment, industrial, political, legan. For each factor, determine the range of permissible values (from 0 to 1) and the current value. As an indicator of the risk used its expectation. Next, build a cognitive map, which sets the relationship of factors (Fig. 1). At its base are forming the adjacency matrix, wherein the predetermined value of the force of mutual influence (Fig. 2). Built cognitive model allows to determine the impact of changes in certain risks to other (direct task). Fig. 3 shows the calculation of the effects of increasing political risk by 40.2% and the regulatory risk by 21.1%. In addition, the cognitive model allows to solve the optimization task to determine the required change of input factors to achieve the desired value of the target factor (inverse task). Fig. 4 shows the results of the calculation of production risk reduction of 23.6%.

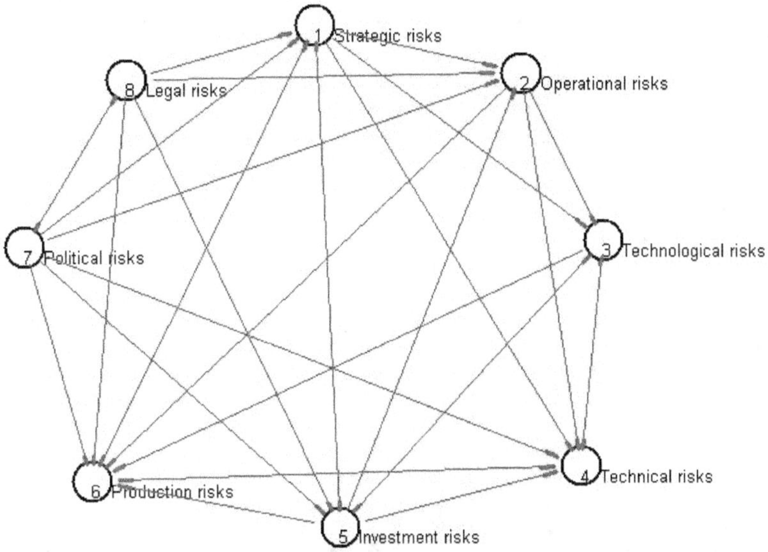

Fig. 1. Cognitive map

	Strategic risks	Operation risks	Technolog risks	Technical risks	Investment risks	Production risks	Political risks	Legal risks
Strategic risks		,3496	,0859	,1688	,6746	,3679		
Operational risks			,7761	,0717		,734		
Technological risks				,6821	,2016	,6745		
Technical risks			,6436			,524		
Investment risks	,132	,616	,21	,2176		,1043		
Production risks	,0396			,5782				
Political risks	,3375	,0608		,0299	,4938	,1145		,5227
Legal risks	,7152	,0913			,2016	,1423	,3657	

Fig. 2. The adjacency matrix

	ВХОД	ТЕКУЩЕЕ ЗНАЧЕНИЕ	ВЫХОД	Консонанс
Strategic risks		0,32	Растет на 15,1%	Достоверно (1,00)
Operational risks		0,20	Растет на 12,2%	Достоверно (1,00)
Technological risks		0,56	Растет на 9,5%	Достоверно (1,00)
Technical risks		0,49	Растет на 6,5%	Достоверно (1,00)
Investment risks		0,56	Растет на 19,8%	Достоверно (1,00)
Production risks		0,30	Растет на 9%	Достоверно (1,00)
Political risks	Растет на 40,2%	0,40	Растет на 7,7%	Достоверно (1,00)
Legal risks	Растет на 21,1%	0,16	Растет на 21%	Достоверно (1,00)

Fig. 3. The solution of the direct task

	ВХОД	ТЕКУЩЕЕ ЗНАЧЕНИЕ	ВЫХОД	Консонанс
Strategic risks	Падает на -64,1%	0,32	Падает на -6,9%	Достоверно (1,00)
Operational risks	Падает на -32,1%	0,20	Падает на -32,1%	Достоверно (1,00)
Technological risks		0,56	Падает на -25%	Достоверно (1,00)
Technical risks		0,49	Падает на -17%	Достоверно (1,00)
Investment risks	Падает на -52,2%	0,56	Падает на -43,3%	Достоверно (1,00)
Production risks		0,30	(Цель) Падает на -23,6%	Достоверно (1,00)
Political risks		0,40	Не меняется	Невозможно (0,00)
Legal risks		0,16	Не меняется	Невозможно (0,00)

Fig. 4. The solution of the inverse task

Conclusions:

- proposed a cognitive model of AEP risk mutual influence assessment;
- proposed an approach to the study of AEP risks based on solving direct and inverse tasks;
- further research should focus on the integration of the proposed approach in decision-making support system of AEP risk management.

Literature

1. Про електроенергетику : Закон України / Верховна Рада України. – Офіц. вид. – К. : Відомості Верховної Ради України від 23.01.1998, 1998. – № 1, стаття 17-1.

2. Семко І.Б. Особливості проектів використання нетрадиційних джерел енергії / Семко І.Б., Борисова Н.І. // Тези доповідей Х міжнародної конференції «Управління проектами у розвитку суспільства». – К.: КНУБА, 2013. – 300с. 225-227.

3. Борисова Н.І. Управління ризиками ПАЕ / Борисова Н.І. // Актуальні питання розвитку суб'єктів господарювання в умовах економічної нестабільності: матеріли Науково-практичної конференції молодих учених / Вищий навчальний заклад «Університет економіки та права «КРОК». – К.: Університет економіки та права «КРОК», 2013. – 554 с.

4. Чефранова М.А. Когнитивный метод анализа и моделирования кредитного риска как эффективный способ поддержки принятия управленческих решений в коммерческих банках // Креативная экономика. — 2011. — № 11 (59). — с. 45-50. — http://www.creativeconomy.ru/articles/14229/

5. Борисова Н.І. Когнітивне моделювання індикаторів збалансованої цінності проектів альтернативної енергетики / Борисова Н.І.. Шор О.М. // Матеріали Х міжнародної науково-практичної конференції «Управління проектами: стан та перспективи». – Миколаїв : НУК, 2013. – 348с.

6. Івченко І.Ю. Моделювання економічних ризиків і ризикових ситуацій. Навчальний посібник. / Івченко І.Ю. – К. : Центр учбової літератури, 2007. – 344 с.

7. Данченко О.Б. Класифікація ризиків в проектах / О.Б. Данченко // Восточно-европейский журнал передових технологий. Интегрированное стратегическое управление, управление проектами и программами развития предприятий и территорий, 2012 – 1/12 (55) – С. 26–28.

8. Рощин В.М. Управление проектами Учеб. пособие. / Рощин В.М. – Владивосток : ТГЭУ, 2007. – 204 с.

Шаова Д.З.
студентка 4 курса юридического факультета АГУ;
Дзыбова С.Г.
к.ю.н., доцент, заведующий кафедрой конституционного и административного права АГУ.
Адыгейский государственный университет, Россия.
Dzibova.S@mail.ru

ПРАВА ЖЕНЩИН В МУСУЛЬМАНСКОМ ПРАВЕ

Общий недостаток знаний в области мусульманского права приводит к искаженному представлению социально-правовой культуры ислама, а значит и неверному представлению об истинном положении женщины в исламском обществе.

Более того, западные ценности за последние три столетия получили широкое распространение по всему миру, часто претендуя на универсальные, то есть единственно правильные, подталкивая весь остальной незападный мир корректировке своих нормативных систем через призму западно-правовых этических идеалов. Однако в последнее время незападный мир стал все больше осмысливать себя через свои собственные традиционные ценности.

Прежде всего, для того, чтобы понять, какими правами и обязанностями наделена женщина в исламе надо глубже понять мусульманскую правовую систему. Источниками права являются Коран, Сунна, иджма, или единое соглашение мусульманского общества; и кияс, или суждение по аналогии.

Положение женщины в исламе следует оценивать исходя из системы ценностей, утверждаемые кораническим откровением. Необходимо и воспринимать женщину как носителя живого религиозного чувства, цели которой не ограничиваются пределами земных реалий. Женщина является неотъемлемой частью религиозной общины. Мусульманская община – социальная единица исламского общества, и мусульманская семья – базовая ячейка мусульманской общины.

Равноправие на общественном уровне, проявляется в первую очередь в соблюдении религиозных обязанностей, которые определяют базовые социальные качества женщины. Религиозные указания обуславливаются вероисповеданием Единого Бога и должны реализовываться в практической религиозной деятельности: – соблюдение молитвы (намаза); женщина освобождается от намаза каждый месяц в определенные дни, посещение мечети во время Пятничной молитвы необязательно для женщины; – соблюдение поста; беременная женщина освобождается от поста, но она должна поститься в другое удобное для нее время; – соблюдение паломничества (хаджа); но есть ритуалы, от которых она освобождается по физиологическим причинам; – в выплате налога (закята) она уравнивается с мужчиной.

Как видим, уравнивая ее в религиозных обязанностях с мужчиной, ислам не оставляет без внимания ее физиологические и психологические особенности.

Что касается прав мусульманской женщины, то они широчайшим образом проявляются в вопросах собственности [1, с. 158]. В соответствии с мусульманским законодательством женщина имеет абсолютные права на свою собственность. Женщина имеет равные права с мужчиной в вопросах приобретения собственности. Права женщины на наследство подробно описываются в Коране (4:7-12; 4:176) и поэтому не должны указываться в завещании, они получают свою долю автоматически. Помимо этого в дополнение к отдельным имущественным правам она имеет право на содержание (пищу, одежду, жилье и т.д.), и мусульманский закон обязывает ее отца, мужа и др. обеспечивать ее женские потребности.

Социальный статус женщины предписывает определенные роли, а те предполагают совокупность прав и обязанностей, которые закрепляются мусульманским законодательством за данной позицией. Роль женщины в обществе, так же как и мужчины, определяется мусульманской концепцией мирового устройства. Согласно «социокультурному проекту» Всевышнего, все созданные им творения существуют в парах, и только Аллах Един, и нет Ему равных. Подобное устройство служит залогом развития жизни на земле и продолжения рода созданных видов живых существ. В этом смысле на женщину возложена великая по своей значимости функция – сохранение человеческого рода [2, с.16]. Функция воспроизводства предполагается как первоочередная задача и может быть реализована лишь в рамках института семьи. Подобное положение значительно способствует, в первую очередь, росту социальной ценности семьи, и во вторую очередь, – повышению социальной значимости статуса замужней женщины. В связи с тем, что воспитание детей является фундаментальной задачей, ислам закрепляет за женщиной статус матери как наиважнейший. Он включает в себя как основную роль воспитательницы детей в духе ислама. Воспитательный процесс, безусловно, требует от женщины определенной подготовки и наличия знаний в разных областях жизни в сугубо исламской трактовке, т.е. женщина должна знать ислам, а это немало в плане образования. Профессиональная деятельность также позволительна для женщины-мусульманки. Она имеет право на выбор приемлемой сферы деятельности (медицина, бизнес, наука, образование, производство моделирование и пошив одежды, и т.п.).

Специфическая статусно-ролевая модель женщины-мусульманки во многом формируется исходя из принципа функциональной дифференциации мужчины и женщины, которая учитывает духовные, биологические, психологические и социальные качества двух полов. На женщину возлагается великая, с точки зрения ислама, функция сохранения религиозности семьи; воспитанность и богобоязненность подрастающего поколения. Если женщина воспроизводит и воспитывает следующее поколение мусульман, то на мужчину возложена забота о материальной, психологической, духовной стабильности семьи.

Женщина своим имуществом распоряжается самостоятельно, и не обязана его использовать в семейном бюджете. Все обеспечение семьи берет на себя муж, это его прямая обязанность. При разводе соблюдаются права женщины, в обязательном порядке у нее сохраняется право собственности на предбрачный подарок (махр). Сам период развода в исламском праве занимает продолжительные время (до полугода), все это время муж обязан содержать в полной мере свою жену. Стереотипное представление о том, что дети после развода всегда остаются у отца не соответствуют действительности. Исламское право, прежде всего, учитывает религиозность супругов, возраст детей, имущественное положение, интеллектуальная и физиологическая дееспособность супругов. Подавать на развод женщина имеет право опосредованно, через шариатский суд, который не требует для этого особых причин.

Таким образом, своим исследованием мы хотели показать, что женщину-мусульманку следует рассматривать через религиозные предписания, которые регламентируют ее права и обязанности, а значит и социальный статус и роли. Исламское право делает акцент на половой дифференциации, учитывая психофизиологические особенности мужчины и женщины, в отличие от современного европейского права, которое уравнивает половые идентичности, наделяя их одинаковой правосубъектностью.

Литература:

1. Юрчук, В.В. Ислам / В.В. Юрчук. – Минск, 2006.
2. Нуруллина, Г. Женщина в исламе / Г.Наруллина. – М., 2004.

Тлевцерукова Н.Р.
студентка 4 курса юридического факультета АГУ;
Удычак Ф.Н.
к.ю.н., доцент кафедры конституционного и административного права юридического факультета АГУ.
Адыгейский государственный университет, Россия
f.udychack@yandex.ru; nafiset94@mail.ru

СУЩНОСТЬ И ЗНАЧЕНИЕ ИЗБИРАТЕЛЬНОГО ПРОЦЕССА В СОВРЕМЕННОМ ЮРИДИЧЕСКОМ КОНТЕКСТЕ

Сегодня практически ни одно государство не может обойтись без этого института демократии, тысячекратно оправдавшего себя в мировой политической истории. Выборы, в зависимости от конкретного соотношения политических и классовых сил в государстве, политического режима, уровня политико-правовой культуры и состояния демократических традиций в обществе, могут играть и роль орудия в борьбе за власть господствующего класса (или блока политических сил). Но во многих случаях этот институт представляет собой выражение демократизма в государстве и обществе. Путем выборных процедур формируются представительные органы государственной власти и местного самоуправления, избираются должностные лица в государстве и регионах.

Надо сказать, что институту выборов, как в советский период, так и в современный, всегда придавалось исключительно важное политическое значение.

По оценке Н.И. Лазаревского и других ученых - государствоведов, современников избирательной системы Российской империи, «законодательство о выборах необыкновенно сложно. Это, быть может, самая запутанная и несовершенная система выборов, которая когда-либо существовала». По мнению Н.И. Лазаревского, это существенный ее недостаток, поскольку чем сложнее избирательная система, тем больше возможностей для всякого рода ошибок и подлогов[1, 462].

Таким образом, после принятия в 1993 году Конституции Российской Федерации избирательное законодательство динамично развивается, что свидетельствует о растущем значении выборов как для государства, так и для общества. Развитие избирательного законодательства происходит в нескольких направлениях: увеличивается общее количество законодательных актов о выборах, существенно расширяется объем правового регулирования различных аспектов проведения выборов[2, 10].

Избирательное право демократически развитых государств как правовая категория - это «институт публичного права, представляющий собой систему правовых норм, сформулированных в законодательных и иных нормативных правовых актах (источниках права, которые регулируют общественные отношения, деятельность (принципы и правила поведения) субъектов, устанавливают их права и обязанности в сфере осуществления народовластия - выборов в органы государственной власти и выборные органы местного самоуправления»[3, 312].

В юридической литературе избирательное право традиционно определяется как подотрасль конституционного права. Являясь совокупностью конституционно-правовых норм, избирательное право образует важную составную часть конституционного права Российской Федерации, один из наиболее значимых его подотраслей и регулирует такие общественные отношения, которые складываются, например, при выборах Президента Российской Федерации, депутатов законодательных (представительных) органов власти Федерации и ее субъектов, а также при выборах в исполнительные органы власти и органы местного самоуправления. Для раскрытия содержания избирательного права и механизма его применения необходимо, прежде всего, отметить, что выборы представляют собой растянутую во времени избирательную кампанию, совокупность этапов избирательных действий и процедур, регламентированных законодательными и иными нормативными правовыми актами.

Содержание избирательного права - это облеченные государством в форму правовых норм принципы, положения и гарантии, согласно которым проводятся выборы, осуществляются действия и принимаются решения гражданами, политическими партиями, избирательными комиссиями, другими органами, наделенными полномочиями по подготовке и проведению выборов, иными субъектами правоотношений на различных этапах избирательной кампании.

На основе международных документов и опыта развития представительной демократии в нормативных правовых актах многих государств закреплен ряд общих принципов избирательного права, составляющих его содержание, таких, как всеобщее равное и прямое избирательное право, периодичность выборов, свободное волеизъявление избирателей при тайном голосовании, гласность и открытость выборов, независимость органов, осуществляющих подготовку и проведение избирательных кампаний, от органов государственной власти, представление кандидатам равных возможностей для ведения предвыборной агитации, состязательность претендентов; обжалование действий и решений участников, а также результатов выборов, в суде.

В содержание избирательного права включаются также положения, регламентирующие этапы, порядок, правила и процедуры осуществления избирательных действий и принятия компетентными органами решений: по регистрации или учету избирателей, составлению списков избирателей, образованию избирательных округов, избирательных участков, выдвижению и регистрации кандидатов, предвыборной агитации, проведению голосования и подведению его итогов. Наконец, содержание избирательного права составляют положения, предусматривающие ответственность лиц, нарушающих нормы избирательного права, и восстановление субъективных избирательных прав тех или иных участников выборов (кандидатов, политических партий, избирателей и др.).

Следует отметить то, что избирательное право имеет два основных значения. Во-первых, под избирательным правом понимается подотрасль конституционного права, которая образует совокупность правовых норм, регулирующих выборы в органы государственной власти и органы местного самоуправления (позитивное избирательное право). Во-вторых, избирательное право есть субъективная возможность гражданина избирать (активное избирательное право) и быть избранным (пассивное избирательное право) в органы государственной власти и местного самоуправления.

Исходя из позиций субъективного избирательного права, различают активное и пассивное избирательное право. Активное избирательное право-прямое или косвенное право граждан обладать, при достижении установленного законом возраста, решающим голосом в избрании органов государственной власти (депутатов парламентов, главы государства), органов местного самоуправления (муниципалитетов, мэрии) или принимать участие в отзыве членов и руководителей выборных органов. Это право реализуется путем участия гражданина в голосовании на выборах или во время кампании по отзыву избранного лица.

Пассивное избирательное право - право граждан быть избранными в органы государственной власти и выборные органы местного самоуправления. В отличие от активного избирательного права оно реализуется, прежде всего, самим кандидатом при поддержке гораздо меньшего числа граждан, но и по более сложной процедуре, и может заканчиваться избиранием кандидата. Для этого в определенной законом последовательности проводиться целый ряд действий, как самим гражданином, так и другими участниками избирательного процесса - начиная с выдвижения и регистрации гражданина в качестве кандидата до проведения предвыборной агитации, подсчета голосов и установления результатов выборов. Реализация гражданином пассивного избирательного права зависит не только и не столько от данного лица, сколько от волеизъявления других субъектов избирательной кампании. Избирание выдвинутого в качестве кандидата гражданина возможно лишь при непосредственной и достаточной поддержке его со стороны политических партий и избирателей на различных этапах избирательной кампании, кроме того, необходимо, чтобы за него проголосовало не менее установленного в законе числа избирателей.

Свои субъективные избирательные права граждане приобретают по достижении определенного возраста. При этом законодательными актами могут устанавливаться различные основания для приобретения активного и пассивного избирательного права.

Таким образом, с одной стороны, избирательное право регулирует публично-правовые отношения, представляет собой систему правовых норм и как подотрасль конституционного права является неотъемлемой частью избирательной системы, а с другой стороны, избирательное право представляет собой субъективную возможность гражданина избирать и быть избранным в органы государственной власти и местного самоуправления.

Литература:

1. Лазаревский Н. И. «Русское государственное право». Т. 1. Сбп., 2010.- 462 с.

2. Алахичева Л. Г. «Конституционные основы соотношения федерального и регионального избирательного законодательства» // Журнал российского права. 2009. № 9. – 10 с.

3. Козлова Е. И., Кутафин О. Е. «Конституционное право России». М. 2012. -312 с.

Семерентьев С.В.
аспирант кафедры уголовного процесса и криминалистики
юридического факультета
Южного федерального университета
semerentev@gmail.com

ПРОЦЕССУАЛЬНАЯ САМОСТОЯТЕЛЬНОСТЬ ГОСУДАРСТВЕННОГО ОБВИНИТЕЛЯ

Традиционно в теории уголовного процесса процессуальная самостоятельность рассматривается в качестве характеристики такого участника уголовного процесса как следователь. Именно данным свойством процессуального статуса следователя зачастую обосновывается необходимость возложения на него личной ответственности за выполняемую работу, а, следовательно, процессуальная самостоятельность признается правовой гарантией объективного и качественного расследования. В то же время в судебном разбирательстве уголовных дел прокурор является самостоятельной процессуальной фигурой, полномочия которой определяются уголовно-процессуальным законом.

Процессуальная самостоятельность государственного обвинителя предполагает, что он свободен в определении личной позиции по уголовному делу. Позиция прокурора в суде не должна быть связана выводами обвинительного заключения или обвинительного акта и может основываться только на результатах исследования доказательств в судебном заседании. Предполагается, что он самостоятельно решает ряд вопросов:

1. поддерживать ли ему обвинение или отказаться от него;
2. настаивать на обвинении, предъявленном лицу органами предварительного расследования, или изменить его;
3. просить суд назначить подсудимому наказание или освободить от него.

Наиболее ярко проблема реализации процессуальной самостоятельности государственного обвинителя проявляется при отказе от обвинения. Такое полномочие прокурора предусмотрено ч. 7 ст. 246 УПК РФ.

Отказ прокурора от государственного обвинения представляет собой особый процессуальный институт, который регламентирует процессуальную деятельность государственного обвинителя и принимаемые им в судебном заседании решения, а также процессуальные последствия отказа от обвинения.

В юридической литературе приводится достаточно большое количество определений понятия отказа прокурора от обвинения. Наиболее точным представляется определение, данное В.Ф. Крюковым, который под отказом прокурора от государственного обвинения понимает сделанное прокурором в судебном заседании заявление суду и участникам сторон обвинения и защиты, в котором он полностью или частично выражает негативное отношение к обвинению в форме отрицания его законности и обоснованности, мотивирует невозможность его поддержания в отношении подсудимого и сообщает о полном или частичном прекращении обвинительной деятельности по уголовному делу, что порождает установленные законом процессуальные последствия для всех участников процесса. [4,74]

Что касается самой процедуры, то в соответствии с ч. 7 ст. 246 УПК РФ в случае, если в ходе судебного разбирательства государственный обвинитель придет к убеждению, что представленные доказательства не подтверждают предъявленное подсудимому обвинение, то он отказывается от обвинения и излагает суду мотивы отказа.

Таким образом, для отказа от обвинения прокурору необходимо соблюсти ряд условий:

1) изучить представленные в ходе судебного заседания доказательства;
2) прийти к убеждению, что они не подтверждают предъявленное обвинение;
3) изложить суду мотивы своего отказа.

Убеждение прокурора в том, что предъявленное подсудимому обвинение не подтверждается представленными доказательствами, не может быть безотчетным. Такое убеждение может сложиться у него только после исследования всех доказательств. Отказ прокурора от обвинения, когда материалы дела исследованы не в полном объеме, является преждевременным. Такая же позиция изложена в п. 7 приказа Генерального прокурора РФ от 25.12.2012 № 465 «Об участии прокуроров в судебных стадиях уголовного процесса» (далее по тексту – Приказ № 465), в соответствии с которым прокурор может отказаться от обвинения только после всестороннего исследования доказательств. Представляется, что прокурор заявляет о своем отказе от обвинения по окончании судебного следствия, на этапе прений сторон.

Казалось бы, в теории все просто – как только у государственного обвинителя сформируется убеждение в необоснованности обвинения, он отказывается от обвинения. Однако на практике возникает ряд трудностей и вопросов с применением рассматриваемого процессуального института.

Прежде чем сделать заявление об отказе от обвинения, государственный обвинитель должен получить согласие у своего руководителя. Государственное обвинение в суде обычно поддерживают помощники или заместители прокурора, а обвинительное заключение утверждает непосредственно руководитель соответствующей прокуратуры. Он же в письменной форме поручает поддержание обвинения определенным сотрудникам. В связи с этим возникает вопрос: как государственному обвинителю отказаться от обвинения, которое в обвинительном заключении утвердил его руководитель?

Этот вопрос решается в ряде приказов Генерального прокурора РФ. Так, в соответствии с п. 1.12 Приказа от 27.11.2007 № 189 «Об организации прокурорского надзора за соблюдением конституционных прав граждан в уголовном судопроизводстве» (далее по тексту – Приказ № 189) при расхождении позиции государственного обвинителя и прокурора, утвердившего обвинительное заключение, следует безотлагательно принимать согласованные меры, обеспечивающие законность и обоснованность государственного обвинения. Также, в соответствии с п. 8 Приказа № 465 государственному обвинителю при существенном расхождении его позиции с позицией, выраженной в обвинительном заключении или обвинительном акте, предписывается докладывать об этом прокурору, поручившему поддерживать государственное обвинение. Указанному прокурору в случае принципиального несогласия с позицией обвинителя, исходя из законности и обоснованности предъявленного обвинения, своевременно решать вопрос о замене обвинителя либо самому поддерживать обвинение.

По нашему мнению, такая усложненная процедура получения согласия обусловливается недопустимостью необоснованного отказа от обвинения, поскольку такое решение прокурора обязательно для суда. В соответствии с позицией Генерального прокурора РФ, изложенной в п. 1.12 Приказа № 189, необоснованный отказ государственного обвинителя от обвинения считается нарушением служебного долга. Кроме того, в случае отказа от обвинения в отношении государственного обвинителя проводится служебная проверка.

В соответствии с требованиями организационно-распорядительных документов Генеральной прокуратуры Российской Федерации отказ должен быть мотивирован и представлен суду в письменной форме.

Какие же процессуальные последствия отказа прокурора от обвинения? Он является обязательным для суда, поскольку в соответствии с ч. 7 ст. 246 УПК РФ влечет за собой прекращение уголовного дела или уголовного преследования полностью или в соответствующей его части по основаниям, предусмотренным пунктами 1 и 2 части первой статьи 24 УПК РФ (отсутствие события преступления, отсутствие в деянии состава преступления и т.д.)

Необходимо отметить, что в ранее действовавшем УПК РСФСР 1960 года было закреплено положение, согласно которому суд воспринимал отказ государственного обвинителя как рекомендацию и не был связан этой позицией. В юридической литературе и в настоящее время встречаются предложения ввести такой порядок. [1,16-19] Однако подобное недопустимо, поскольку нарушает принцип состязательности процесса и ставит суд в положение органа обвинения. В случае отказа прокурора от поддержания обвинения его деятельность не может перекладываться на суд, так как действия суда направлены на разрешение дела и не входят в структуру деятельности по формированию и обоснованию обвинения.

Кроме того, Конституционный Суд РФ в определении от 14.12.2004 № 393-О «Об отказе в принятии к рассмотрению запроса Курганского областного суда о проверке конституционности части седьмой статьи 246 и части второй статьи 254 УПК Российской Федерации» сформулировал следующую правовую позицию, указав, что «возложение на суд обязанности прекратить уголовное дело (уголовное преследование) при полном или частичном отказе государственного обвинителя от обвинения не могут расцениваться как ограничение самостоятельности и независимости суда, гарантируемых Конституцией Российской Федерации».

Как мы знаем, в соответствии с п. 1 ч. 1 ст. 6 УПК РФ одним из назначений уголовного судопроизводства является защита потерпевших от преступлений. В связи с этим важным является вопрос о соблюдении прав потерпевших при отказе прокурора от обвинения. Указанный вопрос является дискуссионным и широко обсуждается в юридической литературе. Одни авторы, например, С. Ефименко [3,6-9], указывают, «что в данном случае потерпевший лишается права изложить суду основания своего убеждения в том, что вина подсудимого с ходе судебного следствия доказана. Таким образом, потерпевший лишается права на доступ к правосудию».

Более правильным представляется мнение И. Демидова и А. Тушева, полагающих, что «отказ прокурора от обвинения не влечет нарушения прав потерпевшего, так как бремя доказывания обвинения и опровержения доводов защиты подсудимого лежит только на прокуроре [2,26].

Мнение потерпевшего, который не согласился с отказом государственного обвинителя от обвинения, не может являться препятствием для осуществления полномочий прокурора. Доступ потерпевшего к правосудию в данном случае обеспечивается предоставлением ему права быть услышанным судом, а также права обжаловать судебное решение в установленном порядке. Такая правовая позиция была выражена Конституционным Судом РФ в постановлении от 08.12.2003 № 18-П.

Кроме того, в соответствии с ч. 10 ст. 246 УПК РФ прекращение уголовного дела ввиду отказа государственного обвинителя от обвинения, равно как и изменение им обвинения, не препятствует последующему предъявлению и рассмотрению гражданского иска в порядке гражданского судопроизводства.

С учетом вышеизложенного, представляется возможным сделать вывод о том, что прокурор не обладает процессуальной самостоятельностью при отказе от обвинения. В силу единства и централизации органов прокуратуры в Российской Федерации отказ от обвинения в суде отражает не позицию отдельного государственного обвинителя, непосредственно участвующего в суде, а в целом позицию органов прокуратуры. Решение о возможном отказе от обвинения всегда согласовывается государственным обвинителем с вышестоящими прокурорами, которые либо поддерживают эту позицию, либо принимают меры к замене государственного обвинителя.

Такая процедура приводит к тому, что рассматриваемый процессуальный институт не получил широкого распространения в правоприменительной практике. Между тем, согласно п. 1.12 Приказа № 189 нарушением служебного долга прокурора является не только необоснованный отказ от обвинения, но и требование о постановлении обвинительного приговора при отсутствии доказательств виновности подсудимого. И действительно, принципы уголовного судопроизводства не ориентируют прокурора любым путем избегать отказа от обвинения. Это было бы и незаконно, и безнравственно.

ЛИТЕРАТУРА:

1. Грашичева О.Н. Проблемы правового регулирования полномочий прокурора на этапе окончания предварительного расследования // Российский следователь. 2015. № 6.
2. Демидов И.Ф., Тушев А.А. Отказ прокурора от обвинения // Российская юстиция. 2002. № 8.
3. Ефименко С.П. Отказ прокурора от обвинения при несогласии потерпевшего // Законность. 2011. № 10.
4. Крюков В.Ф. Уголовное преследование в судебном производстве: уголовно-процессуальные и надзорные аспекты деятельности прокурора. Курск, 2010.

Казачанская Е.А.
доцент кафедры теории и истории государства и права
юридического факультета Южного федерального университета
elk.13@yandex.ru

ОСОБЕННОСТИ ФУНКЦИОНИРОВАНИЯ АДВОКАТУРЫ ВО ФРАНЦИИ В СРЕДНИЕ ВЕКА

Уже в древнем мире мы встречаем людей, которые занимались изучением законов для того, чтобы помогать своим согражданам советами и защищать тех, кто предстал перед судом. У греков судебные защитники назывались ораторами. Требования к ним сводились к умению убедительно говорить перед слушателями. В период римской республики на смену патронату (на патрона возлагались обязанности в том числе защиты своих клиентов в суде[1]) приходит класс ораторов, которые отличались даром слова, знанием законов и юриспруденции. С падением республики слово «оратор» выходит из употребления и судебных защитников стали называть advocati[2].

Римские императоры уважительно относились к адвокатам. Так, император Лев говорил, что «адвокаты, посвящающие себя защите публичных и частных интересов также полезны, как и лица, защищающие отечество ценою своей жизни» [1,306-307]. И, несмотря на то, что Рим пережил период, когда значение юриспруденции падало и терялось уважение к суду и адвокатам, именно в Риме впервые адвокаты стали называться сословием[3].

После покорения римлянами галлов, первоначальных обитателей Франции, в Галлии появляются адвокаты в римском смысле этого слова [2,310-312].

После победы франков над галлами римское влияние постепенно сходит на «нет». Это связано еще и с тем, что германские народы не признавали римских юристов и их формы судопроизводства. Они очень жестоко обходились с адвокатами, выкалывая им глаза, отрезая руки и вырывая языки. Все судебные процедуры сводились в основном к показаниям свидетелей[4].

---

[1] Словами «патрон» и «клиент» и теперь иногда называют адвоката и его доверителя.

[2] Слово «advocatus» значит «призванный защищать другого в суде».

[3] Для принятия в адвокаты требовалось достижение 17-летнего возраста и наличие диплома об окончании 5-летнего курса в школе правоведения; затем правитель провинции удостоверялся в способностях к доброй нравственности кандидата и от него в конечном счете зависело принятие в адвокаты. Молодой адвокат должен был присутствовать при заседаниях, чтобы приобрести необходимые навыки.

[4] По всей видимости, в силу этих причин и стали прибегать к суду Божьему (ордалиям), который становится одним из видов доказательств.

После распада империи Карла Великого ситуация осложнилась тем, что теперь каждый феодал мог быть полным властелином в своем поместье. Единственным средством доказательств в эпоху феодализма стали судебные поединки. Стороны являлись в суд лично во всеоружии или с палкой (это зависело от социального положения сторон). При такой системе отправления правосудия об адвокатах не могло быть и речи. Впрочем, для защиты слабых допускались странствующие рыцари; вместо женщин, духовенства, незаконнорожденных, несовершеннолетних и др. выставлялись бойцы (так называемые «кулачные адвокаты»).

Наряду с юрисдикцией сеньоров существовали и церковные суды (они придерживались форм римского процесса). У церквей и монастырей были свои адвокаты. Эта обязанность возлагалась на светских лиц. Она не исчерпывалась защитой церковных дел в судах и предполагала заведование церковными и монастырскими доходами, драки на поединках в интересах монастырей и др.

Уже с XIII в. города, которые к тому времени получили развитие, также имели подобных защитников.

С ростом и укреплением королевской власти феодальный порядок суда уступил место другим формам процесса. Усложняется письменность и делопроизводство, и на помощь частным лицам приходят ходатаи, которые предлагают свое посредничество. Этих судебных защитников называли clamatores или plaidours. Они пледировали, т.е. излагали суть дела в суде.

В постановлениях Людовика Святого (1270 г.) они фигурируют как avocats или avant-parliers. Это название указывает на их главную обязанность – изложение дела, судоговорение [1,314-315].

Парламенты[5] завершили объединение французского государства и взяли в свои руки вассалов и сеньориальные суды. Первым из них был Парижский (другие парламенты учреждались по его образцу и считались его отделениями).

К 1320 году Парламент состоял из трех палат (одна принимала гражданские иски, другая вела дела, третья выносила решение). Позднее (1446 г.) появилась четвертая палата, которая заведовала исключительно уголовными делами. Слово адвоката в парламенте (а также в окружных и других королевских судах) допускалось только по гражданским делам. В уголовных делах адвокатская защита обвиняемых не допускалась.

Как уже упоминалось, первые постановления об адвокатской деятельности встречаются при Людовике Святом. За ним Филипп Смелый (1274 г.) попытался определить размер адвокатского гонорара[6] в

---

[5] Судебное учреждение во Франции.

[6] Вознаграждение, которое получали адвокаты за свой труд они называли гонораром, избегая слово «плата».

зависимости от личной заслуги адвоката, от того, насколько сложным было дело и от материальных возможностей клиента. От адвокатов теперь требовалось, чтобы они являлись в судебные заседания в специальном костюме. Речь адвоката должна была начинаться текстом из Священного писания. Адвокаты причислялись не только к парламенту, но и к королевским судам.

В 1302 г. Филипп Красивый уступил часть королевского дворца в Париже для парламента. Одной из первых задач парламента было определение прав и обязанностей адвокатов с тем, чтобы возвысить их профессию и таким образом поднять их авторитет и сделать адвокатов полезными для общества. В 1344 г. на свет появился парламентский ордонанс, который стал основой всех последующих законов и постановлений, касающихся адвокатов. Именно он стал базой для последующих ордонансов, а правила, изложенные в нем, были основными правилами адвокатской профессии в течение пяти столетий и просуществовали до революции.

Адвокаты, в средние века выделившиеся в адвокатское сословие (барро), имели три вида собраний:

- общие собрания, на которых решались все вопросы, касающиеся адвокатского сословия;
- собрания по отделениям и колоннам;
- депутацию, состоящую из двух депутатов от каждого отделения, избираемых на 2 года.

Председательство во всех этих собраниях принадлежало старшине, который назывался сначала деканом (doyen), а потом batonnier.

Для поступления в адвокаты требовалось окончание курса в одном из юридических факультетов Франции.

Принятие в адвокаты проводилось в торжественном заседании суда. Желающий стать адвокатом являлся в это заседание в сопровождении одного из старых адвокатов, где он и произносил клятву. Имя вновь принятого вносилось в парламентский регистр, извлечение из которого выдавалось новому адвокату на пергаменте и называлось адвокатским матрикулом. Его предъявление было необходимо, чтобы быть допущенным к пледированию.

В зависимости от рода занятий адвокаты делились на три категории: адвокаты советующие, или консультанты (avocats consultants), пледирующие (avocats plaidants) и новые адвокаты, или стажеры (les stagiares).

Адвокаты-консультанты пользовались особым уважением: короли и судьи часто обращались к ним за советом, их мнение они признавали для себя обязательными. Несмотря на то, что каждый адвокат мог давать советы, титул консультанта присваивался только тем адвокатам, которые успели приобрести известность и находились в барро не менее 20 лет.

Вновь принятый адвокат мог начинать пледировать с момента получения матрикула. Таким образом, стажер не зависел от корпорации и подчинялся для своей собственной пользы советам опытных адвокатов [3,299].

Адвокат участвовал в заседаниях в специальном костюме. К слову сказать, любовь французов к моде, во все времена имеющая место, отразилась и на костюме адвоката: если сначала (XIV в.) они одевались для заседаний почти как ксендзы (из которых состояло большинство барро), а в торжественных случаях одевали ярко-красную мантию, то позднее на смену отложным воротничкам пришли фрезы самых разнообразных форм, длинная борода постепенно укорачивалась, а к XVII в. и вовсе сбривалась.

Средневековые адвокаты никогда не давали расписок частным лицам и своим коллегам в получении документов. Это говорит о полном доверии к адвокатам, об их честности и аккуратности. К чести французской адвокатуры следует сказать, что во всей истории адвокатуры не было примера утайки, кражи или подлога документов со стороны адвокатов.

Дореволюционные адвокаты пользовались значительными привилегиями. Они освобождались от всяких податей и налогов, пользовались званием дворянина; они не несли ответственности за вред и убытки перед своими клиентами, если они вели дело без обмана; книги и бумаги адвоката ни при каких обстоятельствах не подлежали аресту; неприкосновенным являлось и место его работы.

О том, насколько почиталась адвокатская профессия, говорит следующий пример: парламентским приговором 1577 г. хозяину мастерской, занимавшемуся обработкой шерсти и его рабочим было запрещено петь песни, потому что это беспокоило жившего по соседству адвоката.

Против всякого посягательства на честь профессии все барро защищались энергично и сообща.

«…Какое счастье быть членом барро, где приобретение материального благосостояния и исполнение своих обязанностей идут рука об руку, где личное достоинство и слава неразлучны, где человек, обязанный одному себе возвышением, держит остальных людей в зависимости от своих познаний и заставляет их отдавать честь только превосходству своего гения» - писал знаменитый канцлер Д. Арессо [1,306-307].

Несмотря на то, что рождение адвокатуры явилось потребностью общества, государство всегда поддерживало это сословие, видя и понимая значимость этой организации. Поэтому неслучайно французские адвокаты во всех важных событиях своего отечества всегда выступали действующими лицами. Ничего не боясь, они принимали участие в борьбе за свободу галликанской церкви, они всегда помогали парламентам в трудных случаях, выступали против насилия. Это были эрудированные люди с крепким характером, элита французского общества, которая служила ему и удовлетворяла его потребности.

ЛИТЕРАТУРА:

1. Беликов. Значение адвокатуры и судьба адвокатского сословия во Франции // Журнал Министерства Юстиции. 1864. Т. XIX. Ч. II. С.306-307.
2. Журнал Министерства Юстиции. 1864. Т.XIX. Ч. II. С.310-312.
3. Кистяковский А. Адвокатура во Франции, Англии и Германии // Журнал Министерства Юстиции. 1863. Т. XVII. Ч. II. С.299.

Марченко М.А.
аспирант кафедры теории и истории
государства и права
юридического факультета
Южного федерального университета
marianna.marchello@mail.ru

СТАНОВЛЕНИЕ ПАРЛАМЕНТАРИЗМА ВО ФРАНЦИИ В УСЛОВИЯХ РЕСПУБЛИКИ

В условиях современной действительности важно выявить, какая именно модель может стать для государства наиболее приемлемой, отвечающей общим принципам современного государственного устройства, соответствующей историческим и культурно-национальным особенностям страны, а также эффективной и действенной с точки зрения исторических перспектив. В этой связи проблема парламентаризма в целом и различные варианты его практического воплощения являются наиболее важными, как в теоретическом, так и в практическом аспектах [2,48].

Конституция 1848 г. впервые закрепила во Франции республику с Президентом во главе. Планировалось ли сохранение под этой формой парламентского правления, или же уход в направлении предыдущих республиканских конституций, устанавливавших решительное разделение властей, по-прежнему остается вопросом. Известно лишь, что ее авторы, будучи в большинстве своем сведущими в делах парламентаризма, вопрос этот не разрешили. Некоторые черты этой конституции предполагают парламентское правление. Так, например, она не исключала из министерства членов законодательного собрания, а Закон 15 марта 1849 г. прямо отвергает несовместимость полномочий депутата с функциями министра, которую хотели установить по примеру Конституций 1791 и III гг.). Конституция постановляла (ст. 49), что президент имеет право «представлять Национальному собранию через министров проекты законов», и что министры (ст. 69) «имеют доступ в Национальное собрание и должны быть выслушиваемы каждый раз, когда они этого требуют». Нужно прибавить еще, что по ст. 67 «акты Президента республики, кроме тех, посредством которых он назначает и увольняет министров, могут иметь силу лишь тогда, когда они контрассигнованы одним из министров». Наконец, конституция упоминала о Совете министров и делала его вмешательство иногда необходимым (ст. 64). Но зато некоторые положения как будто, наоборот, отвергали правление кабинета. Во-первых, Президент республики был ответствен за все свои действия, эта ответственность не исключала ответственности министров. Хотя, возможно, в этом случае предполагалась их уголовная и личная ответственность, а не ответственность политическая.

Во-вторых, Президент не имел также права распускать Законодательный корпус, а между тем право роспуска представляет существенную черту парламентского правления.

Вопрос, который был таким образом затронуть в тексте Конституции, необходимо было разрешить на практике. Первый почин в этом отношении принадлежал Президенту республики. В своем послании к Собранию от 31 октября 1849 г. он прямо требовал права выбирать и увольнять своих министров и лично руководить правлением при посредстве людей, безусловно преданных его политике.

Конституция 14 января 1852 г., родившаяся после государственного переворота и составленная Людовиком Наполеоном в силу полномочий, которые он заставил нацию вручить себе посредством плебисцита 20 и 21 декабря 1851 г., была направлена против представительного правления вообще, но наиболее прицельно — против парламентского правления. Во всем, что касается устранения парламентского правления, она была точна и решительна. Так, например, в соответствии с конституцией «министры зависят только от главы государства; они ответственны только за акты, касающиеся управления; между ними нет солидарности; обвинение против них может быть возбуждено только Сенатом» [5,142]. Таким образом, исчезла политическая ответственность, а соответственно, и уголовная, так как она могла быть возбуждена только учреждением, члены которого избирались самим главой государства. Министры были изолированы от Законодательного корпуса. Они, в соответствии со ст. 44, не могли быть его членами и не имели доступа в него, как, впрочем, и в Сенат; поддержание проектов законов перед Сенатом и Законодательным корпусом возлагалось на членов Государственного совета, назначаемых главой государства (ст. 51) [4,21]. Законодательный корпус, деятельность которого была сведена к вотированию законов и бюджета, не имел возможности влиять на политику правительства (исключение составлял процесс общего обсуждения бюджета). Он не мог даже пользоваться представляемыми гражданами петициями, как это делалось в другие эпохи, так как петиции могли подаваться только Сенату (ст. 45). По мнению А.Эсмена, никогда Франция не была так далека от парламентского правления [5,143].

Однако, этому режиму, не встречавшему расположение, суждено было снова войти в действие еще до падения Второй империи, которая была вынуждена снова раскрыть двери тем учреждениям, которые она осудила и упразднила в 1852 г.

В результате уступок правительства стали появляться вновь, один за другим, хотя и в сильно искажённом виде, основные элементы механизма парламентского правления; затем, в течение последних двух лет Второй империи, входит в силу уже вся его система.

Исходной точкой этого движения был императорский декрет от 24 ноября—11 декабря 1860 г., которым были проведены две важные реформы, в соответствии с которыми «Сенат и Законодательный корпус будут вотировать ежегодно, при открытии сессии, адрес, в ответ на нашу речь. Адрес этот будет обсуждаться в присутствии комиссаров правительства, которые будут давать Палатам все необходимые разъяснения насчет внутренней и внешней политики Империи». Адрес, вотируемый Палатами в ответ на тронную речь, был в эпоху июльской монархии главным средством контроля, который Палаты осуществляли в отношении политики правительства. Посредством прений наступала политическая ответственность министров, так как оппозиция старалась внести в проект адреса поправки, который влекли за собою вотум недоверия и, следовательно, падение министерства. Конституция провозглашала теперь право Палаты ежегодно предпринимать общий пересмотр и критику правительственной политики.

Декрет содержал и другое нововведение. Он не открывал перед министрами двери парламента, но он создавал новую категории министров, так называемых «министров без портфелей», единственной функцией которых была «защита перед Палатами, вместе с президентом и членами Государственного совета, правительственных мероприятий»; при этом они были введены в состав Совета министров.

В 1867 г. Декретом от 19—31 января, был сделан новый шаг вперёд. Адрес был отменен (ст. 8), но взамен него появилось средство политического контроля - еще более удобное и верное. В декрете говорилось (ст. 1): «Члены Сената и Законодательного корпуса могут обращаться к правительству с запросами». А право интерпелляций, давая возможность по желанию открывать в Палате прения об общей политике или о том или другом отдельном акте правительства и заканчиваясь вотированием известной резолюции, всегда являлось во Франции естественным орудием парламентского правления.

В эту эпоху французская империя преобразовала свои конституционные органы. Сенат, который до тех пор представлял собой нечто в роде постоянного Учредительного Собрания, постепенно превратился во вторую Палату по типу старой Палаты пэров, а декретом от 19-22 июля 1869 г. уничтожен «институт государственного министерства», этот орган режима, который находился в стадии разложения [1,334].

Наступил момент, когда парламентское правление должно было войти в конституцию со всеми своими особенностями. С этой целью был сделан еще один шаг: в Сенатус-консульт 8—10 сентября 1869 г. было внесено положение о том, что министры могут быть членами Сената или Законодательного корпуса. Они имеют доступ в то и другое Собрание и должны быть выслушиваемы каждый раз, когда они этого потребуют. Право интерпелляции, могущей всегда привести к мотивированному переходу к очередным делам (ст. 7), получало полное применение. Законодательный корпус приобретал, кроме того, дробя существенные права свободного собрания: право законодательной инициативы и право избрания своего бюро (ст. 6). Наконец, Сенат, заседания которого делались отныне публичными (ст. 4), еще более приблизился ко второй Палате, по английскому типу: возвращая закон в Законодательный корпус для нового обсуждения, он мог указывать на те изменения, которые следовало бы внести в него; он мог во всех случаях воспротивиться обнародованию законов. Но, с другой стороны, Империя, даруя эти положения, которые неминуемо должны были привести к политической ответственности министров, отказывалась, однако, признать ее определенно: она продолжала настаивать на противоположном принципе, том, который служил основанием Конституции 1852 г.

Это разноречие должно было исчезнуть в Конституции 21 мая 1870 г., утвержденной плебисцитом 8 мая. Империя, по букве этого закона, окончательно превращалась в конституционную монархию с парламентским правлением. Не только министры могли быть членами Палат и имели туда постоянный доступ и право слова в них (ст. 20), но вместе были установлены как их ответственность без каких-либо ограничений, так и их коллективная деятельность в качестве совещательной коллегии; (ст. 19): «Император назначает и увольняет министров. Министры совещаются в совете под председательством Императора. Они ответственны». Сенат также завершил эволюцию, став наряду с Законодательным корпусом второй Палатой, имевшей в принципе те же самые атрибуты и ту же самую власть: обе палаты имели право законодательной инициативы (ст. 12), право обсуждения и вотирования законов (ст. 30) и могли принимать петиции (ст. 61).

Право роспуска Законодательного корпуса было признано за императором (ст. 35). Это право было уже включено в Конституцию 1852 г. (ст. 46); но там оно представляло собою лишь орудие личной власти, теперь же оно фигурировало, как один из противовесов парламентского правления.

Конституция содержала, однако, некоторые положения, которые шли в разрез с этим режимом. Таковой была личная ответственность императора, которая была выражена (ст.13) в тех самых словах, что и в 1852 г. (ст.5). В ней было сказано также, что «Император управляет при содействии министров, Сената, Законодательного корпуса и Государственного совета». Но, без сомнения, еще более глубокое и серьезное противоречие лежало в самой основе этой комбинации. И когда в 1875 г. Национальное собрание даровало Франции республиканскую конституцию, закрепив парламентское правление, на этот раз оно было выражено в виде естественной формы политической свободы во Франции.

Литература:

1. Градовский А.Д. Государственное право важнейших европейских держав. СПб., 1895. С.334.
2. Казачанская Е.А. Формирование республиканского строя во Франции во второй половине XIX в. // Северо-Кавказский юридический вестник. 2007. № 4. С.48.
3. Казачанская Е.А. О «республики без республиканцев » к парламентской республике // Ученые Записки юридического факультета ЮФУ. Ввп.6. Ростов н/Д., 2007. С.165.
4. Конституция Франции 1852 г. // Хрестоматия по истории государства и права зарубежных стран. Под ред В.А. Томсинова. М., 2002.
5. Эсмен А. Общие основания конституционного права. СПб., 1909. С.14

Зыкова Г.Ю.
аспирант кафедры теории и истории государства и права
юридического факультета
Южного федерального университета
aspirant_urfak@mail.ru

МЕСТО ПРОКУРАТУРЫ В МЕХАНИЗМЕ ГОСУДАРСТВА

Прокуратура – один из органов государственной власти, в судьбе которого отразились все перипетии российского государства последних трех столетий. Не является исключением в этом смысле и постсоветский период истории России[1]. Как пишут исследователи, «современный этап развития прокуратуры свидетельствуют о постоянных изменениях в её правовом статусе» [6,56]. Отмечается и характер изменений в последние десятилетия: «прокуратура прошла путь от урезания ее полномочий, в том числе и в сфере обеспечения прав и свобод граждан, до их расширения и восстановления. В современных условиях произошла не коренная ломка традиционной для России прокуратуры, а ее эволюционное развитие» [3,19]; «конституционно-правовой статус прокуратуры в 90-е годы XX века развивался в векторе от урезания ее полномочий до их восстановления практически в прежнем объеме» [3,21].

Выяснение места и роли прокуратуры в системе контрольной власти (с точки зрения государственного [конституционного] права) и прокурорского надзора в системе государственного контроля Российской Федерации представляет собой важную задачу юридической науки. Решение данной задачи имеет не только теоретическое, но и непосредственно практическое значение. От ответа на «абстрактный» вопрос о роли прокуратуры в современном российском государстве, ее месте среди других «ветвей власти», в системе разделения властей зависит и дальнейшая эволюция данного органа, и оптимальное распределение контрольно-надзорных функций между соответствующими органами государства, и, в конечном счете, эффективность всей системы государственной власти. Необходимо определиться с вопросом о назначении прокуратуры – защита прав и свобод человека и гражданина, представительство интересов государства, предупреждение преступности и уголовное преследование, надзор за законностью (общий надзор) и т.п. [2,22]. В связи с этим находится и другой дискуссионный вопрос о том, может ли у прокуратуры быть несколько главных направлений деятельности, и если да, то каково должно быть их соотношение, нет ли

---

[1] Достаточно отметить, что за истекшие двадцать лет сменилось семь генеральных прокуроров. Интересно проследить изменения в порядке назначения на должность и освобождения от должности (исполнения обязанностей), что является одним из показателей места прокуратуры в общей системе государственных органов.

риска конфликта интересов внутри самой прокуратуры, какой должна быть оптимальная структура прокуратуры и как ее разнообразная деятельность должна соотноситься с наличием других органов, выполняющих однотипные или схожие функции по представительству и защите интересов и прав человека и гражданина?

Дискуссии о месте прокуратуры в государственном механизме, роли прокурорского надзора в системе разделения властей, ее функциях и полномочиях в условиях перехода от устоявшейся советской системы к новому, еще не совсем понятному даже самим реформаторам России состоянию, являлись отражением общих споров о реформировании советского строя, либерализации политического режима и ограничении роли государства в экономике и общественной жизни. Романтическое увлечение идеалами демократии и либерализма, уверенность в том, что западные образцы либеральной демократии должны быть скорейшим образом реализованы в новой России и в специфической сфере прокурорского надзора отразились в целом ряде публикаций на эту тему. Идеологическая составляющая этих дискуссий была основана на отношении к правоохранительным органам как элементам репрессивной системы и потому либерально настроенные авторы, которые настаивали на безусловном отказе от репрессивного механизма, требовали также и уменьшения роли прокуратуры.

Не меньшую важность для определения оптимальной модели прокурорской службы в современной России имеет и исторический опыт. Он также может иметь два «измерения». Во-первых, опыт возникновения и эволюции прокуратуры начиная от первых упоминаний о соответствующих «людях короля» (gens du roi, gentes regis) во Франции в XIII веке и превращения их в настоящих должностных лиц в начале XIV века. Как писал об этом Муравьев Н.В. «В этом смысле основателем французской прокуратуры принято считать Филиппа IV Красивого, так как при нем судебное представительство короны, посредством особых органов, фактически существовавших и раньше, было впервые (с. 57: организовано законом. В ордонансе 25 марта 1302 г., В ордонансе 25 марта 1302 г., первом по времени законодательном памятнике прокуратуры, определяется положение постоянных королевских прокуроров при тогдашних парламентах, в Париже, Туре и Руане и при судах бальи и сенешалов» [4,56-57].

Во-вторых, и данное направление, пожалуй, является наиболее перспективным, речь должна идти об истории прокуратуры в России, как в имперский период, так и совсем недавний советский, а также новейший постсоветский этап ее эволюции. Общий исторический обзор организации и деятельности прокуратуры должен помочь выявить закономерности ее эволюции, показать тесную взаимосвязь между развитием государства в целом и изменениями в статусе, функциях и полномочиях прокуратуры.

История России демонстрирует именно такую тесную связь. Не случайно во всех исследовательских работах, так или иначе, подчеркивается принципиально важный момент о соответствии института прокуратуры истории и политико-правовым традициям государства и особенностям национального правосознания. Можно согласиться с выводами Воронина О.В. о том, что «отечественная прокуратура функционировала практически во всех известных исторических формах организации прокурорской деятельности. Последовательно сменяя различные виды устройства – фискально-надзорное, судебно-магистратурное, чисто надзорное и смешанное, – она продолжала эволюционировать в общей канве исторического развития прокурорских систем, хотя с существенными национальными особенностями, продиктованными спецификой отечественного государственного управления и уголовного судопроизводства соответствующих исторических эпох» [2,20].

Эволюция государства происходит под непосредственным влиянием текущих потребностей, так или иначе осознаваемых правящим классом и в связи с историческими традициями общества, представлениями политического класса о наиболее приемлемых и эффективных механизмах и формах государственного управления. Реализация преобразований осуществляется конкретными условиями времени и места, готовностью бюрократического аппарата к изменениям, его заинтересованностью/незаинтересованностью в изменениях, затрагивающих, прежде всего его жизненный уклад и материальное положение, подготовленностью различных слоев самого общества к существованию в новых условиях, его инертностью (косностью) или наоборот, активной настроенностью на перемены, требованием реформ. Исторический опыт демонстрирует также, что насаждаемые сверху реформы по этой причине зачастую «пробуксовывают», а полученный результат не всегда совпадает с ожидаемым.

Сама по себе история любого явления, и в частности института государства, чрезвычайно важна для понимания его сущности, оценки его возможностей и действительной роли в государственной и общественной жизни страны. Однако нужно также понимать, что многовековая эволюция одного и того же института в может привести к существенному изменению его назначения и функций, по сравнению с исходными, определенными при первом его появлении на исторической арене. Тем более верным будет такое уточнение при сравнении истории развития соответствующего института в разных странах. Исторический опыт развития прокуратуры и прокурорского надзора наглядно демонстрирует тот факт, что под одним и тем же названием в рамках одного и того же государства в разные периоды его существования функционировали фактически неодинаковые учреждения. Если в первые периоды – надзор общий, исполнительная власть, то, скажем в результате судебной реформы 1864 г. прокуратура «примкнула к судебному типу устройства прокуратуры, хотя с сохранением определенных наблюдательных возможностей. Организационно она прекратила свое самостоятельное существование как отдельное надзорное ведомство, превратившись в судебную магистратуру, институционально остававшуюся в структуре Министерства юстиции» [2,8].

Поэтому можно, безусловно, согласиться с мнением А.П. Брагина и А.И. Чепурнова о том, что «сущность содержание правового явления и феномена прокуратуры в России объема и форм осуществления ею государственно-властных полномочий могут быть раскрыты лишь с учетом генезиса их развития на определенных этапах становления отечественной государственности в исторической ретроспективе» [1,9]. Подтверждением приведенного выше тезиса является, в частности, новейшая история российской прокуратуры и конституционного закрепления ее статуса [5,46].

ЛИТЕРАТУРА:

1. Брагин А.П., Чепурнов А.И. Прокурорский надзор в Российской Федерации. М., 2011.
2. Воронин О.В. Теоретические основы современной прокурорской деятельности. Томск, 2013.
3. Мачинский В.М. Конституционно-правовые основы деятельности прокуратуры по защите социально-экономических прав и свобод человека и гражданина в Российской Федерации. Дисс. … канд. юрид. наук. Пенза, 2003.
4. Муравьев Н.В. Прокурорский надзор в его устройстве и деятельности. М.,1889.
5. Савицкий В.М. Организация судебной власти в Российской Федерации: учебный курс. М., 1996.
6. Шевченко В.Ю. Прокуратура в системе разделения властей и государственном механизме защиты конституционных прав граждан. Дисс. … канд. юрид. наук. Пенза. 2009.

Brager D.K.
candidate of jurisprudence, associate professor
associate professor "Theory and history of state and law"
The Sakhalin institute of railway transport – branch
Far East state university of means of communication
in Yuzhno-Sakhalinsk

INVESTIGATION OF CRIMES OF THE CORRUPTION ORIENTATION: QUESTIONS OF COMPULSORY CARRYING OUT SURVEY

In Russian law the word "corruption" [1] is understood as the criminal activity in the sphere of policy or public administration consisting in use by officials of the powers of authority and entrusted it is right for personal benefit, contradicting the legislation and moral installations.

Corruption level in Russia demands immediate actions not in words and on paper, and in practice. In the annual Message of the President of the Russian Federation to Federal Assembly of 12.12.2012, concerning safety issues V. V. Putin touched also upon a corruption subject in circles of the power. The head of state noted: "We will continue approach, certainly, to corruption which destroys a resource of national development. Thus I want to emphasize: any business structure shouldn't use privileges from proximity to executive, legislative or judicial authority, and any level. A necessary condition of effectiveness of fight against corruption – active civil participation, effective public control" [2].

Anti-corruption measures have to carry a complex, system, address orientation in the country, and anti-corruption work to be based on use of measures of anticipation, quarantine creation to the environment of distribution of corruption manifestations. Modern Russia which endured total privatization of the state and municipal property, a series of scandalous procedures of bankruptcy and corruption exposures became notorious the countries where a ball an official arbitrariness and lawlessness govern.

Further the President of the Russian Federation emphasized, – "the moral authority of the state is a basic condition of development of Russia. And therefore the policy of clarification and updating of the power will be carried out firmly and consistently", and "the public opinion" [2] has to become the main criterion of an assessment of efficiency of the power.

It is obvious that fight against corruption has to be conducted in all directions: from improvement of the legislation, work of law-enforcement and judicial systems, before education in citizens of intolerance to any manifestations of this evil, including in system of public service in general. Only not selectivity and inevitability of responsibility, coordinated with the principle of differentiation of fault and punishment for corruption – "all mushrooms are edible, but only once" – the steady result of anti-corruption reforms in Russia can provide some. Without real fight against corruption no modernization of Russia in the near future shines.

For the purpose of the effective organization of investigation of bribery it is necessary to install the mechanism of its commission. It becomes during test actions or on the basis of the brought criminal case. At confirmation in the operational way of the fact of transfer of a bribe, after initiation of legal proceedings investigative actions are carried out:

- inspection of the scene;
- survey of a subject of a bribe;
- interrogation of the applicant;
- personal search of the bribetaker;
- interrogation of the bribetaker;
- searches in a place of work, a residence or finding of the bribetaker;
- seizure of documents;
- confrontation.

During the investigation of crimes of a corruption orientation for collecting proofs, on by carrying out the specified investigative actions, carrying out such investigative action as survey can be carried out. Survey is an investigative action which can be carried out, according to article 179 Criminal Procedure Code of the Russian Federation, at the initiative of the investigator or, according to Art. 290 of the Criminal Procedure Code of the Russian Federation, be carried out at the initiative of court. Part 1 of article 290 Criminal Procedure Code of the Russian Federation establishes that survey is made on the basis of definition or the resolution of court in the cases provided p.1 by Art. 179 of the Criminal Procedure Code of the Russian Federation, and by part 2 of article 290 Criminal Procedure Code of the Russian Federation is defined that the survey of the person which is followed by its exposure is made in the certain room by the doctor or other expert by whom the statement of survey then specified persons come back to the hall of court session is drawn up and signed. In the presence of the parties and the examined person the doctor or other expert reports to court about traces and signs on a body examined if they are found, answers questions of the parties and judges. The act of survey joins materials of criminal case.

Regarding 4 articles 179 Criminal Procedure Code of the Russian Federation the norms establishing an order of survey of the face of other floor interfaced to an exposure according to which if survey is connected with an exposure of the person of other floor, the investigator isn't present when carrying out investigative action contain and makes the protocol according to the expert. This rule is based on general provisions of article 9 Criminal Procedure Code of the Russian Federation and defines that during criminal legal proceedings implementation of the actions and decision-making humiliating honor of the participant of criminal legal proceedings, and also the address humiliating human dignity is forbidden.

Article 21 of the Constitution of the Russian Federation proclaims that protection of dignity of the identity of the citizen is one of manifestations of the state ensuring security of person. The dignity of the personality is understood as understanding by the person and people around of the fact of possession by it certain moral and intellectual qualities. The dignity of the personality is defined not only the subject's self-assessment, but also set of the objective qualities of the person characterizing his reputation in society (prudence, moral data, level of knowledge, possession of socially useful skills, a worthy way of life, etc.) . Ensuring the dignity of the personality with the state is expressed that it accurately defines the bases and forms of restriction of personal privacy of citizens, excludes violation of an order of carrying out procedural actions. We support a position of authors who believe that illegal and unethical methods of survey and inspection of a naked body or receiving biological objects can cause damage to the dignity of the citizen that sometimes is followed by pain, creates health hazard of the citizen [4].

Now there is no official both standard, and casual interpretation of a legal definition "an exposure of the person". The official explanation is necessary in connection with various ethical criteria of degree of an exposure which are present at society. In secular representation it is read quite admissible, from the moral point of view, for the woman to be in a public place – the settlement with naked: hands, including shoulders and clavicles; feet to top the third hips; stomach and back. For example, at the Muslim female ethically to keep in religious understanding opened only a face and hands [3]. And if in secular consciousness the exposure of hands and feet when carrying out procedural actions isn't regarded as the action humiliating honor and dignity of the participant of criminal legal proceedings for religious outlook similar actions are extremely offensive. In this regard, lack of uniform official interpretation inevitably leads to multiple-valued right understanding, and, therefore, and to multivector right application of provisions of the criminal procedure law during investigative actions. It is represented to us that "exposure" should be considered stripping of any site of a body of the suspect accused, the victim or the witness hidden under articles of clothing at the time of carrying out investigative action.

In the existing Code of criminal procedure of the Russian Federation there are no the norms establishing "an exposure of the person" as the right definition. Due to stated, article 179 Criminal Procedure Code of the Russian Federation needs addition with the rule which will regulate the concept "exposure of the person".

According to part 2 of article 179 Criminal Procedure Code of the Russian Federation before carrying out survey the investigator issues the decree which is obligatory for the testified person. At the same time part 5 of article 56 Criminal Procedure Code of the Russian Federation regulates that the witness can't be forcibly subjected to survey, except for the cases provided by part one of article 179 Criminal Procedure Code of the Russian Federation. Thus in the Criminal

Procedure Code of the Russian Federation there is no direct instruction on possibility of compulsory survey. Therefore, the order of compulsory survey needs accurate and unambiguous settlement by the legislator. Otherwise the investigator won't decide on carrying out the specified investigative action forcibly, realizing that to it can charge subsequently not only violation of the rights of participants of criminal trial for protection, integrity of human beings, but also excess of office powers, in connection with the violence and the address humiliating human dignity or creating danger to life and health of the person. Absence of unambiguous standard and legal base on the considered standard of the Criminal Procedure Code of the Russian Federation – procedures of compulsory survey is a gap in the current legislation.

On the basis of stated, we consider necessary to fix an order of production of compulsory survey in provisions of the Code of criminal procedure of the Russian Federation. On the basis of provisions of the criminal procedure law, the court has to consider a question of an admissibility of carrying out investigative action in relation to the specific participant of criminal legal proceedings forcibly if the suspected or accused refuses to pass survey voluntary. Thus, article 179 Criminal Procedure Code of the Russian Federation needs to be added with the following edition: "The resolution of the investigator is obligatory for the osvidetelstvuyemy person. In case of refusal suspected or accused voluntary to undergo survey, investigative action can be carried out forcibly, on the basis of the judgment made in the order established by article 165 Criminal Procedure Code of the Russian Federation".

Literature

1. The federal law of December 25, 2008 No. 273 "About corruption counteraction" (in an edition of 22.12.2014 No. 431-FZ) // Collection of the legislation of the Russian Federation. – 2008. – No. 52 (p.1). – Art. 6228; Collection of the legislation of the Russian Federation. – 2014. – No. 52 (p.1). – Art. 7542.

2. Vladimir Putin announced the annual Message of the President of the Russian Federation to Federal Assembly [An electronic resource] // URL: http://www .kremlin.ru/news/17118 (date of the address: 4.07.2015).

3. The woman in Islam [An electronic resource] // URL: http://www.mukmin.narod.ru/z4.html (date of the address: 28.06.2015).

4. The comment to the Constitution of the Russian Federation / Otv. an edition L.A. Okunkov // Access from help legal system "Consultant Plus".

Халиуллина А.Ф.
ассистент кафедры криминалистики Института права БашГУ
aigul229@mail.ru

КРИМИНАЛИСТИЧЕСКИЙ АСПЕКТ ИЗУЧЕНИЯ ЛИЧНОСТИ ПРЕСТУПНИКА, СОВЕРШИВШЕГО НАСИЛЬСТВЕННЫЕ ДЕЙСТВИЯ СЕКСУАЛЬНОГО ХАРАКТЕРА В ОТНОШЕНИИ МАЛОЛЕТНИХ И НЕСОВЕРШЕННОЛЕТНИХ

Криминалистически значимая информация о личности преступника является важнейшим составляющим элементом криминалистической характеристики преступления. Поскольку, как справедливо отмечал основоположник науки криминалистики Ганс Гросс «невозможно успешно раскрыть преступление без использования познаний о человеке»[1,12].

Личность преступника в криминалистическом понимании – это, прежде всего, обобщенная система знаний о том, кто мог совершить конкретное преступление, с помощью которой можно ответить на целый ряд вопросов, интересующих расследование. Но это не просто информация, которая была собрана в ходе расследования уголовного дела, и объединена под общим названием без установления внутри нее каких-либо связей, а система, благодаря которой эти связи можно выявить. Поэтому сведения о личности преступника в криминалистике – это не просто элемент в криминалистической характеристике преступления, а ее подсистема, элементы которой имеют не только связи между собой, но и с другими элементами криминалистической характеристики. Из этого логично вытекает, что значимые для криминалистики свойства личности преступника «коррелируют с другими элементами криминалистической характеристики и, прежде всего, со способом, предметом посягательства, а также со следовой картиной преступной деятельности, играющими важную роль в выдвижении следственных версий, выборе основных направлений расследования и его планировании, а также определении оптимальных вариантов тактических приёмов и их реализации в тактике производства отдельных следственных действий» [2,38].

И как справедливо отмечает М.А. Лушечкина: «криминалистическое изучение личности – это не самоцель, а часть процесса расследования как познавательной деятельности, в ходе которой собирается информация, необходимая для раскрытия преступления и установления его полной фактической картины»[3,41].

По мнению Бужева А.Н. «при изучении личности с аномальным сексуальным поведением особое значение имеет анализ всех биологических, психологических и внутри психологических звеньев»[4, 145].

На наш взгляд при расследовании данной категории дел, не следует оставлять без внимания и социально-демографические свойства подозреваемых (обвиняемых), поскольку они дают первоначальное представление о личности. Эти сведения лицо производящее расследование должен собрать в кратчайшие сроки. Особенно важны эти сведения для решения тактических задач, установления криминалистически значимой информации, а также при подготовке и проведении следственных действий с их участием.

Таким образом в ходе расследования насильственных действий сексуального характера, совершаемых в отношении малолетних и несовершеннолетних считаем целесообразным установление свойств, предложенных И.А. Макаренко [5, 54], а именно: социально-демографических, нравственно-психологических и биологических.

На основании анализа уголовных дел по насильственным действиям сексуального характера, совершаемых в отношении малолетних и несовершеннолетних, нами предлагается следующий портрет «типичного преступника». Чаще всего это лицо мужского пола в возрасте от 18-25 лет, со средним образованием, состоящий в браке, злоупотребляющий алкоголем, ранее судимый за насильственные преступления против личности.

Субъекты совершения данного преступления характеризуются ранней сексуальной инициацией, чрезмерной заинтересованностью сексом и нарушением психосексуального развития.

Для осужденных характерны закрытость, нарушение процесса социализации, внутренняя конфликтность, низкая самооценка. К тому же, среди лиц совершивших насильственные действия сексуального преобладают лица с устойчивыми психическими расстройствами (психопатические личности, умственно отсталые личности, преступники с органическими поражениями головного мозга).

Таким образом, криминалистическое изучение личности выходит за границы процессуального, по объему оно гораздо шире и берет свое начало с момента обнаружения признаков преступления. По мнению В.Л. Васильева, некоторые данные, не имеющие процессуального значения очень важны в тактическом отношении. Они служат непроцессуальными средствами решения процессуальных задач. Например, мягкосердечие и отзывчивость обвиняемого безразличны с правовой точки зрения, но знание этих свойств необходимо для построения правильной тактики допроса, направленной на получение правдивых показаний. Поэтому изучение личности в криминалистическом плане выходит за процессуальные рамки, как по объему собираемых сведений, так и по средствам, с помощью которых эти сведения устанавливаются [6, 312].

В ходе предварительного следствия, следователь должен изучить личность, совершившего насильственные действия сексуального характера в таком объеме, который бы позволил решить весь комплекс криминалистических задач, для того чтобы обеспечить высокую эффективность расследования.

Список литературы:

1. Гросс Г. Руководство для судебных следователей как система криминалистики . М.: ЛексЭст, 2002. С. 12.

2. Асташкина Е.Н., Павликов С.Г. Некоторые вопросы криминалистической характеристики преступлений. // Следователь сегодня: Материалы научно-практической конференции (8 декабря 1999 г.). Саратов, 2000. С.38.

3. Лушечкина М.А. О направлениях, задачах и понятии криминалистического изучения личности. // Вестник Московского университета. Серия 11. Право. 1999. №3. С. 41.

4. Бужев А.Н. Психогенные реакции и их судебно-психиатрическая оценка // Проблемы судебной психиатрии. М., 1946. Вып. 5. С. 145

5. Макаренко И.А. Теоретические основы криминалистического учения о личности несовершеннолетнего обвиняемого: Учебное пособие. Уфа: РИО БашГУ, 2006. С.54.

6. Васильев В.Л. Юридическая психология. СПб: Питер, 2001. С. 312.

www.ingramcontent.com/pod-product-compliance
Lightning Source LLC
Chambersburg PA
CBHW070852180526
45168CB00005B/1783
9781515154556